簡易離散數學

Discrete Mathematics

黃西川 著

五南圖書出版公司 印行

序

離散數學的內容涵蓋層面甚廣，包括邏輯、集合理論、關係、遞迴關係、布林代數、組合理論、代數結構、圖學等，因爲這些內容都有上百年的歷史，因此研究成果豐碩。離散數學除了資訊科技外，在電機工程乃至作業研究、經濟、生物科學甚至數理語言學等領域都有大量的應用，這使得它像微積分、工程數學一樣，都取得重要關鍵工具的地位。

鑒於國內有相當多的離散數學教材，內容多屬偏難例，習題多取材研究所入學試題，儘管許多作者聲稱不須具備或僅須「稍微」之微積分基礎即可研修，但這並不表示這是門容易親近的課程，因此一本能讓學生容易吸收的離散數學是有其必要性。這並不容易，但因有意義，推動了我寫作的動機。本書名爲「簡易離散數學」，顧名思義，讀者所需之先備數學知識儘量維持最低要求，難度也降低，至少，在坊間屬低難度的一本入門書，但本書在基本的內容都儘可能涵蓋。本書例題多、有隨堂演練、每節後有習題並在書後附簡答可供讀者演練時參考。相信只要認眞學習、思考、做作業，一定可以藉由本書打下很好的基礎。

作者才疏學淺，其中錯植之處在所難免。希望海內外方家、讀者不吝賜正以及建議，至爲感荷。

目　錄

第1章　邏輯與論證 ………………… 1

1.1　命題與眞值表　2

1.2　條件與雙條件命題　13

1.3　量詞　24

1.4　邏輯推理　30

1.5　數學歸納法　36

第2章　集合 ………………………… 41

2.1　集合定義　42

2.2　集合運算　47

2.3　排容原理　57

第3章　關係與函數 ………………… 65

3.1　卡氏積　66

3.2　關係　71

3.3　關係之閉包運算　89

3.4 等價關係 101

3.5 函數 114

3.6 鴿籠原理 130

3.7 偏序 135

第4章 布林代數……147

4.1 布林代數 148

4.2 電路與邏輯閘 155

4.3 卡諾圖 160

第5章 代數結構……167

5.1 二元運算 168

5.2 同態與同構 178

5.3 群論 182

5.4 環與體 193

第6章 遞迴關係……199

6.1 什麼是遞迴關係 200

6.2 遞迴關係之解法 208

6.3 生成函數在遞迴關係解法上之應用 216

第7章 組合學 …………………… 221

7.1 基本計數原理 222

7.2 基本排列，組合問題 228

7.3 二項式定理 242

7.4 非負整數解與生成函數在組合問題中之應用 254

第8章 圖學 …………………… 271

8.1 圖之基本要素 272

8.2 一些特殊圖 281

8.3 Euler圖與Hamilton圖 294

8.4 樹 299

8.5 最小生成樹及其演算法 309

部分問題解答 …………………… 317

第 1 章

邏輯與論證

1.1 命題與眞值表
1.2 條件與雙條件命題
1.3 量詞
1.4 邏輯推理
1.5 數學歸納法

1.1 命題與眞值表

命題的意義

凡是能判斷**眞**（truth；記做T），**僞**（false；記做F）之敘述稱爲**命題**（proposition）。

例1. (1) "東京在日本"這個敘述爲眞（T）

(2) "$2+1=6$"這個敘述爲僞（F）

讀者可這樣看：
1. 敘述爲眞相當於敘述是對的。
2. 敘述爲僞相當於敘述是錯的。

(3) "你好嗎？"這個敘述無法判斷其眞僞性故不爲命題。

一般而言，驚歎句、問句等都無法判斷眞僞性，故均不爲命題。在命題代數，命題之**眞值**（truth value）**只有眞、僞二種**。

連詞與複合命題

像"$1+2=3$"，"臺北在臺灣"等命題都是不能再分解爲更簡單的命題，我們稱這類命題爲**原子命題**（atom proposition）或**本原命題**（primary proposition）。原子命題用**連詞**串接起來便成爲**複合命題**（compound proposition）。

下列都是複合命題的例子：

・函數$f(x)$在[a，b]中為連續或函數$f(x)$在[a，b]中為不可積分。

・1＋2＝5且臺中在日本。

如同原子命題，**複合命題的眞值也只有眞（*T*）、僞（*F*）兩種**。

眞值表

眞值表（truth table）是顯示一個複合命題所有可能眞值之表格。

含有r個命題變數之眞值表之列數爲2^r。

因每個命題變數之眞值有眞僞2種，故r個命題變數之可能眞值有2^r個，從而含r個命題變數的眞值表有2^r個列。 ■

基本連詞（一）

基本的**連詞**（connective）有（1）**否定**（negation）（2）**且**（and）及（3）**或**（or）（4）**條件**（conditional）及（5）**雙條件**（biconditional）五種。本節先談其中之“否定”，“且”及“或”：

（一）否定

命題p之否定稱爲非p，記做$\neg p$。**若p爲眞（*T*）時，$\neg p$爲僞**

（*F*）；若*p*爲僞（*F*）時，¬*p*爲眞（*T*），$\neg p$之眞值表爲：

p	$\neg p$
T	F
F	T

例2. 命題p：「臺北在臺灣」爲眞，其否定命題$\neg p$：「臺北不在臺灣」便爲僞。

兩個複合命題P_1（p_1，$p_2 \cdots p_n$），P_2（p_1，$p_2 \cdots p_n$），若P_1，P_2在所有**指派**（assign）下均對應有相同之**眞值**，我們便稱P_1與P_2**同義**（equivalence），以$P_1 \equiv P_2$，或$P_1 \Leftrightarrow P_2$表示。

例3. 試驗證$\neg(\neg p) \equiv p$

解

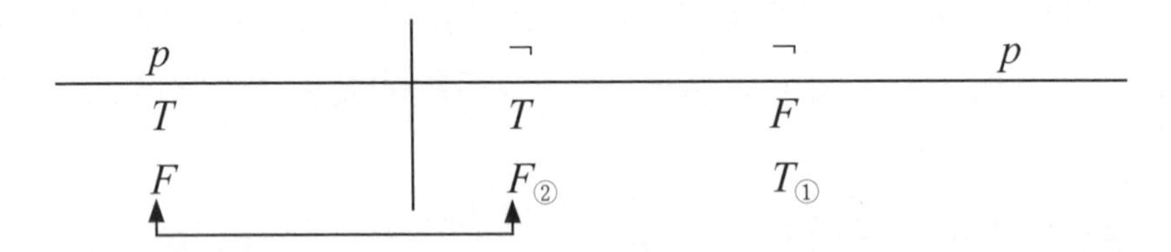

p	$\neg$	$\neg$	p
T	T	F	
F	$F_{②}$	$T_{①}$	

表最後一列之①，②表示塡列之順序，純粹是爲方便讀者研習，在實作時可不必寫出。

（二）或則

p，q爲兩個命題，則p或q記做$p \vee q$，**只有當*p*，*q*均爲僞（*F*）時，*p*∨*q*方爲僞（*F*），其餘均爲眞（*T*）**，其眞值表爲：

p	q	$p \vee q$
T	T	T
T	F	T
F	T	T
F	F	F

讀者可由上表之第3列讀出：若p爲僞（F）或q爲眞（T）時，$p \vee q$爲眞（T）等等。

例4. 判斷下列命題之眞僞性。

(a) $1+2=3$或臺北在臺灣

(b) $1+2=4$或臺北在臺灣

(c) $1+2=4$或臺北在日本

(d) $1+2=3$或日本在歐洲

解 (a) $1+2=3$爲眞，臺北在臺灣爲眞

$\therefore 1+2=3$或臺北在臺灣爲眞

(b) $1+2=4$爲僞，臺北在臺灣爲眞

$\therefore 1+2=4$或臺北在臺灣爲眞。

(c) $1+2=4$爲僞，臺北在日本爲僞

$\therefore 1+2=4$或臺北在日本爲僞。

(d) $1+2=3$爲眞，日本在歐洲爲僞

$\therefore 1+2=3$或日本在歐洲爲眞。

（三）且則

p，q爲兩個命題，則p且q記做$p \wedge q$，**只有當p，q均爲眞（T）時，$p \wedge q$爲眞（T），其餘均爲僞（F）**，其眞值表爲：

p	q	$p \wedge q$
T	T	T
T	F	F
F	T	F
F	F	F

例5. （承上例）判斷下列命題之眞僞性：

(a) $1+2=3$且臺北在臺灣

(b) $1+2=4$且臺北在臺灣

(c) $1+2=4$且臺北在日本

(d) $1+2=3$且日本在歐洲

解 (a) $1+2=3$爲眞，臺北在臺灣爲眞

$\therefore 1+2=3$且臺北在臺灣爲眞

(b) $1+2=4$爲僞，臺北在臺灣爲眞

$\therefore 1+2=4$且臺北在臺灣爲僞

(c) $1+2=4$爲僞，臺北在日本爲僞

$\therefore 1+2=4$且臺北在日本爲僞

(d) $1+2=3$爲眞，日本在歐洲爲僞

$\therefore 1+2=3$且日本在歐洲爲僞

隨堂演練

1. 判斷下列命題之眞僞性：

(a) $2+3=5$或$5+4=7$

(b) $2+1=5$且$3+5=7$

2. 若 $2+1=5$或$3+x=7$爲眞，求$x=$？

提示：1.（a）T　（b）F　2. 4

如果二個複合命題P，Q在命題變數所有眞值組合下均對應相同之眞僞，則稱此二命題P，Q爲等價（equivalent），以$P \equiv Q$表之。

例6. 用眞值表法驗證：$p \wedge T \equiv p$，$p \vee T \equiv T$，$p \wedge F \equiv F$，$p \vee F = p$（此即命題代數之同一律）

解 (a)

p	T	$p \wedge T$
T	T	T
F	T	F

$P \wedge T$與P有相同之眞值

$\therefore p \wedge T \equiv p$

(b)

p	T	$p \vee T$
T	T	T
F	T	T

$P \vee T$之所有眞值爲"T"

$\therefore p \vee T \equiv T$

(c)

p	F	$p \wedge F$
T	F	F
F	F	F

$p \wedge F$之所有眞值爲"F"

$\therefore p \wedge F \equiv F$

(d)

p	F	$p \vee F$
T	F	T
F	F	F

$\therefore p \vee F \equiv p$

例7. 若$p = T$，$q = F$，$r = T$求下列合成命題之眞值

(a) $\neg p \vee (q \wedge \neg r)$

(b) $\neg p \wedge (p \vee \neg q)$

(c) $(p \vee q) \vee (q \wedge r)$

解 (a)

p	q	r	$\neg p$	$\vee$	$(q \wedge \neg r)$
T	F	T	F	F ↑	$F\ F$

$p=T$，$q=F$，$r=T$時$\neg p \vee (q \wedge \neg r) \equiv F$

(b)

p	q	r	$\neg p$	$\wedge$	$(p \vee \neg q)$
T	F	T	F	F ↑	$T\ T$

$\therefore p=T$，$q=F$，$r=T$時$\neg p \wedge (p \vee \neg q) \equiv F$

(c)

p	q	r	$(p \vee q)$	$\vee$	$(q \wedge r)$
T	F	T	T	T ↑	F

$\therefore p=T$，$q=F$，$r=T$時，$(p \vee q) \vee (q \wedge r) \equiv T$

隨堂演練

若p，q，r三命題其眞值為$p=T$，$q=F$，$r=F$，求

(a) $\neg((p \vee q) \wedge r)$

(b) $(p \vee \neg q) \wedge \neg r$

提示：(a) T　(b) T

例8. 用眞值表驗證$p \vee (\neg p \wedge q) \equiv p \vee q$

解析：只要證明$p \vee (\neg p \wedge q)$之眞值與$p \vee q$之眞值相同。

解

p	q	$p\vee$	$(\neg p$	$\wedge\ q)$	$p\vee q$
T	T	T	F	F	T
T	F	T	F	F	T
F	T	T	T	T	T
F	F	F	T	F	F
		③	①	②	①

隨堂演練

(a) 你可由例8之眞值表讀出p爲T，q爲F時$p\vee(\neg p\wedge q)$之眞值？

(b) 用眞值表驗證$\neg[\neg(\neg p)]\equiv\neg p$

Ans：(a) T

命題代數基本性質

命題代數有一些基本定律，可將複合命題以代數方式進行化簡。現將一些重要定律摘錄於下表。表中之T爲**恒眞**（tautology），F爲**矛盾**（contradiction）也就是恒不眞。

命題代數之基本定律

交換律	$p\wedge q\equiv q\wedge p$	$p\vee q\equiv q\vee p$
結合律	$p\wedge(q\wedge r)\equiv(p\wedge q)\wedge r$	$p\vee(q\vee r)\equiv(p\vee q)\vee r$
等冪律	$p\wedge p\equiv p$	$p\vee p\equiv p$
吸收律	$p\wedge(p\vee q)\equiv p$	$p\vee(p\wedge q)\equiv p$
分配律	$p\wedge(q\vee r)$ $\equiv(p\wedge q)\vee(p\wedge r)$	$p\vee(q\wedge r)$ $\equiv(p\vee q)\wedge(p\vee r)$
De Morgan律	$\neg(p\wedge q)\equiv\neg p\vee\neg q$	$\neg(p\vee q)\equiv\neg p\wedge\neg q$
雙重否定	$\neg(\neg p)\equiv p$	
同一律	$p\wedge T\equiv p$ $p\wedge F\equiv F$	$p\vee T\equiv T$ $p\vee F\equiv p$
互補律	$p\wedge\neg p\equiv F$	$p\vee\neg p\equiv T$

讀者可用眞值表法證明這些結果。

細心的讀者在「命題代數基本定律表」發現到一個有趣的規則；某一定律之$\vee$換成$\wedge$，$\wedge$換成$\vee$，就可得到另外一個定律，這種現象稱爲**對偶性**（duality）。以分配律$p\vee(q\wedge r)\equiv(p\vee q)\wedge(p\vee r)$爲例：

$$\begin{array}{ll}\text{原命題} & p\vee(q\wedge r)\equiv(p\vee q)\wedge(p\vee r)\\ & \quad\downarrow\quad\downarrow\qquad\quad\downarrow\quad\downarrow\quad\downarrow\\ \text{對偶命題} & p\wedge(q\vee r)\equiv(p\wedge q)\vee(p\wedge r)\end{array}$$

例9. 證明$\neg(p\vee\neg q)\equiv\neg p\wedge q$，並寫出其對偶命題。

解 (a) $\neg(p\vee\neg q)\equiv\neg p\wedge(\neg(\neg q))$

$$\equiv\neg p\wedge q$$

(b) $\neg(p\vee\neg q)\equiv\neg p\wedge q$之對偶命題為：

$\neg(p\wedge\neg q)\equiv\neg p\vee q$

例10. 證明$p\vee(\neg p\wedge q)\equiv p\vee q$，並寫出其對偶命題。

解 (a) $p\vee(\neg p\wedge q)\equiv(p\vee\neg p)\wedge(p\vee q)$

$\equiv T\wedge(p\vee q)$

$\equiv p\vee q$

(b) $p\vee(\neg p\wedge q)\equiv p\vee q$之對偶命題

$p\wedge(\neg p\vee q)\equiv p\wedge q$

隨堂演練

用眞值表驗證$(p\vee q)\vee r\equiv p\vee(q\vee r)$，此即**結合律**（associative law）並寫出對應之對偶命題。

Ans：$(p\wedge q)\wedge r\equiv p\wedge(q\wedge r)$

習題 1.1

1. 下列何者爲一命題？

(a) $2+3=4$　　(b) $2+3=5$

(c) $x+2=5$　　(d) $x+y=y+x$對所有x，y均成立

(e) 現在是幾點鐘？　　(f) 請跟我來

Ans. a，b，d

2. 令p = 天在下大雪，q = 張三正在感冒，請用p，q及邏輯連詞表達（a）～（c）

(a) 天在下大雪且張三正在感冒

(b) 天在下大雪且張三沒有感冒

(c) 天沒在下大雪或張三沒有感冒

Ans.（a）$p \wedge q$ （b）$p \wedge \neg q$ （c）$\neg p \vee \neg q$

3. 請指出下列敘述之眞僞？

(a) $1+2=4$ (b) $2+5=7$

(c) $1+2=4$或$2+5=7$ (d) $1+2=4$且$2+5\neq 7$

(e) $1+2=3$或$2+5\neq 7$ (f) $1+2=4$且$2+5=7$

(g) $1+2\neq 4$且$2+5=7$

Ans. b，c，e，g爲眞（T）外，其餘爲僞（F）

4. 建立下列命題之眞値表，

(a)（$p \vee q$）$\wedge \neg r$

(b) $p \vee$（$\neg p \vee$（$q \wedge \neg q$））

(c)（$p \wedge \neg q$）$\vee$（$r \wedge q$）

5. 若$p=T$，$q=T$，$r=F$求下列各子題之眞値。

(a) $p \vee$（$q \wedge r$）

(b)（$p \wedge q$）$\vee$（$\neg p \vee r$）

(c)（$p \vee$（$q \wedge \neg r$））$\vee$（$p \wedge q$））

Ans. (a) T (b) T (c) T

6. 利用命題代數基本定律證明下列等式，並求出對偶結果：

(a) $\neg$（$\neg p \vee \neg q$）$\vee \neg$（$\neg p \vee q$）$\equiv p$

(b) $q \vee \neg$（（$\neg p \vee q$）$\wedge p$）$\equiv T$

Ans. (a) $\neg$（$\neg p \wedge \neg q$）$\wedge \neg$（$\neg p \wedge q$）$\equiv p$

(b) $q \wedge \neg$（（$\neg p \wedge q$）$\vee p$）$\equiv T$

7. 命題連詞符號$\oplus$之眞値表定義爲：

p	q	$p \oplus q$
T	T	F
T	F	T
F	T	T
F	F	F

即$p \oplus q$表示p，q僅有一個為真時，$p \oplus q$才為真。

試用真值表證明：

(a) $p \oplus T \equiv \neg p$

(b) $(p \oplus q) \oplus r \equiv p \oplus (q \oplus r)$

8. 用真值表法證明**吸收律**（absorption law）：

$p \vee (p \wedge q) \equiv p$

並寫出其對偶命題

Ans. $p \wedge (p \vee q) \equiv p$

9. 用真值表法證明De Morgan律：

$\neg (p \wedge q) \equiv \neg p \vee \neg q$

並寫出其對偶命題

Ans. $\neg (p \vee q) \equiv \neg p \wedge \neg q$

1.2 條件與雙條件命題

基本連詞（二）

本節續談命題代數之五大連詞之最後二個：條件與雙條件。

（四）條件——若p則q

p，q為二個命題，**條件命題**“若p則q”（if p then q），記做$p \to q$，式中p稱為**前提**（antecedent），q為**結果**（concequent），因此$p \to q$也可解釋成***p*導致*q***（p implies q）。

條件命題$p \rightarrow q$之眞值表如下：

p	q	$p \rightarrow q$
T	T	T
T	F	F
F	T	T
F	F	T

由$p \rightarrow q$之眞值表可知，**條件命題之前提爲眞，其結果爲僞時，該條件命題才爲僞外其餘條件命題結果均爲眞**。

例1. 下列條件命題何者爲眞？

(a) 若$1+2=3$則臺北在日本

(b) 若$1+2=4$則臺北在日本

(c) 若$1+2=3$則臺北在臺灣

(d) 若$1+2=4$則臺北在臺灣

解 (a) $1+2=3$爲眞，臺北在日本爲僞

$\therefore$若$1+2=3$則臺北在日本爲僞

(b) $1+2=4$爲僞，臺北在日本爲僞

$\therefore$若$1+2=4$則臺北在日本爲眞

(c) $1+2=3$爲眞，臺北在臺灣爲眞

$\therefore$若$1+2=3$則臺北在臺灣爲眞

(d) $1+2=4$爲僞，臺北在臺灣爲眞

$\therefore$若$1+2=4$則臺北在臺灣爲眞

例2. 求$p \wedge q \rightarrow p \vee q$之眞值表

解

p	q	$p \wedge q \rightarrow p \vee q$		
T	T	T	T	T
T	F	F	T	T
F	T	F	T	T
F	F	F	T ↑	F
		①	③	①

例2之眞值表顯示$p \wedge q \rightarrow p \vee q$爲恒眞。

隨堂演練

1. $p = T$，$q = F$時，驗證$p \wedge (p \rightarrow \neg q)$之眞值爲眞
2. $p = F$，$q = T$時，驗證$p \vee q \rightarrow p \wedge q$之眞值爲僞

下列三個命題爲同義

(1) 若p則q　（即$p \rightarrow q$）

(2) $\neg p \vee q$

(3) $\neg q \rightarrow \neg p$

我們可建立此三命題之眞值表如下：

p	q	$p\to q$	$\neg p\vee q$	$\neg q\to\neg p$
T	T	T	F T	F T F
T	F	F	F F	T F F
F	T	T	T T	F T T
F	F	T	T T	T T T
		①↑	① ②↑	① ②↑ ①

三行完全相同

由上述結果可知：

$$\boldsymbol{p\to q\equiv\neg p\vee q\equiv\neg q\to\neg p}$$

本定理爲本節之重要結果，讀者應記住。

例3. 用眞值表法與代數法分別證明$p\to(q\to p)$爲恒眞

解 (a) 眞值表法

p	q	$p\to(q\to p)$
T	T	T T
T	F	T T
F	T	T F
F	F	T T
		②↑ ①

(b) 代數法：

$p\to(q\to p)\equiv\neg p\vee(\neg q\vee p)$

$$\equiv \neg p \vee (p \vee \neg q)$$
$$\equiv (\neg p \vee p) \vee \neg q$$
$$\equiv T \vee \neg q \equiv T$$

例4. 用眞值表與代數法分別證明 $(p \wedge (p \rightarrow q)) \rightarrow q$ 爲恒眞。

解 (a) 眞值表法

p	q	$(p\wedge$	$(p\rightarrow q))$	$\rightarrow q$
T	T	T	T	T
T	F	F	F	T
F	T	F	T	T
F	F	F	T	T
		②	①	③ ↑

(b) 代數法

$$(p \wedge (p \rightarrow q)) \rightarrow q \equiv (p \wedge (\neg p \vee q)) \rightarrow q$$
$$\equiv \underbrace{(p \wedge \neg p)}_{F} \vee (p \wedge q) \rightarrow q \equiv F \vee (p \wedge q) \equiv p \wedge q \rightarrow q$$
$$\equiv \neg(p \wedge q) \vee q \equiv (\neg p \vee \neg q) \vee q$$
$$\equiv \neg p \vee \underbrace{(\neg q \vee q)}_{T} \equiv T$$

例5. 用眞值表法與代數法證明 $(p \rightarrow q) \rightarrow q \equiv p \vee q$

解 (a) 眞值表法

p	q	$(p\to q)\to q$		$p\vee q$
T	T	T	T	T
T	F	F	T	T
F	T	T	T	T
F	F	T	F	F
		①	②	①

(b) 代數法

$$(p\to q)\to q\equiv\neg(\neg p\vee q)\vee q$$
$$\equiv(p\wedge\neg q)\vee q$$
$$\equiv(p\vee q)\wedge(\neg q\vee q)$$
$$\equiv(p\vee q)\wedge T\equiv p\vee q$$

隨堂演練

用眞值表法與代數法分別證明$p\wedge q\to p\vee q$爲恒眞。

（五）雙條件——若且惟若 p 則 q

p、q之**雙條件命題**（biconditional proposition）p, q爲二個命題，雙條件命題**"若且惟若*p*則*q*"**（if and only if p then q）記做 $\boldsymbol{p\leftrightarrow q}$。$\boldsymbol{p\leftrightarrow q}$**亦常寫成*p* iff *q***

$\boldsymbol{p\leftrightarrow q}$只有在*p*，*q*有相同之眞值時方爲眞，其餘爲僞。

雙條件命題之眞值表爲

p	q	$p \leftrightarrow q$
T	T	T
T	F	F
F	T	F
F	F	T

定理B $p \leftrightarrow q \equiv (p \to q) \wedge (q \to p)$

證明

p	q	$(p\to q)$	$\wedge$	$(q\to p)$	$p \leftrightarrow q$
T	T	T	T	T	T
F	T	T	F	F	F
T	F	F	F	T	F
F	F	T	T	T	T

■

定理B指出了$p \leftrightarrow q$包含二個條件命題$p \to q$與$q \to p$。

充分條件、必要條件與充要條件

我們在學數學時常會碰到下面這類問題，如

- $x>1$是$x>0$之什麼條件？
- △ABC爲正三角形爲△ABC爲銳角三角形之什麼條件？

這就是我們要談的**充分條件**（sufficient condition），**必要條件**（necessary condition）和**充要條件**（necessary and sufficient condition）。

規定當**命題「若p則q」爲眞時，p爲q之充分條件，q爲p之必要條件，而若且惟若p則q爲眞時，p，q互爲充要條件，我們也可這麼說："若p則q"爲眞且若q則p爲眞時，p, q互爲充要條件。**

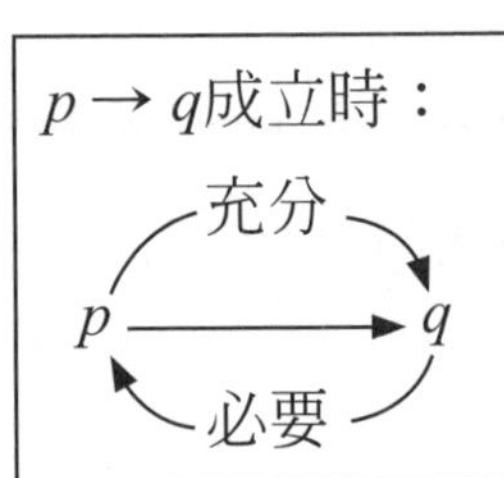

條件命題$p \to q$與雙條件命題$p \leftrightarrow q$之比較

符　號	意　義
$p \to q$	p導致q（p implies to q）
$p \to q$成立	p是q之充分條件 q是p之必要條件
$p \leftrightarrow q$	若且惟若p則q
$p \leftrightarrow q$成立	p是q之充要條件

例6. 若a，$b \in R$，R表實數所成之集合試在下列空格處填"充分"、"必要"、"充要"或"無"

(a) $ab=0$是$a=0$之______條件

(b) $ab^2>0$是$a>0$之______條件

(c) $ab \neq 0$是$a \neq 0$之______條件

(d) $a^2+b^2=0$是$a=0$之______條件

解 (a) ∵若 $a=0$ 則 $ab=0$ 成立

∴$ab=0$是$a=0$之必要條件

（∵$ab=0$時可能$a \neq 0$，$b=0$）

(b) $ab^2>0 \Leftrightarrow a>0$

∴$ab^2>0$是$a>0$之充要條件

(c) $ab \neq 0 \Rightarrow a \neq 0$

但$a \neq 0$不保證$ab \neq 0$

∴$ab \neq 0$是$a \neq 0$之充分條件

(d) $a^2+b^2=0 \Rightarrow a=0$

但$a=0$不保證

$a^2+b^2=0$

∴$a^2+b^2=0$是$a=0$之充分條件

（$a=0$是$a^2+b^2=0$之必要條件）

判斷充分條件、必要條件與充要條件（以例6(a)為例）

∵$ab=0$時可能$a=0$，$b \neq 0$，$a \neq 0$，$b=0$及$a=0$，$b=0$三種情況

∴$ab=0$並不能保證$a=0$

但$a=0$可保證$ab=0$，如此，我們可確定：條件命題若$a=0$，則$ab=0$成立。我們下一步就可以從「若$a=0$則$ab=0$」這個條件命題決定出$a=0$是$ab=0$之充分條件，$ab=0$是$a=0$之必要條件。

隨堂演練

請填充分、必要、充要或無

(a) $0 \leq x \leq 1$是$-3 \leq x \leq 2$之______條件

(b) a，b，$c \in R$，$a^2+b^2+c^2>0$為$bc \neq 0$之______條件

(c) a，$b \in R$，$|a|+|b|=0$為$a=0$之______條件

提示：（a）充分（b）必要（c）充分

反證法

我們常需證明“若p則q”形式之命題，一般都是在p之前提下推證出q成立，但有時這種推證法並非有效，在此情況下我們便可用反證法，反證法是令q爲僞（即$\neg q$），逐步推證出p不成立，從而得到與已知之事實互相矛盾的結果。

例7. a，b爲二正數，若$ab \le k$，試證$a \le \sqrt{k}$ 或$b \le \sqrt{k}$

解 設$a > \sqrt{k}$ 且$b > \sqrt{k}$ 則$a \cdot b > \sqrt{k} \cdot \sqrt{k} = k$，此與已知條件$ab \le k$矛盾，$\therefore ab \le$ k時，$a \le \sqrt{k}$ 或$b \le \sqrt{k}$ 。

例8. 若$x + y = 1$，$x^2 + y^2 > 1$，試證x, y中至少有一爲負數

解 設$x \ge 0$且$y \ge 0$，則有$xy \ge 0$

及$(x+y)^2 = x^2 + y^2 + 2xy > 1 + 2xy$，又$(x+y)^2 = 1$　$\therefore 1 > 1 + 2xy$

$\Rightarrow xy < 0$與假設$xy \ge 0$矛盾

即x, y中至少有一個爲負。

隨堂演練

利用若$x \in Z^+$ x^2爲偶數則x必爲偶數之性質以反證法證明$\sqrt{2}$爲無理數

習題 1.2

1. 將下列命題符號化

(a) 若星期天天氣好且氣溫超過32℃則我們將要去游泳。

(b) 若星期天天氣不好或氣溫不超過32℃，則我們不要去游泳。

(c) 若x是奇數且y是奇數則$x+y$是奇數。

2. 構造下列命題公式之眞値表

(a) $(q \wedge (p \to q)) \to p$

(b) $(p \to \neg p) \to \neg p$

(c) $(p \wedge (q \to p)) \to (q \to p)$

(d) $(\neg p \to q) \to (p \to q)$

3. 用代數法證明：

(a) $(p \to q) \to q \equiv p \vee q$

(b) $\neg (p \to q) \equiv p \wedge \neg q$

(c) $(p \to r) \wedge (q \to r) \equiv (p \vee q) \to r$

4. (a)（需用微積分知識）$f(x)$之可微分是$f(x)$爲連續之______條件

(b) a，$b \in R$，$ab=0$是$a^2+b^2=0$之______條件

(c) a，b，$c \in R$，$ab=ac$是$b=c$之______條件

(d) a，b，$c \in R-\{0\}$，$ab=ac$是$b=c$之______條件

(e) $x \in R$，$|x|<1$是$-1<x<2$之______條件

Ans.（a）充分（b）必要（c）必要（d）充要（e）充分

5. 用代數法試證

(a) $\neg (p \leftrightarrow q) \equiv (p \wedge \neg q) \vee (\neg p \wedge q)$

(b) $\neg q \to \neg p \equiv (p \to (p \to q))$

(c) $p \to (q \to r) \equiv (p \wedge q) \to r$

6. $\triangle ABC$爲一三角形，試在下列空格處塡“充分”、“必要”、“充要”或“無”

(a) $\triangle ABC$爲等腰三角形爲$\angle A=\angle B$之______條件

(b) $\triangle ABC$爲等腰三角形爲$\angle B=\angle C=45^\circ$之______條件

(c) $\triangle ABC$爲等腰三角形爲$\triangle ABC$是正三角形之______條件

Ans.（a）必要（b）必要（c）必要

7. 令集合$S=\{x\mid 0<x<1\}$試用反證法證明S沒有最小值。

1.3　量詞

我們先看一個古典的推論

所有的人都會死

蘇格拉底是人

∴蘇格拉底也會死

這個推論涉及“所有的”、“個體”之類問題，顯然前節的推論模式是無法應用在這些問題上，因此，本節將針對**量詞**（quantifier）作一簡介。

本節我們討論的命題有二部份，一是**全稱量詞**（universal quantifier），全稱量詞之符號爲$\forall$，這是關於“所有的”命題；另一個是**存在量詞**（existential quantifier），存在量詞之符號爲$\exists$，這是關於“存在”、“至少有一個”命題。

全稱量詞

若$p(x)$爲定義於集合A之命題，則$\forall xp(x)$（也有寫成$\forall x$，$p(x)$或（$\forall x\in A$）$p(x)$）讀作“對A中所有元素x而言，

$p(x)$均成立”。符號∀表示**“對所有”**（for all）或**“對每一個”**（for every）的意思。$\forall xp(x)$，**必須在A中之所有元素x均滿足命題$p(x)$之情況下方爲眞。若找到一個元素x不滿足$p(x)$，則$\forall xp(x)$便爲僞。**

$p(x)$爲定義於集合A之命題，則$(\exists x\in A)\,p(x)$（或$\exists xp(x)$）讀作“存在一個$x\in A$使得$p(x)$成立”，上式“∃”讀做**“存在”**（there exists），**“對某些”**（for some）或**“至少一個”**（for at least one）。**要證明$\exists xp(x)$，$x\in A$，只要A中有一個元素滿足$p(x)$，$\exists xp(x)$便爲眞。**

假定論域A爲有限，即$A=\{a_1, a_2\cdots a_n\}$則

$\forall xp(x) \equiv p(a_1)\wedge p(a_2)\cdots\wedge p(a_n)$

$\exists xp(x) \equiv p(a_1)\vee p(a_2)\cdots\vee p(a_n)$

我們以一個日常的例子說明：

如果班上有5位同學甲、乙、丙、丁、戊參加英語競試。$p(x)$爲測驗結果爲90分，$\forall xp(x)$成立表示甲、乙、丙、丁、戊都在90分以上，$\exists xp(x)$成立則是甲、乙、丙、丁、戊至少有1人在90分以上。

例1. 說明下列命題之意義及眞僞：

論域$A=\{1, 2, 3, 4\}$.

(a) $(\forall x\in A)\ (x+1<7)$

(b) $(\forall x\in A)\ (\exists y\in A)\ (x+y\leq 5)$

(c) $(\exists x\in A)\ (\exists y\in A)\ (x+y>6)$

(d) $(\exists x\in A)\ (\forall y\in A)\ (x\leq y)$

解 (a) $(\forall x\in A)\ (x+1<7)$

所有A之元素x均滿足$x+1<7$，

$\therefore (\forall x \in A)\ (x+1<7)$ 爲眞

(b) $(\forall x \in A)\ (\exists y \in A)\ (x+y \leq 5)$

對所有A之元素x而言，A存在之一個元素y滿足

$x+y \leq 5$此命題爲眞

(c) $(\exists x \in A)\ (\exists y \in A)\ (x+y>6)$

A中存在二個元素x與y（如$x=3$，$y=4$）使得$x+y>6$.

此命題爲眞

(d) $(\exists x \in A)\ (\forall y \in A)\ (x \leq y)$

A中存在一個元素x，在A中都存在一個元素y滿足$x \leq y$。

此命題爲眞

例2. 用量詞表示下列命題

(a) 存在一個正整數，它是質數且爲偶數

(b) 任一實數必定大於0，等於0或小於0

(c) 對任意二個實數x，y，$x+y=y+x$.

解 (a) $A(x)$：x爲質數，$B(x)$：x爲偶數，那麼"存在一個正整數它是質數且爲偶數"可表爲

$\exists x\ (x \in Z^+)\ (A(x) \wedge B(x))$，2爲偶數且爲質數，故此命題爲眞

(b) $A(x)$：$x>0$，$B(x)$：$x=0$，$C(x)$：$x<0$，那麼"任一實數必定大於0，等於0或小於0"可表爲

$\forall x\ (x \in R)\ (A(x) \vee B(x) \vee C(x))$，此命題爲眞

(c) $\forall x \forall y\ (x \in R \wedge y \in R)\ (x+y=y+x)$，此命題爲眞。

例3. 用量詞命題表示"所有人都會死"

解　我們用$A(x)$表示“x是人”，$B(x)$表示“x會死”
∴“所有人都會死亡”之量詞命題表示爲
$\forall x(A(x) \to B(x))$

以上我們討論的都只有一個“個體變數x”，其實它可擴充到二元，三元甚至更多元。

例4.　令$p(x)$表示“x是偶數”，$q(x)$表示“x是質數”，$L(x, y)$表$x>y$，x，$y \in Z^+$試判斷下列命題眞僞：
(a) $p(3) \vee q(2)$
(b) $L(4, 6)$
(c) $\forall y(L(y, 2) \to p(y))$

解　(a) $p(3) \vee q(2)$表示3是偶數或2是質數，故爲眞。
(b) $L(4, 6)$表示$4 > 6$，故爲僞
(c) $\forall y(L(y, 2) \to p(y))$表示“對所有$y$，若$y > 2$則$y$爲偶數”，此命題對所有之$y \in Z^+$未必成立（如$y = 3 > 2$但3不爲偶數），故爲僞。

量詞之否定

定義　（全稱量詞與存在量詞之否定）規定：
(1) $\neg(\exists x \in A)p(x) \equiv (\forall x \in A)\neg p(x)$
(2) $\neg(\forall x \in A)p(x) \equiv (\exists x \in A)\neg p(x)$

例5. 將下列命題用量詞邏輯符號表示：

(a) 每個人都是大學生或年輕人

(b) 有些人是大學生但不是年輕人

(c) 有些人是年輕人

(d) 張三是年輕人且李四是大學生

解 令$Y(x)$：x是年輕人，$S(x)$：x是大學生，則

(a) 每個人都是大學生或年輕人：$\forall x(S(x) \vee Y(x))$

(b) 有些人是大學生但不是年輕人：

$\exists x(S(x) \wedge \neg Y(x))$

(c) 有些人是年輕人：$\exists x(Y(x))$

(d) 張三是年輕人且李四是大學生，若a：張三，b：李四，則其邏輯表示為$Y(a) \wedge S(b)$

隨堂演練

令$E(x, y)$為x選修y的課程，其中x之論域是資一班全體學生所成之集合，y是數學系開設的課程，說明下列量詞邏輯符號所表示之意思：

(a) $\forall x \exists y E(x, y)$　　(b) $\exists x \exists y E(x, y)$

Ans：(a) 所有資一班學生修習有些數學系開設的課程。

(b) 有些資一班學生修習有些數學系開設的課程。

習題 1.3

1. 若論域為R，下列敘述何者為真？

(a) $\forall n \exists m (n^2 + m^2 \leq 10)$

(b) $\forall n \exists m (n + m = 0)$

(c) $\exists n \exists m\ (n^2+m^2=10)$

(d) $\exists n \exists m\ (n+m=3 \wedge n-m=1)$

(e) $\exists n \forall m\ (mn=m)$

(f) $\exists n \forall m\ (mn=1)$

Ans. (a)、(f)為偽外餘為眞

2. 將下列敘述用量詞命題表示

(a) 每個人都是年輕教師

(b) 有些教師不是專家

(c) 有些專家並不年輕

(d) 有些人是專家但不是老師

(e) 每個人如果是老師他一定是專家

(f) 不是每個人是專家

(g) 每個人都不是專家

提示：$E(x)$：x是專家，$T(x)$：x是老師，$Y(x)$：x是年輕人

Ans. (a) $\forall x\ (Y(x) \wedge T(x))$ (b) $\exists x\ (T(x) \wedge \neg E(x))$

(c) $\exists x\ (E(x) \wedge \neg Y(x))$ (d) $\exists x\ (E(x) \wedge \neg T(x))$

(e) $\forall x\ (T(x) \rightarrow E(x))$ (f) $\neg \forall x E(x)$ (g) $\forall x \neg E(x)$

3. x之論域為Z^+，$P(x)$表x為質數，$E(x)$表x是偶數；$D(x, y)$表$x|y$。將下列語句化成日常語句，並判定眞偽

(a) $E(3) \vee P(2)$

(b) $\forall x\ (D(6, x) \rightarrow E(x))$

(c) $\forall x\ (\neg E(x) \rightarrow \neg D(2, x))$

Ans. 均為T（提示：$\neg E(x) \rightarrow \neg D(2, x)$ 等價於$D(2, x) \rightarrow E(x)$）

1.4 邏輯推理

邏輯推理的一般形式是“前提：H_1，H_2，…，H_n；結論C”即$H_1 \wedge H_2 \wedge \cdots \wedge H_n \Rightarrow C$

如果前提H_1，H_2，…，H_n均為真（即H_1，H_2，…，H_n均成立）下透過邏輯推理規則而得到結論C，則這樣之推理結果是**有效的**（valid）否則為**無效**（invalid）

論證$H_1 \wedge H_2 \wedge \cdots \wedge H_n \Rightarrow C$之方法大致有

（方法一）**應用眞值表**

由眞值表中，H_1，H_2，…H_n均為“T”之各列應對之C之眞值亦均為“T”時，或C之眞值為“F”之各列中至少有一個H之眞值為“F”。

（方法二）**應用邏輯推理規則**

現將一些有用之邏輯推理規則列於下表，為幫助大家理解，每個規則下都有一些簡單的說明。

E1	$p \to q$ p ——— $\therefore q$	當“若p則q”為眞且p為眞，則可結論q為眞。例如：若甲是中國人（p）則他是黃種人（q），甲是中國人（p），故可得到甲是黃種人之結論（q）。
E2	$p \to q$ $\neg q$ ——— $\therefore \neg p$	因$p \to q$與$\neg q \to \neg p$同義，現$\neg q$成立，根據（1）之推論可得$\neg p$之結果。例如：若甲是中國人（p）則他是亞洲人（q）。甲不是亞洲人（$\neg q$）故甲不是中國人（$\neg p$）。

E3	$p \to q$ $q \to r$ $\therefore p \to r$	例如，“若甲是臺北人（p）則甲是臺灣人（q）”，且“若甲是臺灣人（q）則甲是亞洲人（r）”，現已知甲是臺北人（p）,因而可推得甲是亞洲人（r）。規則三可推廣爲：$p_1 \to p_2$，$p_2 \to p_3$，$p_3 \to p_4$則$p_1 \to p_4$成立。
E4	$\dfrac{p \vee q \quad \neg p}{\therefore q}$ 或 $\dfrac{p \vee q \quad \neg q}{\therefore p}$	例如：甲是男性（p）或女性（q），甲不是男性（$\neg p$）均成立，便可推論出甲是女性（q）。
E5	$\dfrac{p \wedge q}{\therefore p}$ 或 $\dfrac{p \wedge q}{\therefore q}$	例如：甲是男的（p）且甲是臺大學生（q）均成立，便可推論出甲是男的（p）或甲是臺大學生。
E6	p q $\therefore p \wedge q$	例如：甲是男的（p）且甲是臺大學生（q）均成立，所以可推論出甲是男的臺大學生（$p \wedge q$）
E7	$\dfrac{p}{\therefore p \vee q}$ 或 $\dfrac{q}{\therefore p \vee q}$	例如：甲是男的（p）所以可推論出甲是男的（p）或甲是臺大學生（q）
E8	$p \to q$ $r \to s$ $p \vee r$ $\therefore q \vee s$	例如：“若甲是臺大學生（p）則甲今天要上數學課（q）”且“若甲今天要看電影（r）則甲要預先訂位（s）”且“若甲是臺大生（p）或今天要看電影（r）”均成立可推論出“甲今天要上數學課（q）或甲要預先訂位（s）”
E9	$p \to r$ $q \to r$ $\therefore p \vee q \to r$	例如：若用功（p）則會考試成功（r）且“若知道考題（q）則會考試成功（r）”成立，便可推論出“若用功（p）或知道考題（q）則會考試成功（r）”

例1. （E3規則）用眞值表法證明“前提：$p \to q$，$q \to r$，結論 $p \to r$”

解

列	p	q	r	H_1 $p \to q$	H_2 $q \to r$	C $p \to r$
1	T	T	T	T	T	T
2	T	T	F	T	F	F
3	T	F	T	F	T	T
4	T	F	F	F	T	F
5	F	T	T	T	T	T
6	F	T	F	T	F	T
7	F	F	T	T	T	T
8	F	F	F	T	T	T

由眞值表：（令H_1：$p \to q$，H_2：$q \to r$，C：$p \to r$）H_1，H_2均爲眞之第1，5，7，8列，對應之C亦均爲眞。或第2，4列C爲僞，H_1，H_2至少有一爲僞，$\therefore p \to q \wedge q \to r \Rightarrow p \to r$

例2. （E9規則）用眞值表法證明$(p \to r) \wedge (q \to r) \Rightarrow p \vee q \to r$

解

列	p	q	r	H_1 $p \to r$	H_2 $q \to r$	C $p \vee q \to r$
1	T	T	T	T	T	T T
2	T	T	F	F	F	T F
3	T	F	T	T	T	T T
4	T	F	F	F	T	T F
5	F	T	T	T	T	T T

列	p	q	r	H_1 $p\to r$	H_2 $q\to r$	C $p\vee q\to r$
6	F	T	F	T	F	T F
7	F	F	T	T	T	F T
8	F	F	F	T	T	F T

令H_1：$p\to r$，H_2：$q\to r$，C：$p\vee q\to r$，眞值表之第1，3，5，7，8列之H_1，H_2均爲眞，對應之C的眞值亦爲眞。

$\therefore (p\to r)\wedge(q\to r)\Rightarrow p\vee q\to r$。

或第2，4，6列C爲僞時，H_1，H_2至少有一爲僞，$\therefore$（$p\to r$）$\wedge$（$q\to r$）$\Rightarrow p\vee q\to r$

隨堂演練

用眞值表驗證$E1$：$p\wedge$（$p\to q$）$\Rightarrow q$

以下我們將說明邏輯推理規則之應用：

例3. 試證:“$p\to r$，$r\to\neg t$，$t\Rightarrow\neg p$”之有效性。
（即前提$p\to r$，$r\to\neg t$，t；結論$\neg p$）

解

1. $r\to\neg t$	（前提）
2. t	（前提）
3. $t\to\neg r$	（由1.）
4. $\neg r$	（E2）
5. $p\to r$	（前提）
6. $\therefore\neg p$	（E2）

例4. 試證“前提$p \vee q$，$p \rightarrow r$，$\neg r$；結論q”之有效性。

解

1. $p \rightarrow r$	（前提）
2. $\neg r$	（前提）
3. $\neg p$	（E2）
4. $p \vee q$	（前提）
5. $\therefore q$	（E4）

例5. 試證“前提$r \rightarrow \neg q$，$r \vee s$，$s \rightarrow \neg q$，$p \rightarrow q$；結論$\neg p$”之有效性。

解

1. $r \rightarrow \neg q$	（前提）
2. $s \rightarrow \neg q$	（前提）
3. $r \vee s \rightarrow \neg q$	（E9）
4. $r \vee s$	（前提）
5. $\neg q$	（E1）
6. $p \rightarrow q$	（前提）
7. $\therefore \neg p$	（E2）

隨堂演練

試證“前提：$p \rightarrow \neg q$，$\neg r \rightarrow s$，$r \rightarrow q$；結論$p \rightarrow s$”之有效性

邏輯論證之應用

例6. 某電影製片人由A，B，C，D4人中挑主角與配角。若以A當主角則B或C為配角，若B當配角則A不能當主角，若D當配角則C不能當配角，現A確定為主角，故D不能當配角。試驗證上述推論之有效性。

令p：A當主角，q：B當配角，r：C當配角，s：D當配角，依題意：

前提：

若A當主角則B或C為配角：$p \to q \vee r$

若B當配角則A不能當主角：$q \to \neg p$

若D當配角則C不能當配角：$s \to \neg r$

A為主角　　　p

結論：D不能當配角　　　$\neg s$

現根據上述資料判斷結論之有效性：

1. p　（前提）

2. $q \to \neg p$　（前提）

3. $\neg q$　（E2）

4. $p \to q \vee r$　（前提）

5. $\therefore q \vee r$　（由1，4，E1）

6. r　（由3，5，E4）

7. $s \to \neg r$　（前提）

---

8. $\therefore \neg s$　（E2）

即D不能當配角

習題 1.4

• 用邏輯命題推理驗證下列之前提所作結論是否有效？（1—3）

1. 前提：$\neg p \vee r$，$q \to s$，p，q
   結論：$r \wedge s$
2. 前提：$(t \wedge \neg q) \to r$，$\neg r \vee s$，$\neg s$，t
   結論：q
3. 前提：$r \to \neg q$，$r \vee s$，$s \to \neg q$，$p \to q$，
   結論：$\neg p$

用邏輯推理，驗證下列推理之有效性（4—5）

4. 若有音樂會則交通擁擠，若我們提前出門則交通不擁擠，因爲我們提前出門，所以沒有音樂會。
5. 若要鍛煉身體則要游泳，若不打麻將則就鍛練身體，他沒有游泳，所以他一定打麻將。
6. 根據下列前提求有效之結論
   $p \wedge q \to r$，$\neg r \vee s$，$\neg s$
   Ans. $\neg p \vee \neg q$

1.5　數學歸納法

數學歸納法（mathematical induction）是種證明命題 $P(n)$，$n \in Z^+$ 之一種方法，Z^+ 爲正整數所成之集合，即 $Z^+ = \{1, 2, 3 \cdots\cdots\}$，它的一般步驟是：

(1) 當$n=n_0$時驗證命題$P(n)$是否成立。n_0通常爲1，但有時因題給之條件，n_0不一定是1。它可能是其它數如例4，此部份稱爲**歸納之基礎**（basis of induction）。

(2) $n=k$時設$P(n)$成立，此部份稱爲**歸納性假設**（inductive hypothesis）。

(3) 驗證$P(n)$在$n=k+1$時是否成立，此部份稱爲**歸納之步驟**（inductive steps）。

如果(1)，(3)均成立時，P(n)對$n \geq n_0$之所有正整數均成立。我們在此必須強調的是：要證明命題$P(n)$，$n \geq n_0$，$n \in Z^+$成立，數學歸納法只是其中一種方法，但它未必是最好的方法。

例1. 試用數學歸納法證：

$$1+2+3+\cdots+n=\frac{n(n+1)}{2}$$

解 1. $n=1$時　左式$=1$，右式$=\frac{1(1+1)}{2}=1$

左式$=$右式 $\therefore n=1$時原式成立

2. $n=k$時，設$1+2+3+\cdots+k=\frac{k(k+1)}{2}$成立。

3. $n=k+1$時：$1+2+3+\cdots+k+k+1$

$$=\frac{k(k+1)}{2}+(k+1)$$

$$=(k+1)\left(\frac{k}{2}+1\right)=\frac{1}{2}(k+1)(k+2)$$

$\therefore$根據數學歸納法知$1+2+3+\cdots+n=\frac{n(n+1)}{2}$對所有正整數$n$均成立。

我們可用下列方法求$1+2+3+\cdots+n$

$$
\begin{array}{r}
S=1+2+3+\cdots+n \\
+)\ S=n+(n-1)+(n-2)+\cdots+1 \\
\hline
2S=\underbrace{(n+1)+(n+1)+(n+1)+\cdots+(n+1)}_{n项}=n(n+1)
\end{array}
$$

$$\therefore S=\frac{n}{2}(n+1)$$

由例1.可看出數學歸納法不一定較其他方法更容易。

例2. 試用數學歸納法證明$n(n^2+5)$ $n\in Z^+$爲6之倍數

解
1. $n=1$時，左式$=1\cdot 6=6$爲6之倍數
2. $n=k$時，設$k(k^2+5)$爲6的倍數，即$k(k^2+5)=6p$，$p\in Z^+$
3. $n=k+1$時，左式$=(k+1)[(k+1)^2+5]$

$$
\begin{aligned}
&=(k+1)(k^2+2k+6)\\
&=k(k^2+2k+6)+(k^2+2k+6)\\
&=k[(k^2+5)+(2k+1)]\\
&\quad+[k^2+2k+6]\\
&=k(k^2+5)+(3k^2+3k+6)\\
&=6p+3[k^2+k+2]\\
&=6p+3[k(k+1)+2] \qquad *
\end{aligned}
$$

$\because k(k+1)$必爲偶數，從而$k(k+1)+2$亦必爲偶數，令它爲$2s$，s爲正整數

$\therefore *=6p+3\cdot 2s=6(p+s)$

即n爲任一正整數時，$n(n^2+5)$必爲6的倍數

例3. 試證$(1+x)^n\geq 1+nx$，$n\in Z^+$

解
1. $n=1$時左式$=1+x=$右式

2. $n=k$時，設$(1+x)^k \geq 1+kx$成立。

3. $n=k+1$時，左式$=(1+x)^{k+1}=(1+x)^k(1+x)$

$$\geq (1+kx)(1+x)$$
$$=1+(k+1)x+kx^2$$
$$\geq 1+(k+1)x$$

∴根據數學歸納法原理知$(1+x)^n \geq 1+nx$對所有正整數n均成立

例4. 若$n \geq 5$，試證$2^n > n^2$

解 在本例，$n \geq 5$因此從$n=5$開始，

1° $n=5$時，左式$=2^5>5^2=$右式，∴$n=5$時原不等式成立，

2° $n=k$時，設$2^k>k^2$成立

3° $n=k+1$時：$2^{k+1}=2 \cdot 2^k > 2 \cdot k^2 = k^2+k^2 = k^2+k \cdot k$

$$> k^2+5k = k^2+2k+3k > k^2+2k+1$$
$$=(k+1)^2$$

∴根據數學歸納法原理知，對所有$n \geq 5$之正整數均有$2^n > n^2$

隨堂演練

證明

$$1^2+2^2+\cdots+n^2=\frac{n(n+1)(2n+1)}{6}$$

習題 1.5

用數學歸納法證明n為任意正整數：

1. $\frac{1}{1 \cdot 2}+\frac{1}{2 \cdot 3}+\cdots+\frac{1}{n(n+1)}=\frac{n}{n+1}$，

2. $1+\frac{1}{4}+\frac{1}{9}+\cdots+\frac{1}{n^2}<2-\frac{1}{n}$，$n\geq 2$，

3. $2n+3\leq 2^n$，$n\geq 4$，

4. $2^n<n!$，$n\geq 4$，

5. $n^2>2n+1$，$n>2$，

6. $2+2\cdot 2^2+3\cdot 2^3+\cdots+n2^n=(n-1)\,2^{n+1}+2$

7. $1^3+2^3+3^3+\cdots+n^3=\frac{n^2(n+1)^2}{4}$

8. $8^{n+1}-7n+41$為49之倍數。

第 2 章

集合

2.1 集合定義

2.2 集合運算

2.3 排容原理

2.1 集合定義

集合（set）是一群**定義明確**（well-defined）之個體所成之**集體**（collection）。集合之每一個個體便稱爲**元素**（element 或 member），這裡所稱之**定義明確，是指給定一個個體，我們必須能夠判斷出該個體是否是這個集合之元素**。

集合之表示方法大致可分列舉法與特性法兩種，說明如下：

(一) 列舉法：列舉法是將集合內之元素逐一寫在一個大括弧內，其形式爲$A = \{a_1，a_2，\cdots，a_n\}$，例如

◆ 世界三大洋所成之集合，用列舉法可表示爲｛太平洋，大西洋，印度洋｝。

(二) 特性法：特性法是將具有某種特性P之元素作一概括性描述，其形式爲$A = \{x \mid P(x)\}$，例如：

◆ $A = \{x|x = 2k$，k爲自然數$\}$，這是偶數所成之集合。

◆ $A = \{x|-3 \leqq x \leqq 5$，$x$爲實數$\}$，這是$[-3，5]$中所有實數所成之集合。

本書有關數系所用之符號

(a) $Z^+ = \{x \mid x$爲正整數$\} = \{1，2，3\cdots\}$。

(b) $N = \{x \mid x$爲正整數或$0\} = \{0，1，2，3\cdots\}$即N爲非負整數集合。

(c) $Z = \{x \mid x$爲整數$\} = \{\cdots -3，-2，-1，0，-1，2，3\cdots\}$，即$Z$爲整數集合。

(d) $Q = \{x \mid x$爲有理數$\} = \{x \mid x = \frac{q}{p}，p，q \in Z$且$p \neq 0\}$，即$Q$爲有理數集合。

(e) $Q' = \{x \mid x$為無理數$\}$，即Q'為無理數集合。

(f) $R = \{x \mid x$為實數$\}$，即R為實數集合。

(g) $R^+ = \{x \mid x$為正實數$\}$即R^+為非負實數集合。

對任何一個不含任何元素之集合稱為**零集合**（null set）或**空集合**（empty set），記作ϕ

習慣上以大寫字母A，B，X等代表集合，而以小寫字母a，b，c…代表元素，$x \in A$表示x為集合A之一個元素，$x \notin A$表示x不為A之元素。

例1. 下列那一個集合為空集合？

(a) $\{x \mid x^2 = -1，x \in R\}$

(b) $\{x \mid x \neq x，x \in R\}$

(c) $\{x \mid x^2 + x + 2 = 0，x \in R\}$

解

(a) $\because$不存在一個實數x滿足$x^2 = -1$. $\therefore \{x \mid x^2 = -1，x \in R\} = \phi$

(b) 對任一實數x，$x \neq x$不成立$\therefore \{x \mid x \neq x\} = \phi$

(c) $\because x^2 + x + 2 = 0$，判別式$D = 1 - 4 \cdot 1 \cdot 2 < 0$

$x^2 + x + 2 = 0$無實根$\therefore \{x \mid x^2 + x + 2 = 0，x \in R\} = \phi$

設A，B為二集合，若B中之每一元素均為A之元素則稱B包含於A，記做$B \subseteq A$，此時B稱為A之**部分集合**或**子集合**（**subset**）。**任一集合均為自身之子集合，即$A \subseteq A$恆成立。我們規定空集合ϕ為任意集合之子集合，即$\phi \subseteq A$恆成立。若$A \subseteq B$且$B \subseteq A$則稱$A = B$**。若$A \subseteq B$且存在一個$b \in B$使得$b \notin A$則稱A為B之**眞子集**（proper set），**以$A \subset B$表之。$A \subset A$不成立，猶如$x < x$不成立**。

有二點值得注意：(1) **集合不因其中元素次序改變而有所不同**，(2) **集合中所有相同之元素均視爲同一元素**。

例2. $A=\{1，2，3\}$，$B=\{1，3，2\}$，$C=\{1，1，2，3，2\}$
則$A=B=C$

例3. 若$A\subseteq\phi$試證$A=\phi$

解

$A\subseteq\phi$又$\phi\subseteq A\therefore A=\phi$

例4. $A=\{1，2，3，5\}$，$B=\{x\mid x^2-7x+10=0\}$，$C=\{x\mid x^2-4x+4=0\}$，問下列敘述何者成立？
(a) $B\subseteq A$　(b) $\phi\in B$　(c) $C\subseteq B$，　(d) $C\subseteq A$

解

$A=\{1，2，3，5\}$，
$B=\{x\mid x^2-7x+10=0\}=\{2，5\}$
$C=\{x\mid x^2-4x+4=0\}=\{2\}$
$\therefore$(a) $B\subseteq A$成立，
(b) $\phi\notin B$，（若$\phi\subseteq B$就成立）
(c) $C\subseteq B$成立，
(d) $C\subseteq A$成立。

隨堂演練

$A=\{x\mid x$爲正三角形$\}$，$B=\{x\mid x$爲任意三角形$\}$，$C=\{x\mid x$爲銳角三角形$\}$，$D=\{x\mid x$爲最大角爲70°之三角形$\}$
問(a) $A\subseteq C$　(b) $C\subseteq D$　(c) $C\subseteq B$　(d) $D\subseteq B$何者成立。
Ans: (a), (c), (d)

若所有集合均是某一特定集合之子集合，此特定集合稱爲**廣集合**（universal set）或稱宇集合。換言之，廣集合就是我們考慮下之所有元素所成之集合。若所有大學生所成之集合爲廣集合則臺大學生所成之集合便爲其子集合。若我們以臺大學生爲廣集合則臺大數學系學生所成之集合便爲臺大學生所成集合之子集合。

集合之基數

集合A之元素個數稱爲基合A之**基數**（cardinality）記做$|A|$，例如$A=\{1，2，3\}$則$|A|=3$，$B=\{3，1，2，3\}$，則$|B|=3$，若$B=\phi$**則規定**$|B|=0$。

冪集合

由集合A之所有子集合所成之集合，稱爲A之**冪集合**（power set），以2^A或$P(A)$表示，即

$$P(A)=2^A=\{S\mid S\subseteq A\}$$

$\because \phi\subseteq A$，$A\subseteq A$，$\therefore \phi$ **與A均爲$P(A)$之元素，若A之基數爲n則$P(A)$之基數爲2^n**，這是有些書將A之冪集合用2^A表示之原因了。

例5. 求(a) $A=\phi$ (b) $A=\{a\}$， (c) $A=\{a，b\}$之$P(A)$

解

(a) $A=\phi$ $\therefore P(A)=\{\phi\}$

(b) $A=\{a\}$ $\therefore P(A)=\{\phi，\{a\}\}$

(c) $A=\{a，b\}$ $\therefore P(A)=\{\phi，\{a\}，\{b\}，\{a，b\}\}$

例6. A，B為任意二集合，若$A\subseteq B$，試證$P(A)\subseteq P(B)$

解

設$x\in P(A)$則$x\subseteq A$，又$A\subseteq B$，

$\therefore x\subseteq B$

$\Rightarrow x\in P(B)$

即$P(A)\subseteq P(B)$

> 二個重要關係式
> (1) $x\in P(A)\Leftrightarrow x\subseteq A$
> (2) $x\in A\Rightarrow x\in B$
> 則$A\subseteq B$

隨堂演練

$A=\{a，b，c\}$求$P(A)$

Ans: $\{\{a\},\{b\},\{c\},\{a,b\},\{a,c\},\{b,c\},\{a,b,c\},\phi\}$

習題2.1

1. 給定$A=\{1，a\}$，計算

(a) $|A|$　　(b) 若$B=\{2\}$，$B\subseteq A$，求a

(c) 若$C=\{2，b\}$，$A=C$，求$a=?$ $b=?$

(d) $P(A)$　　(e) $|P(A)|$.

(f) $\phi\subseteq$A是否成立　　(g) $|P(P(A))|$

Ans. (a) $a=1$時1，$a\neq 1$時2，(b) $a=2$　(c) $a=2$，$b=1$

(d) $\{\{1\}，\{a\}，\{1，a\}，\phi\}$ (e) 4　(f) 成立　(g) 16

2. 下列敘述何眞？

(a) $\phi\subseteq\{0\}$　　(b) $0\subseteq\{0\}$

(c) $\phi\in\{0\}$　　(d) $\phi\subseteq\{\{\phi\}，\phi\}$

(e) $\phi\in\{\{\phi\}，\phi\}$　　(f) $\{\phi\}\subseteq\{\{\phi\}，\phi\}$，

(g) $\{\phi\}\in\{\{\phi\}，\phi\}$

Ans. (a)，(d)，(e)，(f)，(g)

3. 若ϕ_1，ϕ_2為空集合，試證$\phi_1=\phi_2$

4. $A=\{1，\{2，3\}，2\}$，問(a) $2\in A$ (b) $\{2\}\subseteq A$ (c) $\{2\}\in A$
(d) $\{2\}\subseteq\{2，3\}$ (e) $\{2，3\}\subseteq A$何者正確？
Ans. $a，b，d$
5. A為任意集合，但$A\neq\phi$. 下列敘述為真？
(a) $A\in P(A)$ (b) $A\subseteq P(A)$ (c) $\{A\}\in P(A)$ (d) $\{A\}\subseteq P(A)$
Ans. $a，d$
6. 求(a) $A=\phi$ (b) $B=\{\phi\}$，(c) $C=\{\phi，\{\phi\}\}$之冪集合。
Ans. (a) $\{\phi\}$ (b) $\{\phi，\{\phi\}\}$ (c) $\{\{\phi\}，\{\{\phi\}\}，\{\phi，\{\phi\}\}，\phi\}$
7. $A=\{a，\{b\}，\{a，b\}\}$求$P(A)$
Ans. $\{\phi，\{a\}，\{\{b\}\}，\{\{a，b\}\}，\{a，\{b\}\}，\{a，\{a，b\}\}，\{\{b\}，\{a，b\}\}，\{a，\{b\}，\{a，b\}\}$
8. 是否存在二個集合A，B，滿足$A\in B$且$A\subset B$?
Ans. 存在

2.2 集合運算

本節我們將介紹四種最基本之集合運算：

定義 **交集**（intersection）：A、B二集合之交集，記做$A\cap B$，定義為

$$A\cap B=\{x\mid x\in A\wedge x\in B\}$$

聯集（union）：A、B二集合之聯集，記做$A\cup B$，定義為

$$A\cup B=\{x\mid x\in A\vee x\in B\}$$

餘集（complement）：A之餘集記做$\overline{A}$，或A^C，定義爲

$$\overline{A}=\{x\mid x\notin A，x\in S\}，S爲廣集合$$

差集（difference）：A、B二集合之差集，記做$A-B$，定義爲

$$A-B=\{x\mid x\in A\wedge x\notin B\}。$$

由差集定義，顯然有$A-B=A\cap\overline{B}$

例1. $A=\{1，2，3，4，5\}$，$B=\{2，5，6，7\}$求

(a) $A\cap B$ (b) $A\cup B$ (c) $A-B$ (d) $B-A$ 及P（$B-A$）即$B-A$之冪集合

(e) $A\cap B\subseteq A\cup B$是否成立？

(f) $(A-B)\cap(A\cup B)$

(g) $(A-B)\cap(B-A)$

解

(a) $A\cap B=\{2，5\}$

(b) $A\cup B=\{1，2，3，4，5，6，7\}$

(c) $A-B=\{1，3，4\}$

(d) $B-A=\{6，7\}$，$\therefore P(B-A)=\{\{6\}，\{7\}，\{6，7\}，\phi\}$

(e) 由(a)，(b)，$A\cap B\subseteq A\cup B$，事實上此結果恆成立。

(f) $(A-B)\cap(A\cup B)=\{1，3，4\}\cap\{1，2，3，4，5，6，7\}=\{1，3，4\}$

(g) $(A-B)\cap(B-A)=\{1，3，4\}\cap\{6，7\}=\phi$

$(A-B)\cap(B-A)=\phi$恆成立。

隨堂演練

承例1. (a)求$A\cup(B-A)$ (b)確認$A\cup(B-A)\subseteq A\cup B$。

Ans. $\{1, 2, 3, 4, 5, 6, 7\}$

例2. $A=\{x \mid -1 \le x \le 2\}$，$B=\{x \mid 0 \le x \le 3\}$,
求(a) $A \cap B$　(b) $A \cup B$　(c) $A-B$　(d) $B-A$

解

(a) $A \cap B=\{x \mid 0 \le x \le 2\}$

(b) $A \cup B=\{x \mid -1 \le x \le 3\}$

(c) $A-B=\{x \mid -1 \le x < 0\}$

(d) $B-A=\{x \mid 2 < x \le 3\}$

隨堂演練

承例2，若$C=\{x \mid -2 \le x \le 3\}$求(a) $A \cap C$　(b) $A \cup C$
(c) $C-(A \cap B)$

Ans: (a) A　(b) C　(c) $\{x \mid -2 \le x < 0\} \cup \{x \mid 2 < x \le 3\}$

文氏圖

文氏圖（Venn diagram）是用簡單之圈狀圖形來顯示集合運算之結果，它有助於初學者對集合運算之理解。

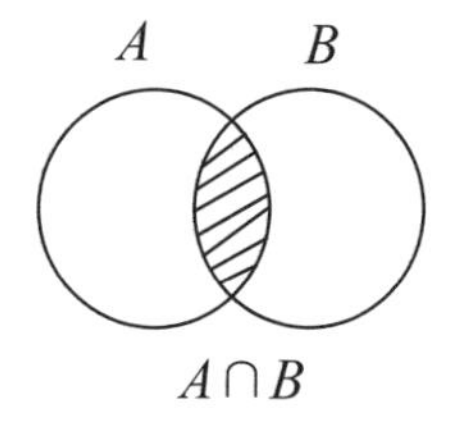

$A \cap B$

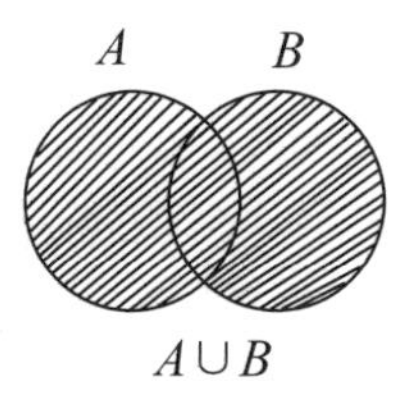

$A \cup B$

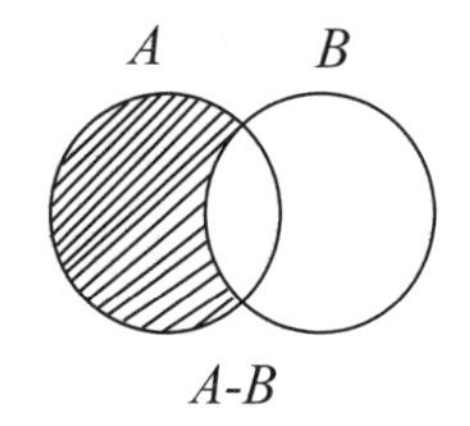

A-B

我們可推廣到三個集合：

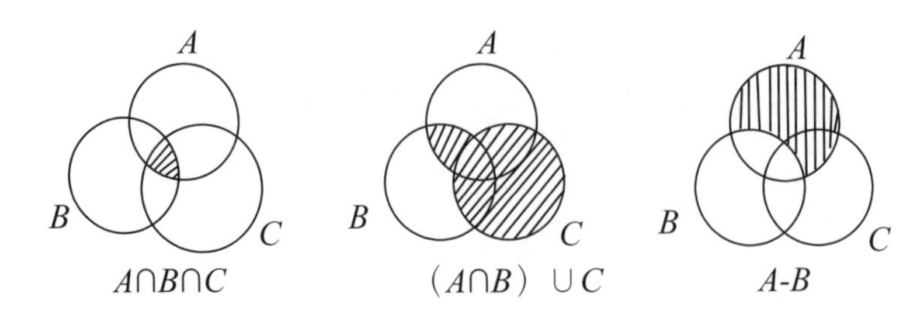

$A \cap B \cap C$　　（$A \cap B$）$\cup C$　　A-B

例3. 用文氏圖表示(a)（$A-B$）$\cap C$　(b)（$A \cap B$）$-C$　(c)（$A \cup B \cup C$）－（$A \cap B \cap C$）

解

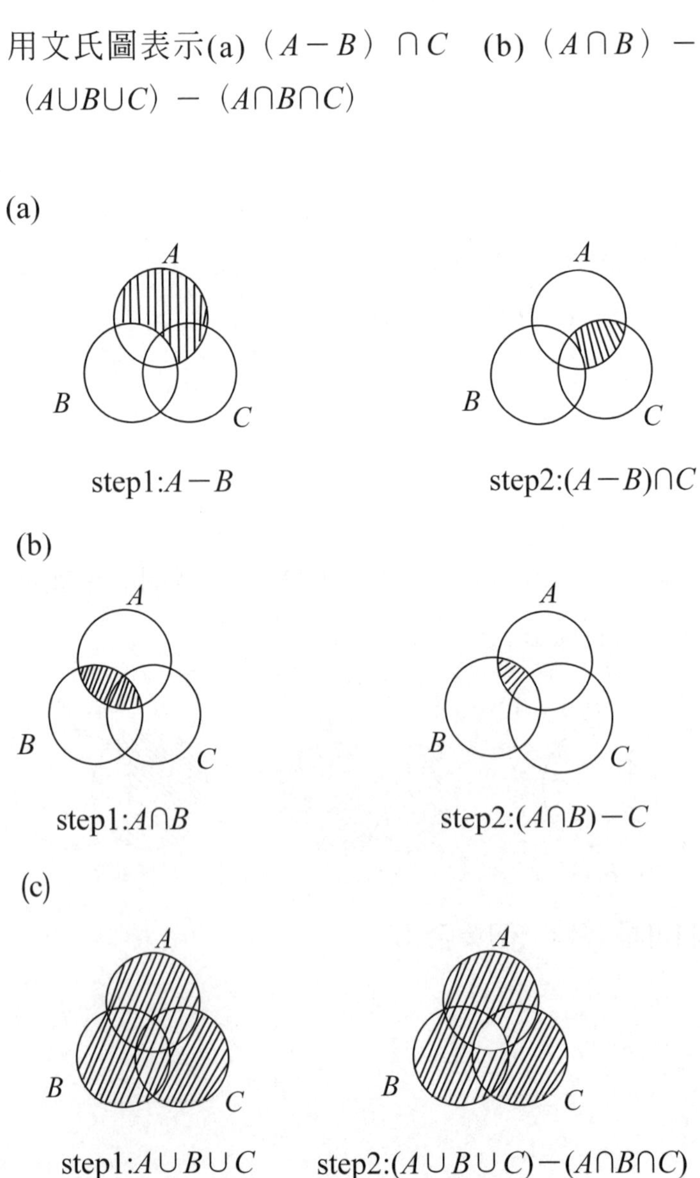

用文氏圖繪出 $(A-B)\cup(B\cap C)$

Ans:

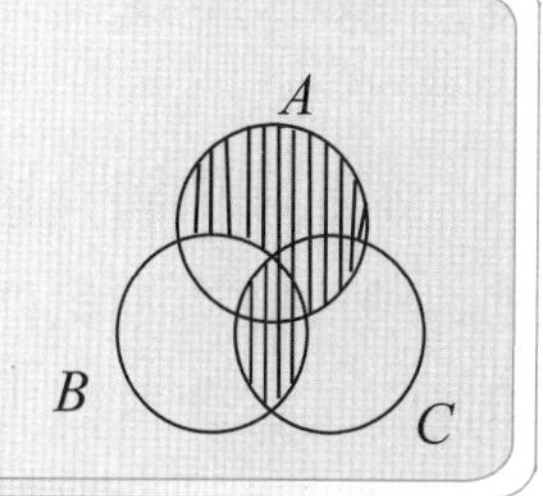

例4. 試用集合之交集、聯集、差集來表示下列文氏圖中斜線所表示之區域。

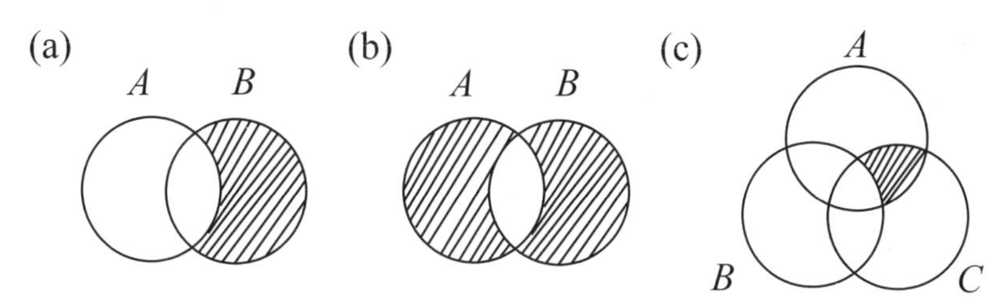

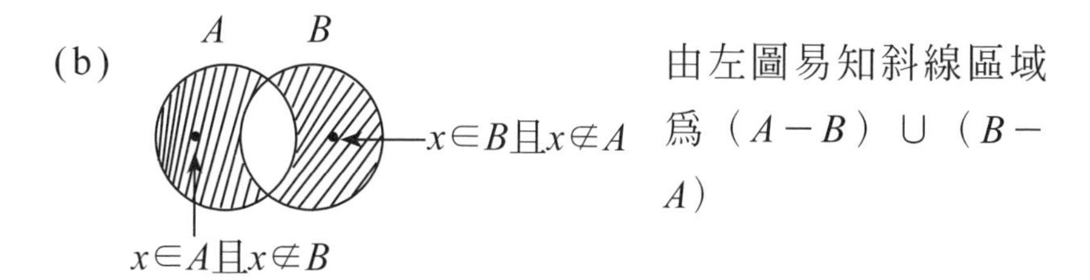

(a) ∵在斜線區域任取一個元素（點），我們發現，$x\notin A$ 且 $x\in B$ ∴斜線區域爲 $B-A$

(b) 由左圖易知斜線區域爲 $(A-B)\cup(B-A)$

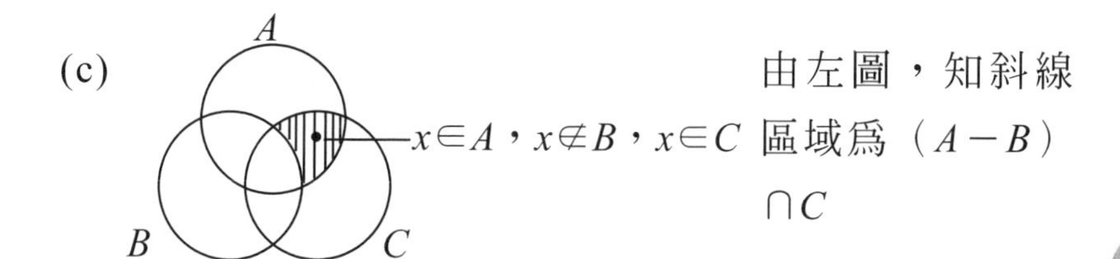

(c) 由左圖，知斜線區域爲 $(A-B)\cap C$

集合基本定理

本節我們將介紹集合論之一些最基本之定理，讀者若與第一章命題代數以及第四章之布林代數作一比較，可發現到它們都是相通的，雖然符號表示上有所差異。

（交換律）$A \cap B = B \cap A$；$A \cup B = B \cup A$

$$\begin{aligned} x \in A \cap B &\Leftrightarrow x \in A \text{且} x \in B \\ &\Leftrightarrow x \in B \text{且} x \in A \\ &\Leftrightarrow x \in B \cap A \end{aligned}$$

$\therefore A \cap B = B \cap A$ ■

同法可證$A \cup B = B \cup A$

（結合律）$\begin{cases} (A \cap B) \cap C = A \cap (B \cap C) \\ (A \cup B) \cap C = A \cup (B \cup C) \end{cases}$

$$\begin{aligned} x \in (A \cap B) \cap C &\Leftrightarrow x \in (A \cap B) \text{且} x \in C \\ &\Leftrightarrow (x \in A \text{且} x \in B) \text{且} x \in C \\ &\Leftrightarrow x \in A \text{且} (x \in B \text{且} x \in C) \end{aligned}$$

$\therefore (A \cap B) \cap C = A \cap (B \cap C)$ ■

同法可證$(A \cup B) \cup C = A \cup (B \cup C)$

定理C（分配律）
$$\begin{cases} A\cap(B\cup C)=(A\cap B)\cup(A\cap C) \\ A\cup(B\cap C)=(A\cup B)\cap(A\cup C) \end{cases}$$

$x\in A\cap(B\cup C)\Leftrightarrow x\in A$且$x\in(B\cup C)$

$\Leftrightarrow x\in A$且（$x\in B$或$x\in C$）

$\Leftrightarrow$（$x\in A$且$x\in B$）或（$x\in A$且$x\in C$）

$\Leftrightarrow x\in(A\cap B)\cup(A\cap C)$

$\therefore A\cap(B\cup C)=(A\cap B)\cup(A\cap C)$ ■

同法可證$A\cup(B\cap C)=(A\cup B)\cap(A\cup C)$

若$A\subseteq B$則$A\cup B=B$，$A\cap B=A$

(1) $A\subseteq B\Rightarrow A\cup B\subseteq B$:

$x\in A\cup B\Rightarrow x\in A$或$x\in B$ $\because A\subseteq B$ $\therefore x\in B$

即$A\cup B\subseteq B$ ①

(2) $B\subseteq A\cup B$:

若$x\in B\Rightarrow x\in A\cup B$

即$B\subseteq A\cup B$ ②

由①，②

$\therefore B=A\cup B$ ■

同法可證$A\subseteq B$時$A\cap B=A$

> 證明$A=B$之方法
> (1) $A\subseteq B$: $x\in A\Rightarrow x\in B$
> (2) $B\subseteq A$: $x\in B\Rightarrow x\in A$

（De-Morgan律）
$$\begin{cases} \overline{A\cap B}=\overline{A}\cup\overline{B} \\ \overline{A\cup B}=\overline{A}\cap\overline{B} \end{cases}$$

證明

$$x\in\overline{A\cap B}\Leftrightarrow x\notin A\cap B$$
$$\Leftrightarrow x\in\overline{A\cap B}$$
$$\Leftrightarrow x\notin A\text{或}x\notin B$$
$$\Leftrightarrow x\in\overline{A}\text{或}x\in\overline{B}$$
$$\Leftrightarrow x\in\overline{A}\cup\overline{B}$$ ■

同法可證$\overline{A\cup B}=\overline{A}\cap\overline{B}$

其它如：$A\cap B\subseteq A$，$A\cap B\subseteq B$，$A\subseteq A\cup B$，$B\subseteq A\cup B$及統一律，冪等律等都是顯而易見，有關證明留給讀者自行仿證。

例5. 若$A\subseteq B$，試證$\overline{B}\subseteq\overline{A}$

解

若$x\in\overline{B}$則$x\notin B$，又$A\subseteq B$ $\therefore x\notin A$即$x\in\overline{A}$，故有$\overline{B}\subseteq\overline{A}$.

茲將集合運算之重要法則摘錄在下表，供讀者參考：

集合運算之重要法則

(1) 交換律

$A\cup B=B\cup A$，$A\cap B=B\cap A$

(2) 結合律

$(A\cup B)\cup C=A\cup(B\cup C)$，

$(A\cap B)\cap C=A\cap(B\cap C)$

(3) 分配律

$A\cup(B\cap C)=(A\cup B)\cap(A\cup C)$，

$A\cap(B\cup C)=(A\cap B)\cup(A\cap C)$

(4) 統一律

$A\cap S=A$，$A\cup\phi=A$，S為廣集合

(5) 冪等律

$A \cup A = A$，$A \cap A = A$

(6) 互補律

$A \cup \overline{A} = S$，$A \cap \overline{A} = \phi$

(7) 棣摩根律

$\overline{A \cup B} = \overline{A} \cap \overline{B}$，$\overline{A \cap B} = \overline{A} \cup \overline{B}$

(8) 吸收律

$A \cup (A \cap B) = A$

$A \cap (A \cup B) = A$

(9) 回歸律

$\overline{\overline{A}} = A$，$\overline{S} = \phi$，$\overline{\phi} = S$

命題代數的對偶規則在集合運算重新複製一遍。（以後還要在布林代數一模一樣地出現）。將原公式之∪改爲∩，∪改爲∪，ϕ改爲S，S改爲ϕ即可得到另一組公式，例如：

分配律

$$\begin{array}{c} A \cup (B \cap C) = (A \cup B) \cap (A \cup C) \\ \downarrow \quad\ \downarrow \qquad\qquad \downarrow \quad\ \downarrow \quad\ \downarrow \\ A \cap (B \cup C) = (A \cap B) \cup (A \cap C) \end{array}$$

我們將舉一些例子說明上述公式之應用。

例6. 試證$A - (B \cap C) = (A - B) \cup (A - C)$

解

$$A - (B \cap C) = A \cap \overline{(B \cap C)} = A \cap (\overline{B} \cup \overline{C})$$
$$= (A \cap \overline{B}) \cup (A \cap \overline{C}) = (A - B) \cup (A - C)$$

例7. 求證$A - (A - B) = A \cap B$

解

$$A-(A-B)=A\cap\overline{A-B}=A\cap\overline{A\cap\overline{B}}$$
$$=A\cap(\overline{A}\cup B)$$
$$=\underbrace{(A\cap\overline{A})}_{\phi}\cup(A\cap B)=A\cap B$$

隨堂演練

試證 $A-B=A-(A\cap B)$

（提示：由$A-(A\cap B)$著手！）

習題2.2

1. 若$A=\{1,2,3,4,5\}$，$B=\{1,2,4,6,7\}$，$C=\{2,3,5,7,8\}$，$D=\{4,5,6,7,8\}$，廣集合$S=\{1,2,3,\cdots,7,8\}$

求 (a) $A\cap(B\cup D)$　(b) $(C-A)-D$

(c) $(A\cap B)\cap D$　(d) $A-A$

(e) $A-(B\cap C)$　(f) $\overline{A}\cup\overline{B}$

(g) $P(A-B)$　(h) $P[(A\cap B)-C]$

Ans. (a) $\{1,2,4,5\}$，(b) ϕ　(c) $\{4\}$　(d) ϕ

(e) $\{1,3,4,5\}$，(f) $\{3,5,6,7,8\}$，

(g) $\{\{3\},\{5\},\{3,5\},\phi\}$　(h) $\{\{1\},\{4\},\{1,4\},\phi\}$

2. 用文氏圖表示出下列集合

(a) $(A\cap\overline{B})\cap C$　(b) $A\cap(B\cap\overline{C})$

(c) $(A\cup B)-C$　(d) $A-(B\cup C)$

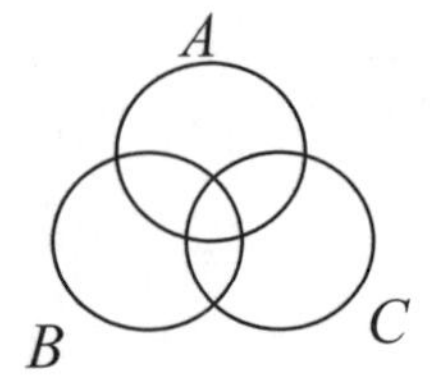

3. 試證

(a) $A-(B\cap C)=(A-B)\cup(A-C)$

(b) $(A-B)-C=A-(B\cup C)$

(c) $(A-B)\cap(C-D)=(A\cap C)-(B\cup D)$

4. 下列敘述何眞？

(a) $A\cup B=A\cup C$則$B=C$

(b) 若$A\cup B\neq A\cup C$則$B\neq C$

(c) $1\in\{\{1,2,3\},\{2,6\}\}$

(d) $\{1,2,3\}\in\{\{1,2,3\},\{2,6\}\}$

(e) $\{1,2,3\}\cap\{2,6\}=2$

Ans. (b)，(d)為眞。

5. 設$A\oplus B\triangleq(A\cup B)-(A\cap B)$，$\triangleq$表示定義為（defined as）

(a) 試繪出$A\oplus B$之文氏圖。

(b) 試證$A\oplus B=B\oplus A$

2.3 排容原理

排容原理（principle of inclusion and exclusion）是應用集合運算法則在有限集合元素個數之計數問題上，它在有條件限制之組合之計算上尤為重要。

若A，B互斥，即$A\cap B=\phi$，則$|A\cup B|=|A|+|B|$。

此結果極為明顯，故證明從略。

A，B為任意二集合，則$|A\cup B|=|A|+|B|-|A\cap B|$

我們分$A\cap B=\phi$與$A\cap B\neq\phi$討論之：

(1) $A\cap B=\phi$時

$|A\cup B|=|A|+|B|$顯然成立

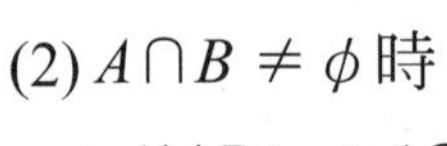

(2) $A\cap B\neq\phi$時

$$|A\cup B|=|A\cap\overline{B}|+|A\cap B|+|\overline{A}\cap B|$$
$$=(|A\cap\overline{B}|+|A\cap B|)+(|\overline{A}\cap B|+|A\cap B|)-|A\cap B|$$
$$=|A|+|B|-|A\cap B|$$ ■

若S為廣集合，A，$B\subseteq S$則有

1º $|\overline{A}|=|S|-|A|$

2º $|\overline{A}\cup\overline{B}|=|S|-|A\cap B|$

(a) $|S|=|A\cup\overline{A}|$
$$=|A|+|\overline{A}|-|A\cap\overline{A}|$$
$$=|A|+|\overline{A}|$$

$\therefore|\overline{A}|=|S|-|A|$

(b) $|\overline{A}\cup\overline{B}|=|S|-|A\cap B|$由(a)顯然成立。 ■

例1. 某班有52名學生，其中有22人喜歡國文科，28人喜歡英文科，且有4人同時喜歡國文與英文，問

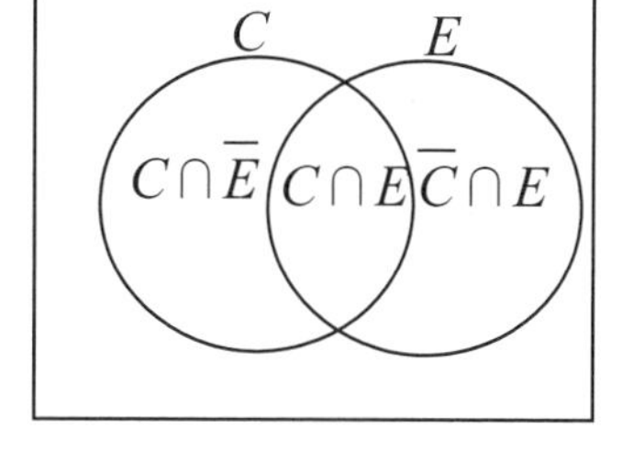

(a) 有多少人喜歡國文或英文？

(b) 有多少人喜歡國文但不喜歡英文

(c) 有多少人不喜歡國文或不喜歡英文

解

我們用C表喜歡國文的學生所成之集合，E是喜歡英文的學生所成之集合，則

(a) $C\cup E$為喜歡國文或英文之學生所成之集合

$$|C\cup E|=|C|+|E|-|C\cap \mathrm{E}|$$
$$=22+28-4=46$$

(b) $C\cap\overline{E}$為喜歡國文但不喜歡英文之學生所成之集合

$\therefore |C\cap \overline{E}|=|C|-|C\cap E|=22-4=18$

(c) $\overline{C}\cup\overline{E}$為不喜歡國文或不喜歡英文之學生所成之集合，即國文，英文至少有一科不喜歡之學生所成之集合$\therefore |\overline{C}\cup\overline{E}|=|S|-|C\cap E|=52-4=48$

S為廣集合，A，B，C均為其子集合，若A，B，C均為可數之有限集合，則$|A\cup B\cup C|=|A|+|B|+|C|-|A\cap B|-|A\cap C|-|B\cap C|+|A\cap B\cap C|$

$|A\cup B\cup C|=|A\cup(B\cup C)|$

$=|A|+|B\cup C|-|A\cap(B\cup C)|$

$=|A|+(|B|+|C|-|B\cap C|)-(|(A\cap B)\cup(A\cap C)|)$

$=|A|+|B|+|C|-|B\cap C|-(|A\cap B|+|A\cap C|-|(A\cap B)\cap(A\cap C)|)$

$=|A|+|B|+|C|-|B\cap C|-(|A\cap B|+|A\cap C|-|A\cap B\cap C|)$

$=|A|+|B|+|C|-|A\cap B|-|A\cap C|-|B\cap C|+|A\cap B\cap C|$

■

例2. 某班共有80名學生，參加國文（C）、英文（E）及數學（M）之抽試，已知有50名學生國文及格，47名學生英文及格，35名學生數學及格，且有15名學生三科都及格，且又知國文及格且數學及格之人數爲19名，國文及格且英文及格之人數爲32名，英文及格且數學及格之人數爲25名，試求(a)僅英文一科及格之人數，(b)恰有二科及格之人數，(c)三科均不及格人數。

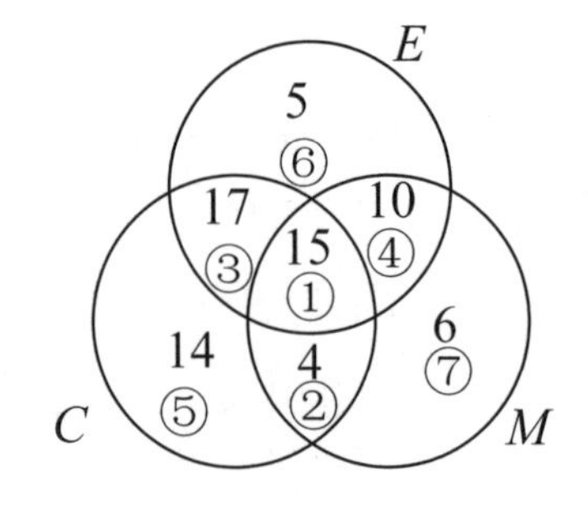

解

以本例而言先從$|E\cap C\cap M|$開始，（圓圖內數字表示計算先後）：由題意①$|E\cap C\cap M|$表示英文，國文，數學都合格學生所

> 1. 我們可用推論B2或“扣減法”解出例2.結果。
> 2. 扣減法應用在3個集合之計數問題時可從$|A\cap B\cap C|$開始

成之集合∴$|E\cap C\cap M|=15$，② 由題意$|C\cap M|=19$，
∴$|C\cap M\cap\overline{E}|=19-15=4$，③，④均同法可得；⑤
$|C\cap\overline{E}\cap\overline{M}|=|C|-15-4-17=50-15-4-17=14$，
同法可得⑥，⑦

∴ (a) 僅英文一科及格有5人。

(b) 恰有二科及格：②＋③＋④＝4＋17＋10＝31

(c) 三科均不及格：80－（①＋②＋③＋…＋⑦）＝80－15－4－17－10－14－5－6＝9人

隨堂演練

某班60人月考成績：有42人國文及格，30人英文及格，25人二科都及格，問

(a) 多少人這二科都不及格？

(b) 多少人這二科中只有一科及格.

Ans: (a) 13　　(b) 22

例3. 若$A\subseteq B$，試證$|A|\leqq|B|$

解

$A\subseteq B$，$B=A\cup(\overline{A}\cap B)$

A與$\overline{A}\cap B$互斥

$\therefore |B|=|A\cup(\overline{A}\cap B)|$

$=|A|+|\overline{A}\cap B|=|A|+|\overline{A}\cap B|\geq|A|$

B
A
$\overline{A}\cap B$

例4. 若S為廣集合，A，B為S之子集合，已知$|S|=30$，$|A|=16$，$|B|=7$求$|A\cup B|$之最大值與最小值.

解

(a) $|A\cup B|=|A|+|B|-|A\cap B|$，因此當$|A\cap B|=0$時$|A\cup B|$有最大值即$|A\cup B|=|A|+|B|=16+7=23$

(b) $|A\cap B|=|B|$時$|A\cup B|$有最小值即

$|A\cup B|=|A|+|B|-|A\cap B|=|A|+|B|-|B|=|A|=16.$

例5. A，B，$C\subseteq S$，$A\cap C=\phi$時，試導出$|(A\cup C)\cap\overline{B}|$之公式

解

$$\begin{aligned}|(A\cup C)\cap\overline{B}|&=|(A\cap\overline{B})\cup(C\cap\overline{B})|\\&=|A\cap\overline{B}|+|C\cap\overline{B}|-|(A\cap\overline{B})\cap(C\cap\overline{B})|\\&=(|A|-|A\cap B|)+(|C|-|B\cap C|)-\underbrace{|A\cap\overline{B}\cap C|}_{|\phi|=0}\\&=|A|+|C|-|A\cap B|-|B\cap C|\end{aligned}$$

例6. 求1到 1 000 間被5，或6或8整除之個數

解

令$A=\{x\mid x$被5整除$1\,000\ge x\ge 1\}$

$B=\{x\mid x$被6整除$1\,000\ge x\ge 1\}$

$C=\{x\mid x$被8整除$1\,000\ge x\ge 1\}$，則

$|A|=\left[\dfrac{1000}{5}\right]=200$，$|B|=\left[\dfrac{1000}{6}\right]=166$　$|C|=\left[\dfrac{1000}{8}\right]=125$

$|A\cap B|=\left[\dfrac{1000}{30}\right]=33$，$|A\cap C|=\left[\dfrac{1000}{40}\right]=25$，

$|B\cap C|=\left[\dfrac{1000}{24}\right]=41$

$|A\cap B\cap C|=\left[\dfrac{1000}{120}\right]=8$，[　]：表示最大整數函數，即

$[x]=n$，$n+1>x\ge n$

$$\therefore |A\cup B\cup C| = |A|+|B|+|C|-|A\cap B|-|A\cap C|-|B\cap C| + |A\cap B\cap C|$$
$$= 200+166+125-33-25-41+8 = 400$$

習題2.3

1. A，B爲二可數之有限集合，問下列關係成立之條件

(a) $|A\cup B| = |A|+|B|$　　(b) $|A-B| = |A|-|B|$

(c) $|A\cap B| = \min(|A|，|B|)$

Ans. (a) $A\cap B = \phi$　(b) $B\subseteq A$　(c) $A\subseteq B$或$B\subseteq A$

2. 調查100名學生對物理、化學、數學之興趣，發現(1) 對物理、化學、數學有興趣學生分別有51人，34人，33人，(2) 同時對（物理、化學），（物理、數學），（化學、數學）有興趣之學生分別有23人，11人，8人，(3) 同時對三科都有興趣有4人，求對此三科都沒興趣的人數

Ans. 20人

3. 有95名學生之選課調查中，有48人修數學，51修歷史，47人修中文，有23人同時修數學與中文，19人同時修歷史與數學，32人同時修歷史與中文，有14人同時修三科，問(a) 有多少人不修數學但修歷史及中文，(b) 有多少人只修二科，(c) 有多少人只修一科？

Ans. (a) 18人　(b) 32人　(c) 39人

第 3 章

關係與函數

3.1 卡氏積
3.2 關係
3.3 關係之閉包運算
3.4 等價關係
3.5 函數
3.6 鴿籠原理
3.7 偏序

3.1 卡氏積

卡氏積

A，B為二非空集合，則其**積集合**（product set）或**卡氏積**（Cartesian product）記做$A \times B$，定義$A \times B$為

$$A \times B = \{(x, y) \mid x \in A \wedge y \in B\}$$

A, B中有一為ϕ時規定$A \times B = \phi$

(x, y)在本質上是有序的，亦即(a, b)與(b, a)是兩個不同之元素，$A \times B = B \times A$是不恆成立的。因此，(x, y)又稱二元**有序元素對**（ordered pair）

卡氏積與集合有些不同處，例如：

1°　卡氏積$(a, b) \neq (b, a)$，但$\{a, b\} = \{b, a\}$

2°　卡氏積$(a, a) \neq (a, a, a)$，但$\{a, a\} = \{a, a, a\}$

$A \times B = \phi$之充要條件為$A = \phi$或$B = \phi$

1. $A = \phi$或$B = \phi$時，$A \times B = \phi$顯然成立
2. 次證$A \times B = \phi$時$A = \phi$或$B = \phi$

利用反證法：假設$A\times B=\phi$時$A\neq\phi$且$B\neq\phi$，

$\because A\neq\phi$且$B\neq\phi$

$\therefore\exists\,(a,b)\ ((a,b)\in A\times B$，其中$a\in A\wedge b\in B)$

$\Rightarrow A\times B\neq\phi$

此與$A\times B=\phi$矛盾

綜上，$A\times B=\phi$之充要條件為

$A=\phi$或$B=\phi$ ■

例1. 若$A=\{x\mid -1\leq x\leq 1，x\in R\}$ $B=\{x\mid -2\leq x\leq 1，x\in R\}$，試圖示(a) $A\times B$ (b) $B\times A$ (c) $A\times A$之區域

解

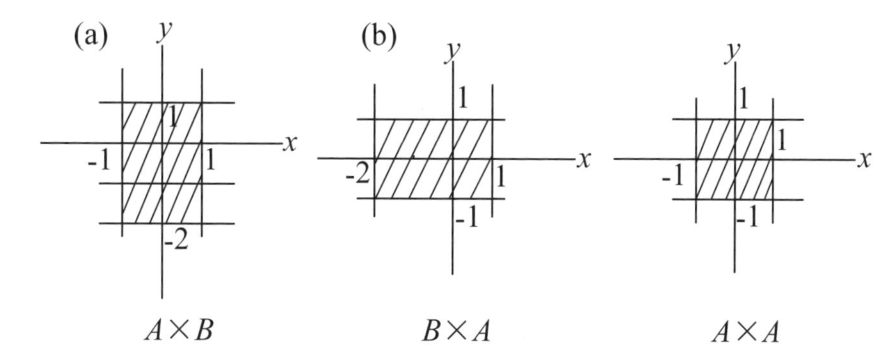

隨堂演練

在例1試繪出$B\times B$之區域

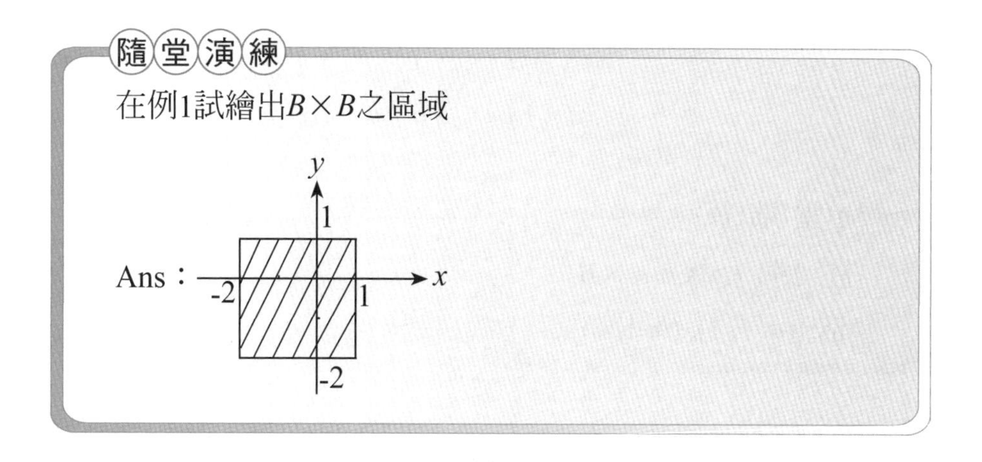

卡氏積之一般化

若A_1，A_2，A_3為三個非空集合，則定義（$A_1 \times A_2$）$\times A_3$為（$A_1 \times A_2$）$\times A_3 = \{(x_1, x_2, x_3) | x_1 \in A_1, x_2 \in A_2, x_3 \in A_3\}$

在不致混淆下，（$A \times B$）$\times C$及$A \times$（$B \times C$）亦可用$A \times B \times C$表之，**若A_1，A_2，$\cdots A_n$有一為ϕ時，則$A_1 \times A_2 \times \cdots \times A_n = \phi$**

例2. $A = \{a, b\}$，$B = \{1\}$，$C = \{\alpha, \beta, \gamma\}$ 求(a)（$A \times B$）$\times C$ (b)（$A \times A$）$\times B$

解

(a)

$$(A \times B) \times C = \{(a, 1), (b, 1)\} \times \{\alpha, \beta, \gamma\}$$
$$= \{(a, 1, \alpha), (a, 1, \beta), (a, 1, \gamma), (b, 1, \alpha), (b, 1, \beta), (b, 1, \gamma)\}$$

(b)

$$(A \times A) \times B = \{(a, a), (a, b), (b, a), (b, b)\} \times \{1\}$$
$$= \{(a, a, 1), (a, b, 1), (b, a, 1), (b, b, 1)\}$$

隨堂演練

在例2求（$A \times B$）$\times B$

Ans: $\{(a, 1, 1), (b, 1, 1)\}$

卡氏積之性質

(a) $A\times(B\cup C)=(A\times B)\cup(A\times C)$

(b) $A\times(B\cap C)=(A\times B)\cap(A\times C)$

(c) $(A\cup B)\times C=(A\times C)\cup(B\times C)$

(d) $(A\cap B)\times C=(A\times C)\cap(B\times C)$

(e) $C\neq\phi$，若$A\subseteq B$則$A\times C\subseteq B\times C$

證明

（我們只證其中之b，c，e，餘留作作業）

(b) 設$(x,y)\in A\times(B\cap C)\Leftrightarrow x\in A$且$y\in B\cap C$

$\Leftrightarrow x\in A$且$(y\in B$且$y\in C)$

$\Leftrightarrow(x\in A$且$y\in B)$且$(x\in A$且$y\in C)$

$\Leftrightarrow(x,y)\in A\times B$且$(x,y)\in A\times C$

$\Leftrightarrow(x,y)\in(A\times B)\cap(A\times C)$

即$A\times(B\cap C)=(A\times B)\cap(A\times C)$

(c) 設$(x,y)\in(A\cup B)\times C\Leftrightarrow x\in A\cup B$且$y\in C$

$\Leftrightarrow(x\in A$或$x\in B)$且$y\in C$

$\Leftrightarrow(x\in A$且$y\in C)$或$(x\in B$且$y\in C)$

$\Leftrightarrow(x,y)\in A\times C$或$(x,y)\in B\times C$

$\Leftrightarrow (x,y) \in (A\times C) \cup (B\times C)$

即 $(A\cup B)\times C=(A\times C)\cup(B\times C)$

(e) 設 $(x,y)\in A\times C \Rightarrow x\in A$ 且 $y\in C$

$\Rightarrow x\in B$ 且 $y\in C$ $(\because A\subseteq B)$

$\Rightarrow (x,y)\in B\times C$ ■

即 $A\times C\subseteq B\times C$

例3. A，B，C爲任意三集合，試證 $(A\cap B)\times(C\cap D)=(A\times C)\cap(B\times D)$

解

$(x,y)\in(A\cap B)\times(C\cap D)$

$\Leftrightarrow x\in A\cap B$ 且 $y\in C\cap D$

$\Leftrightarrow (x\in A$ 且 $x\in B)$ 且 $(y\in C$ 且 $y\in D)$

$\Leftrightarrow (x\in A$ 且 $y\in C)$ 且 $(x\in B$ 且 $y\in D)$

$\Leftrightarrow (x,y)\in A\times C$ 且 $(x,y)\in B\times D$

即 $(A\cap B)\times(C\cap D)=(A\times C)\cap(B\times D)$

習題3.1

1. $A=\{x,y\}$，$B=\{a,b\}$求

(a) $(A\times\{1\})\times B$　　(b) $(\{1\}\times A)\times A$

(c) $(A\times B)\times\{1\}$

Ans. (a) $\{(x,1,a),(x,1,b),(y,1,a),(y,1,b)\}$

(b) $\{(1,x,x),(1,x,y),(1,y,x),(1,y,y)\}$

(a) $\{(x,a,1),(x,b,1),(y,a,1),(y,b,1)\}$

2. $A=\{x \mid 2 \geq x \geq -1\}$，$B=\{x \mid x \mid 0 \geq x \geq -1\}$試繪出

   (a) $A \times B$　　　　(b) $B \times A$

   (c) $A \times A$之區域

3. 試證$A \times (B \cup C) = (A \times B) \cup (A \times C)$

4. 若$A \subseteq C$且$B \subseteq D$，$A \times B \subseteq C \times D$是否成立？若是，請證明之。

   Ans. 成立。

5. 波蘭數學家Kuratowski給出二元有序元素對之另一種定義：

   $(x，y) \triangleq \{\{x\}，\{x，y\}\}$，

   試由此定義等證二個二元有序元素對$(u，v)$，$(x，y)$相等之充要條件爲$u=x$，$v=y$：

   提示：充分性：$u=x$，$v=y$時，證$<x，y>=<u，v>$

   必要性：分$u=v$，$u \neq v$二個情況分別證出$\{\{u\}，\{u，v\}\}=\{\{x\}，\{x，y\}\}$，結果均有$u=x$與$v=y$。

3.2 關係

有了卡氏積的觀念後，我們便要研究**關係**（relation）

關係定義

定義 $A \neq \phi$，$B \neq \phi$則從$\boldsymbol{A}$**到**$\boldsymbol{B}$**的關係**$\boldsymbol{R}$（relation R from A to B）是$A \times B$之子集合。當$R \subseteq A \times A$時特稱R爲定義於A之關係。

若$R\subseteq A\times B$，（a，b）爲R之有序元素對，記做aRb或（a，b）$\in R$，R之否定以$a\overline{R}b$或（a，b）$\notin R$表示。

讀者在研讀本章時，對問題敘述中之R爲實數R還是關係R應能有所判斷而不致混淆。

例1. R爲定義於Z^+之關係，且（a，b）$\in R$ *iff* $a\mid b$，$\forall a$，$b\in Z^+$

問 (a)（2，8）$\in R$　(b)（5，6）$\in R$（$a\mid b$表示a是b的一個因數）何者成立？

解

(a) $\because 2\mid 8$　$\therefore$（2，8）$\in R$

(b) $\because 5\mid 6$不成立　$\therefore$（5，6）$\notin R$

例2. R爲定義於A之關係，$A=\{1，2，3，4\}$，（a，b）$\in R$ *iff* $a^2+b^2\leq 10$。

問 (a)（1，3）$\in R$　(b)（2，3）$\in R$?

解

(a) $1^2+3^2=10\leq 10$　$\therefore$（1，3）$\in R$

(b) $2^2+3^2=13>10$　$\therefore$（2，3）$\notin R$

隨堂演練

R爲定義於A之關係，$A=\{1，2，3，4\}$，（a，b）$\in R$ *iff* $a<b$.

問(a)（2，3）$\in R$，(b)（1，4）$\in R$，(c)（2，1）$\in R$何者成立？

Ans: (a), (b)

設R爲一個關係，R中所有有序元素對（x，y）之x所成之集合稱爲R之定義域，記做Dom（R），y所成之集合稱爲R之值域，記做Ran（R），即

$$\mathrm{Dom}(R)=\{x \mid \exists y((x,y)\in R)\}$$

$$\mathrm{Ran}(R)=\{y \mid \exists x((x,y)\in R)\}$$

$\phi\subseteq A\times B$，因此ϕ亦爲一種關係，稱爲空關係。

例3. R，S爲定義於$A=\{a,b,c,d\}$之二個關係，若

$R=\{(a,b),(c,b),(d,b),(d,a)\}$

$S=\{(a,b),(b,d)\}$

求Dom（R），Ran（R），Dom（S），Ran（S），Dom（$R\cap S$）及Ran（$R\cap S$）

解

Dom（R）$=\{a,c,d\}$，Ran（R）$=\{b,a\}$

Dom（S）$=\{a,b\}$，Ran（S）$=\{b,d\}$

$R\cap S=\{(a,b)\}$

$\therefore$Dom（$R\cap S$）$=\{a\}$，Ran（$R\cap S$）$=\{b\}$.

例4. $A=\{2,3,4\}$，$B=\{4,8,9,11,12\}$，R爲由A至B之關係，定義R爲（a，b）$\in R$ *iff* $a\mid b$，$a\in A$，$b\in B$. 求R之定義域及值域。

解

$\because 2|4 \quad \therefore (2,4)\in R$，又$2|8 \quad \therefore (2,8)\in R$，同理可得

$R=\{(2,4),(2,8),(2,12),(3,9),(3,12),(4,4),(4,8),(4,12)\}$

得 Dom（R）$=\{2,3,4\}$，Ran（R）$=\{4,8,9,12\}$

關係矩陣與關係圖

關係R除前述方式外，還有二種表現方式，一是關係矩陣，一是關係圖。

1. **關係矩陣**

定義 若A，B均為有限集合，其基數分別為$|A|=m$，$|B|=n$，$R\subseteq A\times B$則R之**關係矩陣**（matrix of R）以M_R表示，$M_R=[m_{ij}]_{mxn}$，其中

$$m_{ij}=\begin{cases}1, & (a_i, b_j)\in R \\ 0, & (a_i, b_j)\notin R\end{cases}$$

以例3為例，其R，S之關係矩陣分別為M_R，M_S：

$$M_R=\begin{matrix} & a & b & c & d \\ a & 0 & 1 & 0 & 0 \\ b & 0 & 0 & 0 & 0 \\ c & 0 & 1 & 0 & 0 \\ d & 1 & 1 & 0 & 0\end{matrix}, \quad M_S=\begin{matrix} & a & b & c & d \\ a & 0 & 1 & 0 & 0 \\ b & 0 & 0 & 0 & 1 \\ c & 0 & 0 & 0 & 0 \\ d & 0 & 0 & 0 & 0\end{matrix}$$

關係矩陣內之元素只有0或1兩種，其計算法則與布林代數（Boolean algebra）有關，故關係矩陣也有人稱**布林矩陣（Boolean matrix）**。

例4. R 之關係矩陣 M_R 為：

$$M_R=\begin{matrix} & 4 & 8 & 9 & 11 & 12 \\ 2 & 1 & 1 & 0 & 0 & 1 \\ 3 & 0 & 0 & 1 & 0 & 1 \\ 4 & 1 & 1 & 0 & 0 & 1\end{matrix}$$

在不致混淆下，也可寫成

$$M_R=\begin{bmatrix}1&1&0&0&1\\0&0&1&0&1\\1&1&0&0&1\end{bmatrix}$$

2. **關係圖**

A為有限集合，$|A|=m$，$R\subseteq A\times A$時，R除可用關係矩陣表示外，亦可用**關係圖**表示。**關係圖是個有向圖**，它有二個要素，一是**結點**（node），一是**弧**（arc）。**A之每一個元素都為結點，因此，A有m個元素時，其有向圖就有m個結點。結點a_i到a_j間之弧以（a_i，a_j）**表之，亦即弧$a_i\to a_j$是以a_i為起點，a_j為終點之路程。

再以例3為例。關係R之關係圖為：

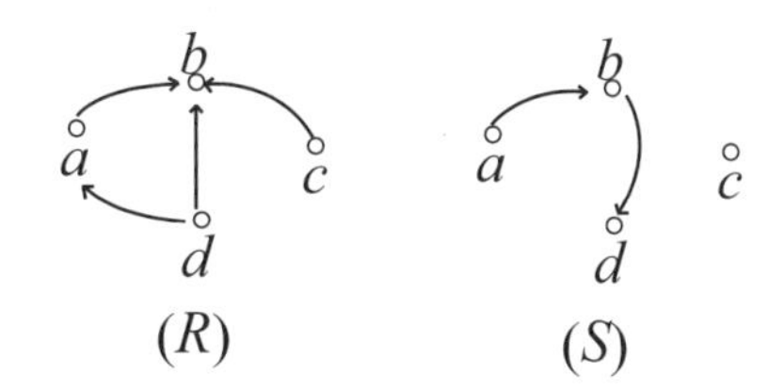

關係之運算

關係之運算包括關係之交集、聯集與合成。

關係之交集、聯集

R，S分別為由A至B之關係，則

(1) $R\cup S=\{(a,b)\mid(a,b)\in R\vee(a,b)\in S\}$

(2) $R\cap S=\{(a,b)\mid(a,b)\in R\wedge(a,b)\in S\}$

(3) $\overline{R}=A\times A-R$

(4) $R-S=\{(a,b)\mid(a,b)\in R\wedge(a,b)\notin S\}$

例5. $A=\{0,1,3,4\}$，R，S為定義於R，S之兩個關係：

$R=\{(x,y)\mid x+y=4，x，y\in A\}$

$S=\{(x,y)\mid x-y=2，x，y\in A\}$

求(a) $R\cup S$　(b) $R\cap S$　(c) $\overline{R}$　(d) $R-S$

解

$R=\{(x,y)\mid x+y=4，x，y\in A\}$

$=\{(0,4),(1,3),(3,1),(4,0)\}$

$S=\{(x,y)\mid x-y=2，x，y\in A\}$

$=\{(3,1)\}$

$\therefore R\cup S=\{(0,4),(1,3),(3,1),(4,0)\}$

$R\cap S=\{(3,1)\}$

$\overline{R}=A\times A-R=\{(0,0),(0,1),(0,3),(1,0),(1,1),(1,4),(3,0),(3,3),(3,4),(4,1),(4,3),(4,4)\}$

$R-S=\{(x,y)\mid(x,y)\in R\wedge(x,y)\notin S\}=\{(0,4),(1,3),(4,0)\}$

布林運算在關係運算上之應用

R, S為由A至B之關係，M_R, M_S分別為R, S之關係矩陣，M_R，M_S均為$m\times n$階矩陣，規定：

$M_{R\cup S}=M_R\vee M_S=[c_{ij}]_{m\times n}$，$c_{ij}=r_{ij}\vee s_{ij}$

$M_{R\cap S}=M_R\wedge M_S=[c_{ij}]_{m\times n}$，$c_{ij}=r_{ij}\wedge s_{ij}$

$$M_{\overline{R}}=[c_{ij}]_{m\times n}，c_{ij}=\begin{cases}1, & r_{ij}=0\\ 0, & r_{ij}=1\end{cases}$$

$M_{R^{-1}}=M_R^T$（即M_R之轉置矩陣）

$M_{R\cup S}$、$M_{R\cap S}$、$M_{\overline{R}}$ 與 $M_{R^{-1}}$ 之元素只有0和1兩種，它們的"$\vee$"與"$\wedge$"運算規則如下：

$0\vee 0=0$，$0\vee 1=1\vee 0=1\vee 1=1$

$1\wedge 1=1$，$1\wedge 0=0\wedge 1=0\wedge 0=0$

例如：$(1\wedge 0)\vee(1\wedge 1\wedge 0)\vee(1\wedge 1\wedge 1)=0\vee 0\vee 1=1$。

例6. （承例5），我們在例5已得到$R=\{(0,4),(1,3),(3,1),(4,0)\}$及$S=\{(3,1)\}$，現在我們要求出關係矩陣，以驗證例5之結果。

解

$$M_R=\begin{array}{c}\\0\\1\\3\\4\end{array}\begin{array}{c}\begin{array}{cccc}0&1&3&4\end{array}\\\begin{bmatrix}0&0&0&1\\0&0&1&0\\0&1&0&0\\1&0&0&0\end{bmatrix}\end{array}\quad M_S=\begin{array}{c}\\0\\1\\3\\4\end{array}\begin{array}{c}\begin{array}{cccc}0&1&3&4\end{array}\\\begin{bmatrix}0&0&0&0\\0&0&0&0\\0&1&0&0\\0&0&0&0\end{bmatrix}\end{array}$$

1. $R\cup S$

$$M_{R\cup S}=\begin{bmatrix}0&0&0&1\\0&0&1&0\\0&1&0&0\\1&0&0&0\end{bmatrix}\vee\begin{bmatrix}0&0&0&0\\0&0&0&0\\0&1&0&0\\0&0&0&0\end{bmatrix}$$

$$=\begin{bmatrix}0\vee 0&0\vee 0&0\vee 0&1\vee 0\\0\vee 0&0\vee 0&1\vee 0&0\vee 0\\0\vee 0&1\vee 1&0\vee 0&0\vee 0\\1\vee 0&0\vee 0&0\vee 0&0\vee 0\end{bmatrix}=\begin{array}{c}\\0\\1\\3\\4\end{array}\begin{array}{c}\begin{array}{cccc}0&1&3&4\end{array}\\\begin{bmatrix}0&0&0&1\\0&0&1&0\\0&1&0&0\\1&0&0&0\end{bmatrix}\end{array}$$

$\therefore R\cup S=$ {(0，4)，(1，3)，(3，1)，(4，0)}

$$M_{R\cap S}=\begin{bmatrix}0&0&0&1\\0&0&1&0\\0&1&0&0\\1&0&0&0\end{bmatrix}\wedge\begin{bmatrix}0&0&0&0\\0&0&0&0\\0&1&0&0\\0&0&0&0\end{bmatrix}$$

$$=\begin{bmatrix}0\wedge0&0\wedge0&0\wedge0&1\wedge0\\0\wedge0&0\wedge0&1\wedge0&0\wedge0\\0\wedge0&1\wedge1&0\wedge0&0\wedge0\\1\wedge0&0\wedge0&0\wedge0&0\wedge0\end{bmatrix}=\begin{array}{c}\\0\\1\\3\\4\end{array}\begin{array}{c}\begin{matrix}0&1&3&4\end{matrix}\\\begin{bmatrix}0&0&0&0\\0&0&0&0\\0&1&0&0\\0&0&0&0\end{bmatrix}\end{array}$$

$\therefore R\cap S=$ {(3，1)}

2. $\overline{R}$

$$M_{\overline{R}}=\begin{bmatrix}\overline{0}&\overline{0}&\overline{0}&\overline{1}\\\overline{0}&\overline{0}&\overline{1}&\overline{0}\\\overline{0}&\overline{1}&\overline{0}&\overline{0}\\\overline{1}&\overline{0}&\overline{0}&\overline{0}\end{bmatrix}=\begin{array}{c}\\0\\1\\3\\4\end{array}\begin{array}{c}\begin{matrix}0&1&3&4\end{matrix}\\\begin{bmatrix}1&1&1&0\\1&1&0&1\\1&0&1&1\\0&1&1&1\end{bmatrix}\end{array}$$

$\therefore \overline{R}=$ {(0，0)，(0，1)，(0，3)，(1，0)，(1，1)，(1，4)，(3，0)，(3，3)，(3，4)，(4，1)，(4，3)，(4，4)}

3. $R-S=R\cap\overline{S}$

$$M_S=\begin{bmatrix}0&0&0&0\\0&0&0&0\\0&1&0&0\\0&0&0&0\end{bmatrix}\quad\therefore M_{\overline{S}}=\begin{array}{c}\\0\\1\\3\\4\end{array}\begin{array}{c}\begin{matrix}0&1&3&4\end{matrix}\\\begin{bmatrix}1&1&1&1\\1&1&1&1\\1&0&1&1\\1&1&1&1\end{bmatrix}\end{array}$$

$$M_{R-S}=M_{R\cap\bar{S}}=\begin{bmatrix}0&0&0&1\\0&0&1&0\\0&1&0&0\\1&0&0&0\end{bmatrix}\wedge\begin{bmatrix}1&1&1&1\\1&1&1&1\\1&0&1&1\\1&1&1&1\end{bmatrix}$$

$$=\begin{bmatrix}0\wedge1&0\wedge1&0\wedge1&1\wedge1\\0\wedge1&0\wedge1&1\wedge1&0\wedge1\\0\wedge1&1\wedge0&0\wedge1&0\wedge1\\1\wedge1&0\wedge1&0\wedge1&0\wedge1\end{bmatrix}=\begin{array}{c}\\0\\1\\3\\4\end{array}\begin{array}{c}\begin{matrix}0&1&3&4\end{matrix}\\\begin{bmatrix}0&0&0&1\\0&0&1&0\\0&0&0&0\\1&0&0&0\end{bmatrix}\end{array}$$

$\therefore R-S=\{(0,4),(1,3),(4,0)\}$

隨堂演練

（承例8）求R^{-1}，又$M_{R^{-1}}=$？

Ans: $R^{-1}=\{(4,0),(3,1),(1,3),(0,4)\}$

$$M_{R^{-1}}=M_R^T=\begin{array}{c}\\0\\1\\3\\4\end{array}\begin{array}{c}\begin{matrix}0&1&3&4\end{matrix}\\\begin{bmatrix}0&0&0&1\\0&0&1&0\\0&1&0&0\\1&0&0&0\end{bmatrix}\end{array}$$

關係之合成

定義 R為集合A到B之關係，S為集合B到C之關係，則集合A到C之關係稱為R與S之合成關係，記做$R\circ S$，則

$R\circ S\triangleq\{(a,c)\mid a\in A,c\in C,\exists b\in B$使得$(a,b)\in R$且$(b,c)\in S\}$

並規定$R^2 = R \circ R$，$R^3 = R \circ R \circ R = R^2 \circ R$

例7. A，B，C爲三集合，$A = \{a_1, a_2, a_3, a_4\}$，$B = \{b_1, b_2, b_3\}$，$C = \{c_1, c_2, c_3, c_4, c_5\}$，$R$爲$A$至$B$之關係$S$爲$B$至$C$之關係，$R = \{(a_1，b_1)，(a_2，b_3)，(a_3，b_2)，(a_4，b_1)\}$，$S = \{(b_1，c_1)，(b_2，c_2)，(b_2，c_5)，(b_3，c_2)，(b_3，c_4)\}$求$R \circ S$

解

$R \circ S = \{(a_1，c_1)，(a_2，c_2)，(a_2，c_4)，(a_3，c_2)，(a_3，c_5)，(a_4，c_1)\}$

對不習慣用關係合成定義運算之讀者，可用下子節之布林運算。

隨堂演練

A, B, C爲三集合；R爲A至B之關係，S爲B至C之關係，$R = \{(2，4)，(3，3)，(4，2)\}$，$S = \{(2，1)，(3，2)，(4，3)\}$求$R \circ S$，$S \circ R$

Ans: $R \circ S = \{(2，3)，(3，2)，(4，1)\}$；

$S \circ R = \{(3，4)，(4，3)\}$。

例8. $A = \{1，2，3，4\}$，R爲定義於A之關係，其關係圖如右，

求(a) R^2 (b) R^3

解

由關係圖知$R = \{(4，3)，(3，2)，(2，1)\}$

$\therefore R^2 = R \circ R = \{(4，2)，(3，1)\}$

$R^3 = R^2 \circ R = \{(4, 1)\}$

$R^4 = R^3 \circ R = \phi$

隨堂演練

(1)設$A = \{1, 2, 3, 4\}$，R為定義於A之關係，$R = \{(2, 1), (3, 2), (4, 3)\}$求$R^2$，$R^3$與$R^4$。(2)$R^n = \phi$ $\therefore R = \phi$是否成立？

Ans:

1. $R^2 = \{(3, 1), (4, 2)\}$，$R^3 = \{(4, 1)\}$，$R^4 = \phi$
2. 不成立，本題$R^4 = \phi$但$R \neq \phi$

定義 $M_R = [r_{ij}]n \times n$、$M_S = [s_{ij}]n \times n$分別是關係R、S之關係矩陣，則M_R與M_S之布林乘積，記做$M_R \circ M_S = M_{R \circ S}$，若$y_{ij}$為$M_{R \circ S}$之第$i$列第$j$行元素，則

$$y_{ij} = \bigvee_{k=1}^{m} (r_{ik} \wedge s_{kj})$$

顯然，r_{ik}、s_{kj}、y_{ij}之元素只有0與1兩種。

由定義，$M_{R \circ S} = M_R \cdot M_S$，即$M_R \cdot M_S$是依我們熟悉之一般矩陣之乘法，只不過其中之“+”、“×”是用“∨”、“∧”取代。

設關係R之關係矩陣M_R如下：

$$M_R = \begin{bmatrix} 1 & 1 & 0 & 0 \\ 0 & 0 & 1 & 1 \\ 0 & 0 & 0 & 1 \\ 0 & 0 & 0 & 1 \end{bmatrix}$$

則$R^2 = R \circ R$

$$= \begin{bmatrix} 1 & 1 & 0 & 0 \\ 0 & 0 & 1 & 1 \\ 0 & 0 & 0 & 1 \\ 0 & 0 & 0 & 1 \end{bmatrix} \circ \begin{bmatrix} 1 & 1 & 0 & 0 \\ 0 & 0 & 1 & 1 \\ 0 & 0 & 0 & 1 \\ 0 & 0 & 0 & 1 \end{bmatrix} = \begin{bmatrix} 1 & 1 & 1 & 0 \\ 0 & 0 & 0 & 1 \\ 0 & 0 & 0 & 1 \\ 0 & 0 & 0 & 1 \end{bmatrix}$$

以R^2之第2列第3行元素r_{23}^2爲例：

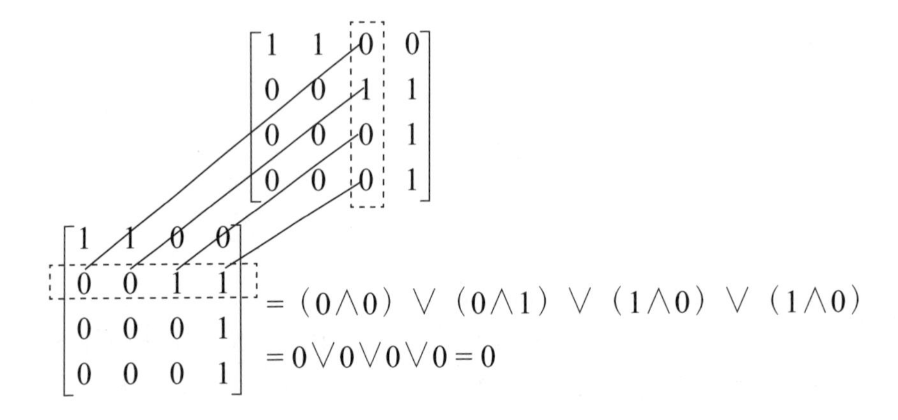

讀者可類推其餘

例9. （承例8），用關係矩陣求(a)R^2 (b)R^3

解
$$M_R = \begin{array}{c} \\ 1 \\ 2 \\ 3 \\ 4 \end{array} \begin{array}{c} \begin{array}{cccc} 1 & 2 & 3 & 4 \end{array} \\ \begin{bmatrix} 0 & 0 & 0 & 0 \\ 1 & 0 & 0 & 0 \\ 0 & 1 & 0 & 0 \\ 0 & 0 & 1 & 0 \end{bmatrix} \end{array}$$

$$M_{R^2}=M_R\cdot M_R=\begin{bmatrix}0&0&0&0\\1&0&0&0\\0&1&0&0\\0&0&1&0\end{bmatrix}\begin{bmatrix}0&0&0&0\\1&0&0&0\\0&1&0&0\\0&0&1&0\end{bmatrix}$$

$$=\begin{array}{c}\\1\\2\\3\\4\end{array}\begin{array}{c}\begin{matrix}1&2&3&4\end{matrix}\\\begin{bmatrix}0&0&0&0\\0&0&0&0\\1&0&0&0\\0&1&0&0\end{bmatrix}\end{array}$$

$\therefore R^2=\{(3,1),(4,2)\}$

$$M_{R^3}=M_{R^2}\cdot M_R=\begin{bmatrix}0&0&0&0\\0&0&0&0\\1&0&0&0\\0&1&0&0\end{bmatrix}\begin{bmatrix}0&0&0&0\\1&0&0&0\\0&1&0&0\\0&0&1&0\end{bmatrix}$$

$$=\begin{array}{c}\\1\\2\\3\\4\end{array}\begin{array}{c}\begin{matrix}1&2&3&4\end{matrix}\\\begin{bmatrix}0&0&0&0\\0&0&0&0\\0&0&0&0\\1&0&0&0\end{bmatrix}\end{array}$$

$\therefore R^3=\{(4,1)\}$

$$M_{R^4}=M_{R^3}\cdot M_R=\begin{bmatrix}0&0&0&0\\0&0&0&0\\0&0&0&0\\1&0&0&0\end{bmatrix}\begin{bmatrix}0&0&0&0\\1&0&0&0\\0&1&0&0\\0&0&1&0\end{bmatrix}$$

$$
= \begin{array}{c} \\ 1 \\ 2 \\ 3 \\ 4 \end{array} \begin{array}{c} \begin{array}{cccc} 1 & 2 & 3 & 4 \end{array} \\ \begin{bmatrix} 0 & 0 & 0 & 0 \\ 0 & 0 & 0 & 0 \\ 0 & 0 & 0 & 0 \\ 0 & 0 & 0 & 0 \end{bmatrix} \end{array}
$$

$\therefore R^4 = \phi$

例10.（承例7）用關係矩陣求$R \circ S$

解

$$
M_R = \begin{array}{c} \\ a_1 \\ a_2 \\ a_3 \\ a_4 \end{array} \begin{array}{c} \begin{array}{ccc} b_1 & b_2 & b_3 \end{array} \\ \begin{bmatrix} 1 & 0 & 0 \\ 0 & 0 & 1 \\ 0 & 1 & 0 \\ 1 & 0 & 0 \end{bmatrix} \end{array} ，M_S = \begin{array}{c} \\ b_1 \\ b_2 \\ b_3 \end{array} \begin{array}{c} \begin{array}{ccccc} c_1 & c_2 & c_3 & c_4 & c_5 \end{array} \\ \begin{bmatrix} 1 & 0 & 0 & 0 & 0 \\ 0 & 1 & 0 & 0 & 1 \\ 0 & 1 & 0 & 1 & 0 \end{bmatrix} \end{array}
$$

$$
M_{R \circ S} = M_R \cdot M_S = \begin{bmatrix} 1 & 0 & 0 \\ 0 & 0 & 1 \\ 0 & 1 & 0 \\ 1 & 0 & 0 \end{bmatrix} \begin{bmatrix} 1 & 0 & 0 & 0 & 0 \\ 0 & 1 & 0 & 0 & 1 \\ 0 & 1 & 0 & 1 & 0 \end{bmatrix}
$$

$$
= \begin{array}{c} \\ a_1 \\ a_2 \\ a_3 \\ a_4 \end{array} \begin{array}{c} \begin{array}{ccccc} c_1 & c_2 & c_3 & c_4 & c_5 \end{array} \\ \begin{bmatrix} 1 & 0 & 0 & 0 & 0 \\ 0 & 1 & 0 & 1 & 0 \\ 0 & 1 & 0 & 0 & 1 \\ 1 & 0 & 0 & 0 & 0 \end{bmatrix} \end{array}
$$

$\therefore R \circ S = \{(a_1, c_1), (a_2, c_2), (a_2, c_4), (a_3, c_2), (a_3, c_5), (a_4, c_1)\}$

關係之基本性質

與關係有關之一些名詞

R是定義於集合A之關係（即R為從A到A之關係），則：

1° **反身性**（reflective也有人稱為自反性、反射性）：$(a,a)\in R$，$\forall a\in A$.則稱R有反身性。

2° **對稱性**（symmetric）：若$(a,b)\in R$則$(b,a)\in R\ \forall a,b\in A$則稱$R$有對稱性。

3° **反對稱性**（antisymmetric）：若$(a,b)\in R$且$(b,a)\in R$時恒有$a=b$；$\forall a,b\in A$則稱R有反對稱性

4° **遞移性**（transitive）：若$(a,b)\in R$且$(b,c)\in R$則$(a,c)\in R$，$\forall a,b,c\in A$則稱R有遞移性。

5° **逆關係**（inversive）：定義$R^{-1}=\{(a,b)\mid(b,a)\in R\}$。$R$之逆關係記做$R^{-1}$。

例11. R為定義於$A=\{a,b,c\}$之一個關係，定義$R=\{(a,a),(a,b),(b,a),(b,c),(c,c)\}$，討論$R$是否具有反身性、對稱性、遞移性。

解

(a) $\because(b,b)\notin R$　$\therefore R$不具反身性。

(b) $\because(b,c)\in R$但$(c,b)\notin R$　$\therefore R$不具對稱性

(c) $\because(a,b)\in R$且$(b,c)\in R$但$(a,c)\notin R$　$\therefore R$不具遞移性

例12. R為定義於$A=\{a,b,c,d\}$之一個關係，試問下列關係何者滿足遞移性？

(a) $R_1=\{(a,b),(b,b),(b,d),(a,d)\}$

(b) $R_2=\{(c,d),(d,c),(c,c),(b,c)\}$

解

(a) 顯然滿足遞移性

(b) $\because (b,c)\in R_2 \wedge (c,d)\in R_2$ 但 $(b,d)\notin R_2$ $\therefore R_2$ 不滿足遞移性

我們判斷遞移性時，要看 $(a,b)\in R$ 與 $(b,c)\in R$ 出現時是否有 $(a,c)\in R$。

隨堂演練

R 爲定義於 $A=\{a,b,c,d\}$ 之關係，$R=\{(a,a),(a,b),(b,a),(b,c)\}$ 問 R 是否滿足反身性、對稱性與遞移性

Ans: 全不滿足

例13. 若 R_1，R_2 爲從 A 到 B 之關係。試證 $(R_1\cup R_2)^{-1}=R_1^{-1}\cup R_2^{-1}$

解

$$
\begin{aligned}
(x,y)\in(R_1\cup R_2)^{-1} &\Leftrightarrow (y,x)\in(R_1\cup R_2)\\
&\Leftrightarrow (y,x)\in R_1 \text{或} (y,x)\in R_2\\
&\Leftrightarrow (x,y)\in R_1^{-1} \text{或} (x,y)\in R_2^{-1}\\
&\Leftrightarrow (x,y)\in R_1^{-1}\cup R_2^{-1}
\end{aligned}
$$

$\therefore (R_1\cup R_2)^{-1}=R_1^{-1}\cup R_2^{-1}$

例14. 若 R，S 爲定義於集合 A 之關係；若 $R\subseteq S$，試證 $R^{-1}\subseteq S^{-1}$。

解

$$
\begin{aligned}
(x,y)\in R^{-1} &\Rightarrow (y,x)\in R\\
&\Rightarrow (y,x)\in S \quad (\because R\subseteq S)
\end{aligned}
$$

$\Rightarrow (x, y) \in S^{-1}$

即$R^{-1} \subseteq S^{-1}$。

例15. T為定義於集合A之關係，規定：$(x, y) \in T \Rightarrow (y, x) \notin T. \forall x, y \in A$，試證$T \cap T^{-1} = \phi$

解

利用反證法：

若$(x, y) \in T \cap T^{-1}$則$(x, y) \in T$且$(x, y) \in T^{-1}$

$\Rightarrow (x, y) \in T$且$(y, x) \in T$

但此與T之定義$(x, y) \in T \Rightarrow (y, x) \notin T$矛盾

$\therefore T \cap T^{-1} = \phi$

隨堂演練

若R為定義於集合A之關係，試證$(R^{-1})^{-1} = R$

例16. 若R為定義於集合A之一個關係，若A中任意3個元素均滿足(1) $(x, y) \in R$且$(y, z) \in R$則$(z, x) \in R$及(2) 反身性；試證R滿足(a)對稱性(b)遞移性。

解

(a) 對A中任意元素x，y而言，若$(x, y) \in R$，因$(y, y) \in R \quad \therefore (y, x) \in R$

即R滿足對稱性

(b) 對A中任意元素x，y，z而言，

若$(x, y) \in R \wedge (y, z) \in R$則$(z, x) \in R$又$R$滿足對稱性從而$(x, z) \in R \therefore R$滿足遞移性。

習題3.2

1. R，S為定義於$A=\{1，2，3，4\}$之二個關係，$R=\{$（1，1），（2，3），（2，4），（3，4）$\}$，$S=\{$（1，2），（2，2），（3，2），（4，1）$\}$求(a) $S\circ R$，(b) $R\circ R$(c) $R\circ S$

   Ans. (a) $\{$（1，3），（1，4），（2，3），（2，4），（3，3），（3，4），（4，1）$\}$(b) $\{$（1，1），（2，4）$\}$(c) $\{$（1，2），（2，2），（2，1），（3，1）$\}$

2. R為定義於$A=\{1，2，3\}$上之關係，$R=\{$（1，1），（1，2），（2，1），（3，1），（2，3）$\}$

   問R是否滿足反身？對稱？遞移？

   Ans. 均不滿足

3. R_1，R_2均為定義於集合A之二個關係，試證

   (a) $(R_1 \cap R_2)^{-1}=R_1^{-1} \cap R_2^{-1}$

   (b) $(R_1 - R_2)^{-1}=R_1^{-1} - R_2^{-1}$

4. A={a，b，c}，R為定義於A之關係，

   定義$R=\{\{a，a)，(a，c)，(c，a)，(b，c)，(b，b)，(c, b)\}$

   討論R是否具反身性，對稱性與遞移性。

   Ans. 只滿足對稱性

5. R為定義於集合A之一個關係，若$(a，a)\notin R$，$\forall a\in A$則稱R有反反身性，試證R滿足反反身性之充要條件為$I_A \cap R=\phi$，$I_A=\{(x，x) \mid x\in A\}$

6. R為定義於集合A之關係，若R具遞移性，試問R^{-1}是否有遞移性？

7. R，S為定義$A=\{a, b, c\}$之關係，它們的有向圖

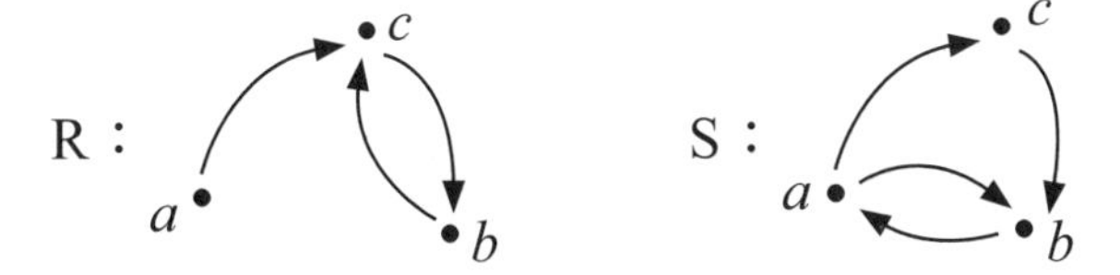

求下列關係矩陣，並寫出關係之集合

(1) $M_{R\cup S}$　(2) $M_{R\cap S}$　(3) $M_{R\cap\overline{S}}$　(4) $M_{R\circ S}$

Ans. (1) $\begin{bmatrix} 0 & 1 & 1 \\ 1 & 0 & 1 \\ 0 & 1 & 0 \end{bmatrix}$，$R\cup S=\{(a, b), (a, c), (b, a), (b, c), (c, b)\}$

(2) $\begin{bmatrix} 0 & 0 & 1 \\ 0 & 0 & 0 \\ 0 & 1 & 0 \end{bmatrix}$，$R\cap S=\{(a, c), (c, b)\}$

(3) $\begin{bmatrix} 0 & 0 & 0 \\ 0 & 0 & 1 \\ 0 & 0 & 0 \end{bmatrix}$，$R\cap\overline{S}=\{(b, c)\}$

(4) $\begin{bmatrix} 0 & 1 & 0 \\ 0 & 1 & 0 \\ 1 & 0 & 0 \end{bmatrix}$，$R\circ S=\{(a, b), (b, b), (c, a)\}$

3.3 關係之閉包運算

R^n與R^∞

在談關係之**閉包**（closure）運算前，我們要先瞭解關係圖之路徑長度。

定義 R爲定義於集合A之一個關係，設（a，b）$\in R$，若其關係圖由點a經過n條邊後至點b，我們便稱由a至b之**路徑長度**（length of path）爲n。

起點與終點是同一點之路徑爲**迴路**（cycle）。

定義 在R中有一條長度爲n之路徑連接x與y，以（x，y）$\in R^n$表之。若且惟若兩個頂點間有一路徑可連接則稱其中一頂點**可到達**（reachable）另一個頂點。

例1. $A=\{a，b，c，d\}$，R爲定義於A之一個關係：$R=\{$（a，a），（a，b），（b，c），（b，d），（c，d），（d，d）$\}$，試求R^2與R^3

解

$$R=\begin{array}{c|cccc} & a & b & c & d \\ \hline a & 1 & 1 & 0 & 0 \\ b & 0 & 0 & 1 & 1 \\ c & 0 & 0 & 0 & 1 \\ d & 0 & 0 & 0 & 1 \end{array}$$

(a) R^2：

設$\prod_{ij}^2$表由i經2步可到j之路徑：

$\prod_{aa}^2$：$a\to a\to a$

$\prod_{ab}^2$：$a\to a\to b$

$\prod_{ac}^2$：$a\to b\to c$

$\prod_{ad}^2$：$a\to b\to d$

$\prod_{bd}^2$：$b\to c\to d$

$\prod_{cd}^2$：$c\to d\to d$

$\prod_{dd}^2$：$d\to d\to d$

$$\therefore R^2=\begin{bmatrix}1&1&1&1\\0&0&0&1\\0&0&0&1\\0&0&0&1\end{bmatrix}$$

由R^2可看出R中i可經2步到達j之所有可能的路徑，即$R^2_{ij}=1$者

我們亦可應用關係矩陣，求R^n。

(b)

$\prod^3_{ij}$之可能路徑：

$\prod^3_{aa}$：$a\rightarrow a\rightarrow a\rightarrow a$

$\prod^3_{ab}$：$a\rightarrow a\rightarrow a\rightarrow b$

$\prod^3_{ac}$：$a\rightarrow a\rightarrow b\rightarrow c$

$\prod^3_{ad}$：$a\rightarrow b\rightarrow c\rightarrow d$

$\prod^3_{bd}$：$b\rightarrow c\rightarrow d\rightarrow d$

$\prod^3_{cd}$：$c\rightarrow d\rightarrow d\rightarrow d$

$\prod^3_{dd}$：$d\rightarrow d\rightarrow d\rightarrow d$

$$R^3=\begin{bmatrix}1&1&1&1\\0&0&0&1\\0&0&0&1\\0&0&0&1\end{bmatrix}$$

讀者亦可由$R^3=R^2\circ R$求出。

$$\begin{bmatrix}1&1&0&0\\0&0&1&1\\0&0&0&1\\0&0&0&1\end{bmatrix}\begin{bmatrix}1&1&1&1\\0&0&0&1\\0&0&0&1\\0&0&0&1\end{bmatrix}=\begin{bmatrix}1&1&1&1\\0&0&0&1\\0&0&0&1\\0&0&0&1\end{bmatrix}$$

由R^3可看出R中i經3步可到達j之所有可能路徑。

定義 設R為定義於集合A之一個關係，x，$y\in R$，（x，y）$\in R^\infty$ 意指存在一條路徑可連結x，y。

R^{∞}因此又稱為**可連結關係**（connectivity relation）。

由R^{∞}之意義，若x能到y，可能1步會到，也可能2步，3步，…因此（x，y）$\in R^{\infty}$之條件為（x，y）$\in R$或（x，y）$\in R^2$或（x，y）$\in R^3$…如果A為有限集合，則有下列定理：

R為定義於A之一關係，若$|A|=n$則$R^{\infty}=R\cup R^2\cup R^3\cdots\cup R^n$。

（略）

在A為有限集合，$|A|=n$，R^{∞}只需有限次運算即可，這對電腦運算上極為有用。在一結構簡單之關係圖上，用R之可連接性即可寫出R^{∞}關係矩陣。

例2. （承例1）求R^{∞}

解

$$R^{\infty}=R\cup R^2\cup R^3\cdots\cdots$$

$$=\begin{bmatrix}1&1&0&0\\0&0&1&1\\0&0&0&1\\0&0&0&1\end{bmatrix}\vee\begin{bmatrix}1&1&1&1\\0&0&0&1\\0&0&0&1\\0&0&0&1\end{bmatrix}\vee\begin{bmatrix}1&1&1&1\\0&0&0&1\\0&0&0&1\\0&0&0&1\end{bmatrix}$$

$$\vee\begin{bmatrix}1&1&1&1\\0&0&0&1\\0&0&0&1\\0&0&0&1\end{bmatrix}=\begin{bmatrix}1&1&1&1\\0&0&1&1\\0&0&0&1\\0&0&0&1\end{bmatrix}$$

隨堂演練

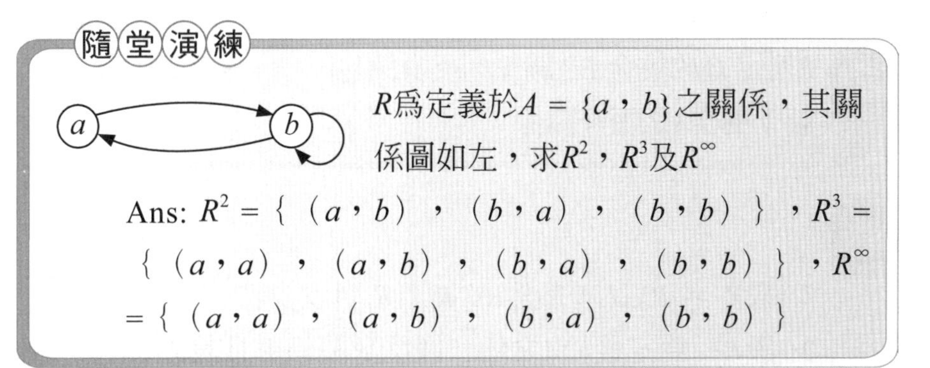

R為定義於$A = \{a，b\}$之關係，其關係圖如左，求R^2，R^3及R^∞

Ans: $R^2 = \{(a，b)，(b，a)，(b，b)\}$，$R^3 = \{(a，a)，(a，b)，(b，a)，(b，b)\}$，$R^\infty = \{(a，a)，(a，b)，(b，a)，(b，b)\}$

關係的閉包運算

定義於集合A之關係未必有反身性，對稱性或遞移性，因此，我們就想找到一個新的關係，希望能把原先關係沒有的性質（如遞移性）可在新的關係中得以保有，這新的關係就稱（遞移、對稱、反身）**閉包**（closure）。

定義 R是定義於集合A之關係，若關係R_c滿足

(1) 反身性（這說明了新的關係所具備之性質）

(2) $R \subseteq R_c$（這說明新關係是建構在原有之關係上）

(3) 對任意定義於集合A之反身關係R'，若$R \subseteq R'$ 則$R_c \subseteq R'$（這說明只加入使R_c具有反身性之最小數目之有序元素對）

稱R_c為反身閉包以$r(R)$表之。

同法可定義對稱閉包與遞移閉包，對稱閉包與遞移閉包，分別以$s(R)$與$t(R)$表示，有些作者用R^+表示$t(R)$。

R爲定義於集合A之關係則反身閉包$r(R) = R \cup I_A$，I_A爲定義于集合A之恒等關係。

1. 取$R_C = R \cup I_A$，顯然$R \subseteq R_C$且R_C具反身性。
2. 設R' 爲定義於A之任一個反身關係，且設$R \subseteq R'$ ，現要證明$R_C \subseteq R'$：

對任一$(x, y) \in R_C$，因$R_C = R \cup I_A \therefore (x, y) \in R$或$x = y$：

① $x = y$時，因R' 具反身性$\therefore (x, y) \in R'$

② $(x, y) \in R$時，由假設$R \subseteq R' \therefore (x, y) \in R'$ ，因此$(x, y) \in R_C$時，有$(x, y) \in R'$ $\therefore R_C \subseteq R'$

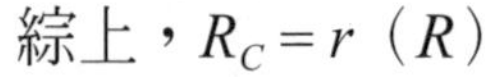

綜上，$R_C = r(R)$ ■

R爲定義於集合A之關係則對稱閉包$s(R) = R \cup R^{-1}$

R爲定義於集合A之關係，則

$$t(R) = \bigcup_{i=1}^{\infty} R^i$$

1. 先證$R^n \subseteq t(R)$ ，$\forall n \geq 1$：

利用強的數學歸納法：

(1) 設$n \geq 1$時$R^n \subseteq t(R)$

(2) 設（x，y）$\in R^{n+1}$，$R^{n+1}=R^n \circ R$ ∴存在一個$z\in A$使得（x，z）$\in R^n$且（z，y）$\in R$。由(1) $R^n\subseteq t$（R），$\forall n\geq 1$∴（x，z）$\in t$（R）及（z，y）$\in t$（R）

又t（R）具有遞移性∴（x，y）$\in t$（R）從而$R^{n+1}\subseteq t$（R）

2. 次證t（R）$\subseteq \bigcup_{i=1}^{\infty} R^i$：

設（x，y）與（y，z）爲$\bigcup_{i=1}^{\infty} R^i$之任意元素，存在正整數$s$，$t$，$s\geq 1$，$t\geq 1$使得（$x$，$y$）$\in R^s$且（$y$，$z$）$\in R^t \Rightarrow$（$x$，$z$）$\in R^s \circ R^t = R^{s+t}$

∴（x，z）$\in \bigcup_{i=1}^{\infty} R^i$

因此$\bigcup_{i=1}^{\infty} R^i$具遞移性，根據$t$（$R$）之最小性∴$t$（$R$）$=\bigcup_{n=1}^{\infty} R^n$ ■

R爲定義於集合A之二元關係，若A之基數爲n（即$|A|=n$）則t（R）$=R^+=R\cup R^2\cdots\cup R^n$

上述定理在$|A|=n$只有2，3個時或許還可用，一旦n在4個以上時，人工計算可能很麻煩，此時不妨用“接龍”的方法，以例1而言，（a，b）$\in R$，（b，c）$\in R$∴要“補”（a，c）。

若關係**R具有遞移性時顯然$t(R)=R$**。

例3. R爲定義於$A=\{x, y, z\}$之關係$R=\{(x, y), (y, z), (z, z)\}$求(a) r（R），(b) s（R），(c) t（R）

解

(a) $r(R)=R\cup I_A=\{(x, y), (y, z), (z, z)\} \cup \{(x, x), (y, y), (z, z)\}$
$=\{(x, y), (y, z), (z, z), (x, x), (y, y)\}$

(b) $s(R)=R\cup R^{-1}=\{(x,y),(y,z),(z,z)\}\cup\{(y,x),(z,y),(z,z)\}$

$=\{(x,y),(y,z),(z,z),(y,x),(z,y)\}$

(c) $R=\begin{bmatrix}0&1&0\\0&0&1\\0&0&1\end{bmatrix}$,

$$R^2=\begin{bmatrix}0&1&0\\0&0&1\\0&0&1\end{bmatrix}\cdot\begin{bmatrix}0&1&0\\0&0&1\\0&0&1\end{bmatrix}=\begin{bmatrix}0&0&1\\0&0&0\\0&0&0\end{bmatrix}$$

$$R^3=R^2\cdot R=\begin{bmatrix}0&0&1\\0&0&0\\0&0&0\end{bmatrix}\begin{bmatrix}0&1&0\\0&0&1\\0&0&1\end{bmatrix}=\begin{bmatrix}0&0&1\\0&0&0\\0&0&0\end{bmatrix}$$

$$\therefore t(R)=R\cup R^2\cup R^3=\begin{bmatrix}0&1&0\\0&0&1\\0&0&1\end{bmatrix}\vee\begin{bmatrix}0&0&1\\0&0&0\\0&0&0\end{bmatrix}$$

$$\vee\begin{bmatrix}0&0&1\\0&0&0\\0&0&0\end{bmatrix}=\begin{array}{c}\\x\\y\\z\end{array}\begin{array}{c}\begin{array}{ccc}x&y&z\end{array}\\\begin{bmatrix}0&1&1\\0&0&1\\0&0&1\end{bmatrix}\end{array}$$

$=\{(x,y),(x,z),(y,z),(z,z)\}$

例4. 若R_1，R_2爲定義於$A=\{a,b,c,d\}$之關係

(a) $R_1=\{(b,b),(c,a),(d,a),(d,c)\}$

(b) $R_2=\{(b,c),(c,b),(c,d)\}$

求$t(R_1)$與$t(R_2)$

解

(a) R_1具遞移性∴$t(R_1)=R_1$

(b) R_2不具遞移性， (1)（b，c）$\in R_2\wedge$（c，b）$\in R_2$∴需加（b，b），

(2) （b，c）$\in R_2\wedge$（c，d）R_2但（b，d）$\notin R_2$∴需加（b，d），

(3) （c，b）$\in R_2\wedge$（b，c）$\in R_2$但（c，c）$\notin R_2$∴需加（c，c）

∴$t(R_2)$＝｛（b，c），（c，b），（c，d），（b，b），（b，d），（c，c）｝

讀者亦可用$t(R_2)=R_2\cup R_2^2\cup R_2^3\cup R_2^4$求出

隨堂演練

R為定義於｛x，y，z｝之關係，R＝｛（x，y）（y，z）（z，x）｝求r（R），s（R）與t（R）

Ans：r（R）＝｛（x，y），（y，z），（z，x），（x，x），（y，y），（z，z）｝

s（R）＝｛（x，y），（y，z），（z，x），（y，x），（z，y），（x，z）｝

t（R）＝｛（x，y），（y，z），（z，x），（x，z），（y，x），（z，y），（x，x），（y，y），（z，z）｝

例5. 若R_1，R_2為定義於A之關係，$R_1\subseteq R_2$，求證
r（R_1）$\subseteq r$（R_2）與s（R_1）$\subseteq s$（R_2）

(a) $r(R_1)=R_1\cup I_A$，$r(R_2)=R_2\cup I_A$

$\because R_1\subseteq R_2$ $\therefore R_1\cup I_A\subseteq R_2\cup I_A\Rightarrow r(R_1)\subseteq r(R_2)$

(b) $s(R_1)=R_1\cup R_1^{-1}$

$s(R_2)=R_2\cup R_2^{-1}$

$R_1\subseteq R_2$，可得$R_1^{-1}\subseteq R_2^{-1}$（見3.2節例14）

$\therefore R_1\cup R_1^{-1}\subseteq R_2\cup R_2^{-1}$，即$s(R_1)\subseteq s(R_2)$

例6. R，S為定義於集合A之二個關係，試證

$r(R\cup S)=r(R)\cup r(S)$

解

$$
\begin{aligned}
r(R\cup S) &= (R\cup S)\cup I_A \\
&= (R\cup I_A)\cup(S\cup I_A)=r(R)\cup r(S)
\end{aligned}
$$

例7. R為定義於A之關係，若R滿足對稱性，試證$r(R)$亦滿足對稱性。

解

$I_A=\{(x,x)\mid x\in A\}$

$(x，y)\in R$

$\therefore (x，y)\in R\cup I_A=r(R)$

$\Leftrightarrow (y，x)\in R\cup I_A=r(R)$

$\therefore R$滿足對稱性時，$r(R)$亦滿足對稱性

閉包之合成運算

R為定義於集合A之關係，由閉包$r(R)$，$s(R)$與$t(R)$，亦可求它們之合成閉包，例如$rt(R)\triangleq r(t(R))$等。

例8. $A=\{a,b,c\}$，R為定義於A之關係，$R=\{(a,b),(b,c)\}$求$rt(R)$

解

$rt(R)=r[t(R)]=r[\{(a,b),(b,c),(a,c)\}]$
$=\{(a,b),(b,c),(a,c)\}\cup I_A$
$=\{(a,b),(b,c),(a,c),(a,a),(b,b),(c,c)\}$

隨堂演練

承例8　求$tr(R)$

（Ans：$tr(R)=\{(a,b),(b,c),(a,c),(a,a),(b,b),(c,c)\}$）

R為定義於A之關係，可證明$rt(R)=tr(R)$

習題3.3

1. 若R為定義於$A=\{a,b,c,d\}$之關係，其關係圖：

求$t(R)$（即R^+）

Ans. $\{(a,a),(a,b),(a,c),(a,d),(b,a),(b,b),(b,c),(b,d),(c,d)\}$

2. 若R為定義於$A=\{a,b,c\}$之關係，其關係圖：

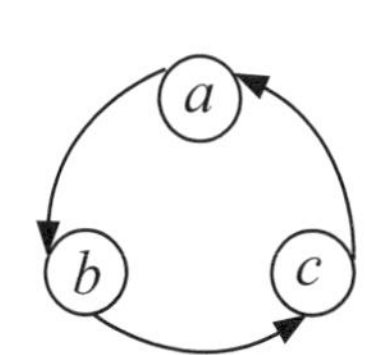

求(a) R^2　(b)R^3　(c) R^4　(d) R^∞　(e)R^+

Ans. (a) $\{(a,c),(b,a),(c,b)\}$

(b) $\{(a,a),(b,b),(c,c)\}$

(c) $R^4 = R = \{(a, b), (b, c), (c, a)\}$

(d) $R^\infty = R \cup R^2 \cup R^3 = \{(a, a), (a, b), (a, c), (b, a), (b, b), (b, c), (c, a), (c, b), (c, c)\}$

(e) $R^+ = R^\infty$

3. R為定義於$A = \{a, b, c, d\}$之關係，其圖係圖如右，求$r(R)$，$s(R)$與$t(R)$

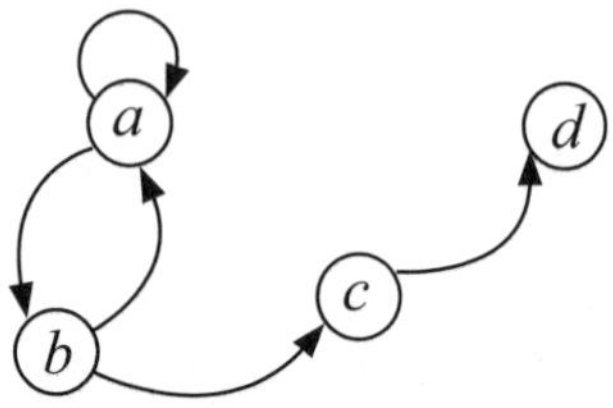

Ans. $r(R) = \{(a, a), (a, b), (b, a), (b, c), (c, d), (b, b), (c, c), (d, d)\}$

$s(R) = \{(a, a), (a, b), (b, a), (b, c), (c, d), (c, b), (d, c)\}$

$t(R) = \{(a, a), (a, b), (a, c), (a, d), (b, a), (b, b), (b, c), (b, d), (c, d)\}$

R_1，R_2均為定義於R之關係，試證4～5：

4. 試證$sr(R) = rs(R)$

5. $s(R_1 \cap R_2) \subseteq s(R_1) \cap s(R_2)$

3.4 等價關係

等價關係

定義 R爲定義於集合A之關係，若R具有反身性，對稱性與遞移性則稱R具有**等價關係**（equivalence relation）。
R爲定義於集合A之等價關係，若（a，b）$\in R \, \forall a$，$b \in A$則稱a與b爲等價。

例1. 判斷下列關係是否具有等價性？
(a) 平行 (b) 大於 (c) 大於等於 (d) 三角形相似性 (e) $x \mid y$，x，$y \in Z^+$

解

(a) l_1，l_2，l_3爲平面E之三平行線，它滿足對稱性、遞移性、但不滿足反身性（$\because l_1 \parallel l_1$不成立）故"平行"不具等價關係

(b) $\because a > a$不成立（即反身性不成立）$\therefore$"大於"亦不具等價關係。

(c) $\because a \geq b \not\Rightarrow b \geq a$（即對稱性不成立）$\therefore$"大於等於"亦不具等價關係

(d) 由幾何學，若$\triangle ABC$，$\triangle A'B'C'$與$\triangle A''B''C''$爲平面E之三個三角形，則

(1) 反身性：$\triangle ABC \cong \triangle ABC$成立，故反身性成立

(2) 對稱性：若$\triangle ABC \cong \triangle A'B'C'$則$\triangle A'B'C' \cong \triangle ABC$，故對稱性成立。

(3) 遞移性：若$\triangle ABC \cong \triangle A'B'C'$且$\triangle A'B'C' \cong \triangle A''B''C''$則$\triangle ABC \cong \triangle A''B''C''$，故遞移性成立。

因此三角形之相似性具有等價關係

(e) (1) 反身性：$a \mid a \; \forall a \in Z^+$成立，故反身性成立。

(2) 若$a \mid b$成立時$b \mid a$未必成立（如$2 \mid 8$成立，但$8 \mid 2$不成立），故對稱性不成立

$\therefore x \mid y$，x，$y \in Z^+$不具等價關係。

例2. R為定義於Z^+之關係，定義R為：

（（a，b），（c，d））$\in R$ iff $ad=bc$

試證R為一等價關係。

解

(a) 反身性：即（（a，b），（a，b））$\overset{?}{\in} R$：

$\because ab=ba$，$\forall a$，$b \in Z^+ \therefore$（（a，b），（a，b））$\in R$

(b) 對稱性：即（（a，b），（c，d））$\in R \overset{?}{\Rightarrow}$（（$c$，$d$），（$a$，$b$））$\in R$：

$\because$（（a，b），（c，d））$\in R \therefore ad=bc$

又（（c，d），（a，b））顯然有$bc=ad$

$\therefore$（（c，d），（a，b））$\in R$

(c) 遞移性：即（（a，b），（c，d））$\in R$且（（c，d），（e，f））$\in R \overset{?}{\Rightarrow}$（（$a$，$b$），（$e$，$f$））$\in R$：

（（a，b），（c，d））$\in R$ iff $ad=bc$　　(1)

（（c，d），（e，f））$\in R$ iff $cf=de$　　(2)

現在要判斷$af \overset{?}{=} be$

由(1)，(2)

$ad \cdot cf = bc \cdot de$，同除$cd$得$af = be$

即（$(a，b)$，$(e，f)$）$\in R$，由(a)，(b)，(c) R 為一等價關係。

隨堂演練

說明實數系之“$=$”是一個等價關係

集合的分割

$P = \{A_1，A_2，\cdots A_n\}$，$A_i \neq \phi$，$i = 1，2，\cdots n$，若$P$滿足：

(1) $\bigcup_{i=1}^{n} A_i = A$（即周延性）

(2) A任意二相異子集合A_i，A_j均有$A_i \cap A_j = \phi$（即互斥性）

則稱P為A的一個**分割**（partition），或P為A之一個**覆蓋**（covering）

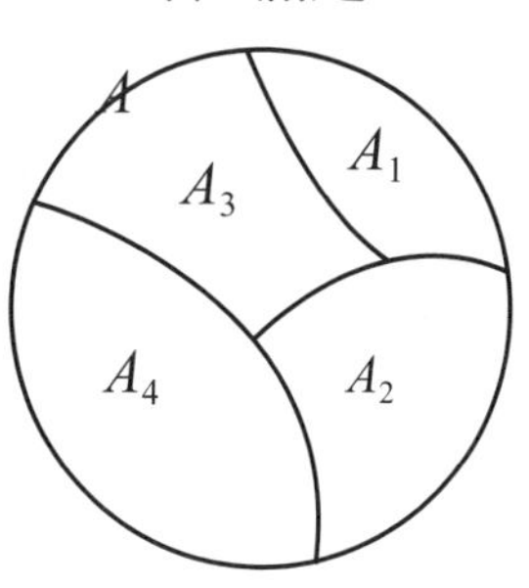

例3. $\{A_1，A_2 \cdots A_n\}$是集合A之一個分割，試證$A_1 \cap B$，$A_2 \cap B \cdots A_n \cap B$是$A \cap B$之一個分割

解

$\because \{A_1，A_2 \cdots A_n\}$是$A$之一個分割$\therefore A_i \cap A_j = \phi$，$i，j = 1，2 \cdots n$，$i \neq j$且$A_1 \cup A_2 \cdots \cup A_n = A$

$(A_i \cap B) \cap (A_j \cap B) = (B \cap A_i) \cap (A_j \cap B)$

$= B \cap (A_i \cap A_j) \cap B = B \cap \phi \cap B = \phi$，$i，j = 1，2 \cdots n$

又 $(A_1 \cap B) \cup (A_2 \cap B) \cdots \cup (A_n \cap B)$

$= (A_1 \cup A_2 \cdots \cup A_n) \cap B = A \cap B$

即$\{A_1 \cap B，A_2 \cap B，\cdots A_n \cap B\}$為$A \cap B$之一個分割

例4. 若$A_i = Z^+$中被3除後餘數為i之正整數所成之集合。試問$\{A_0，A_1，A_2\}$是否為Z^+之一分割？

解

依題意：

$A_0 = \{3，6，9，12\cdots\cdots\}$

$A_1 = \{1，4，7，10，\cdots\cdots\}$

$A_2 = \{2，5，8，11，\cdots\cdots\}$

$\because A_i \cap A_j = \phi$，$i \neq j$，$\bigcup_{i=0}^{2} A_i = Z^+ \therefore \{A_0，A_1，A_2\}$為$Z^+$之一個分割

例5. 若$A=\{a，b，c，d\}$求滿足下列條件之分割。

(a) 僅一個分割塊　　(b) 僅二個分割塊

解

(a) 僅一個分割塊：$\pi_1 = \{\{a，b，c，d\}\}$

(b) 僅二個分割塊：$\pi_1 = \{\{a\}，\{b，c，d\}\}$

$\pi_2 = \{\{b\}，\{a，c，d\}\}$，$\pi_3 = \{\{c\}，\{a，b，d\}\}$

$\pi_4 = \{\{d\}，\{a，b，c\}\}$

$\pi_5 = \{\{a，b\}，\{c，d\}\}$，$\pi_6 = \{\{a，c\}，\{b，d\}\}$，

$\pi_7 = \{\{a，d\}，\{b，c\}\}$

由上例可看出一個集合之分割方式並非惟一。

例6. 若A爲有限集合，P_1，P_2爲A之二個不同分割，問$P_1 \cup P_2$是否爲A之分割？$P_1 \cap P_2$是否爲A之分割？

解

$P_1 \cup P_2$與$P_1 \cap P_2$均不一定是A之分割。

以例5. (b) 之π_3，π_5即可自明。

定理A $P=\{A_1, A_2 \cdots A_m\}$爲集合$A$上之一個分割，

$$R_a = (A_1 \times A_1) \cup (A_2 \times A_2) \cdots \cup (A_m \times A_m)$$

則R_a定義A之一個等價關係

證明

由R_a之定義，$(a, b) \in R_a \Leftrightarrow a, b \in A_i$

(1) 反身性：由R_a之定義，$(a, a) \in R_a$

(2) 對稱性：$a, b \in A_i$由R_a之定義，$(a, b) \in R_a$則$(b, a) \in R_a$

(3) 遞移性：$a, b \in A_i$，$b, c \in A_i$則$a, c \in A_i$顯然成立$\therefore$ $(a, b) \in R_a \wedge (b, c) \in R_a \Rightarrow (a, c) \in R_a$即$R_a$具遞移性。 ■

以下是由集合分割求等價關係的例子。

例7. $A=\{a, b, c, d\}$，$P=\{\{a, b, c\}, \{d\}\}$求等價關係R_a

解

$R_a=\{\{a, b, c\} \times \{a, b, c\}\} \cup \{\{d\} \times \{d\}\}$

$=\{(a, a), (a, b), (a, c), (b, a), (b, b), (b, c), (c, a), (c, b), (c, c), (d, d)\}$

同餘關係

同餘關係（congruent relation）是一種很重要之等價關係。什麼是**同餘**（congruent）？顧名思義，二個整數除以同一正整數，若有相同的餘數，那我們稱這二個整數爲同餘，例如$27 \div 6 = 4 \cdots 3$，$39 \div 6 = 6 \cdots 3$，故27與39二數爲同餘。同餘在**數論**（number theory）很重要，它也是**編碼**（coding）之研究與實踐上之重要工具。

若$m \in Z^+$，x，$y \in Z$，$x \equiv y \pmod{m}$ iff $m \mid x-y$. $a \mid b$表a是b的因數。

例8. 下列何者是對的？

(1) $26 \equiv 1 \pmod{6}$　(2) $27 \equiv 3 \pmod{6}$

(3) $75 \equiv -5 \pmod{16}$

解

(1) $6 \mid (26-1)$ 不成立　$\therefore 26 \equiv 1 \pmod{6}$ 不對

(2) $6 \mid (27-3)$ 成立　$\therefore 27 \equiv 3 \pmod{6}$ 是對的

(3) $16 \mid 75-(-5)$ 成立　$\therefore 75 \equiv -5 \pmod{16}$ 是對的

$R = \{(x, y) \mid x \equiv y \pmod{m}\}$稱$R$爲$x$，$y$關於$m$之同餘關係，或模$m$之同餘關係。

同餘關係是等價關係

> $a \equiv b \ (\text{mod } m)$
> $\Leftrightarrow m \mid a-b$
> $\Leftrightarrow a-b = mp, p \in Z$

$(a，b，c \in I，m \in Z^+)$

(a) 反身性：即$a \stackrel{?}{\equiv} a \ (\text{mod } m)$

$\because a-a=0 \ m \therefore (a，a) \in R$

(b) 對稱性，即$a \equiv b \ (\text{mod } m)$則$b \stackrel{?}{\equiv} a \ (\text{mod } m)$：

$\because a \equiv b \ (\text{mod } m)$得$a-b = km$從而$b-a=-km，k \in Z$

$\therefore b \equiv a \ (\text{mod } m)$

(c) 遞移性，即$a \equiv b \ (\text{mod } m)$，$b \equiv c \ (\text{mod } m)$則$a \stackrel{?}{\equiv} c$ $(\text{mod } m)$：

$\because a \equiv b \ (\text{mod } m) \Rightarrow a-b=km，k \in Z$

$b \equiv c \ (\text{mod } m) \Rightarrow b-c=lm，l \in Z$

$\therefore a-c=(k+l) \ m$

即$a \equiv c \ (\text{mod } m)$ ■

若$a \equiv b \ (\text{mod } m)$且$c \equiv d \ (\text{mod } m)$，則

(a) $ax \equiv bx \ (\text{mod } m)$，$x \in Z^+$

(b) $a+c \equiv (b+d) \ (\text{mod } m)$

$(a，b，c \in Z，m \in Z^+)$

(a) $a \equiv b \ (\text{mod } m) \therefore (a-b)=km$從而$(a-b) \ x=kxm$

得$ax \equiv bx \ (\text{mod } m)$

(b) $a \equiv b \ (\text{mod } m) \therefore (a-b)=km$

$c \equiv d \ (\text{mod } m) \therefore (c-d)=lm，k，l \in I$

得 $(a+c)-(b+d)=(k+l)m$

即 $a+c\equiv(b+d) \pmod m$ ■

要注意的是$\boldsymbol{ax\equiv bx \pmod m \nRightarrow a\equiv b \pmod m}$，除非$\boldsymbol{x}$與$\boldsymbol{m}$互質。

若$a\equiv b \pmod m$，則$a^n\equiv b^n \pmod m$

$a\equiv b \pmod m$ $\therefore a-b=km$

$$\therefore a^n-b^n=(a-b)(a^{n-1}+a^{n-2}b+a^{n-3}b^2+\cdots+ab^{n-2}+b^{n-1})$$
$$=km\underbrace{(a^{n-1}+a^{n-2}b+\cdots+b^{n-1})}_{t}=(kt)m$$

得$a^n\equiv b^n \pmod m$ ■

若$a\equiv b \pmod m$，$c\equiv d \pmod m$則$ac\equiv bd \pmod m$

應用同餘性質求餘數

求餘數是同餘理論最早之應用。

$$4(4^2)^7\equiv4(5)^7\equiv4\cdot5\cdot(5^2)^3\equiv20(3)^3$$
($16\div11=1\cdots5$；$25\div11=2\cdots3$)
$$\equiv20\cdot27\equiv20\cdot5\equiv1$$

例9. 求4^{15}除以11之餘數

解

在模11下

$4^{15} \equiv 4 \cdot 4^{14} \equiv 4(4^2)^7 \equiv 4 \cdot 5^7 \equiv 4 \cdot 5 \cdot (5^2)^3 \equiv 20(3)^3$

$\equiv 20 \cdot 5 \equiv 100 \equiv 1$

$\therefore 4^{15}$除以11之餘數爲1

例10. 求$1962 \div 37$之餘數，以此結果求$1962^{351} \div 37$之餘數

解

$1962 = 37 \times 53 + 1$

$\therefore 1962 \div 37$之餘數爲1，即

$1962 \equiv 1 \bmod (37)$

$\therefore 1962^{351} \equiv 1^{351} \bmod (37)$

即$1962^{351} \div 37$之餘數爲1

例11. n爲任意整數，試證n^2除以4之餘數只有0或1。

解

因n^2除以4之餘數有0，1，2，3四種，故設$n = 4k$，$4k + 1$，$4k + 2$與$4k + 3$。

(1) $n = 4k$時：$n^2 = (4k)^2 = 16k^2 \equiv 0 \bmod (4)$

(2) $n = 4k + 1$時：$n^2 = (4k + 1)^2 = 16k^2 + 8k + 1 = 4(4k^2 + 2k) + 1$

$\therefore n^2 \equiv 1 \bmod (4)$

(3) $n = 4k + 2$時：$n^2 = (4k + 2)^2 = 16k^2 + 16k + 4 = 4(4k^2 + 4k + 1)$

$\therefore n^2 \equiv 0 \bmod (4)$

(4) $n = 4k + 3$時：$n^2 = (4k + 3)^2 = 16k^2 + 24k + 9 = 4(4k^2 + 6k + 2) + 1 \therefore n^2 \equiv 1 \bmod (4)$

$\therefore$任一整數n，n^2除以4之餘數只有0或1

等價類

R是定義於集合A之等價關係，$a \in A$則A中等價於a之所有元素所成之集合稱爲由a生成之等價類（equivalence clase），以$[a]_R$表之，即

$$[a]_R = \{b \mid b \in A \wedge (a, b) \in R\}$$

由定義，我們可知，若$a \in A$則a在R下之等價類$[a]_R$就是A中等價於a之所有元素所成之子集合。

等價類之性質

若R爲定義於集合A之等價關係，$a \in A$，則$[a]_R$有以下性質：

$[a]_R \neq \phi$

$\because R$爲等價關係$\therefore (a, a) \in R$恒成立，知$a \in [a]_R$，即$[a]_R \neq \phi$ ■

若$(a, b) \in R$則$[a]_R = [b]_R$，$\forall a, b \in A$

證明

(1) $[a]_R \subseteq [b]_R$：

設$x \in [a]_R$則存在一個$x \in A$使得（a，x）$\in R$，∵R為等價類故滿足對稱性∴（x，a）$\in R$，又（a，b）$\in R$，由遞移性（x，b）$\in R \Rightarrow x \in [b]_R$，即$[a]_R \subseteq [b]_R$

(2) $[b]_R \subseteq [a]_R$：同理可證。

由(1)，(2)，$[a]_R=[b]_R$ ■

若（a，b）$\notin R$則$[a]_R \cap [b]_R = \phi$

（反證法）

設$[a]_R \cap [b]_R \neq \phi$ ∴存在一個$x \in [a]_R \cap [b]_R$，即（a，x）$\in R$且（b，x）$\in R$，∵R為等價關係，由對稱性，（x，b）$\in R$，及（a，x）$\in R$，由遞移性，（a，b）$\in R$，而與假設矛盾。

∴$[a]_R \cap [b]_R = \phi$ ■

例12即說明了定理G與H。

例12. R為定義於整數Z之關係，定義$R = \{$（x，y）$| x \equiv y$（mod 3），x，$y \in Z\}$。(a) 試求由Z之元素所生成之等價類(b) $[0]_R \cup [1]_R \cup [2]_R = ?$ $[0]_R \cap [1]_R = ?$

解

(a) R為一等價關係，又任何整數x除3其餘數有0，1，2三種情況：

$[0]_R = \{\cdots，-6，-3，0，3，6，\cdots\}$

$[1]_R=\{\cdots，-5，-2，1，4，7，\cdots\}$

$[2]_R=\{\cdots，-4，-1，2，5，8，\cdots\}$

(b) $[0]_R\cup[1]_R\cup[2]_R=Z$

$[0]_R\cap[1]_R=\phi$

隨堂演練

R是定義於Z之關係，$R=\{(x，y)|x\equiv y\ (\text{mod}\,2)，x，y\in Z\}$求

(a) 由Z之元素所生成之等價類

(b) $[0]_R\cup[1]_R=?$　$[0]_R\cap[1]_R=?$

提示：(a) $[0]_R=\{\cdots，-2，0，2，4\cdots\}$

$[1]_R=\{\cdots，-1，1，3，5\cdots\}$

(b) $[0]_R\cup[1]_R=Z$，$[0]_R\cap[1]_R=\phi$

習題3.4

1. 若$A=\{a，b，c，d\}$之一個分割為$\{a\}，\{b\}，\{c，d\}\}$求定義於A之一個等價關係。

   Ans. $\{(a，a)，(b，b)，(c，c)，(c，d)，(d，c)，(d，d)\}$

2. 若R為定義於$A=\{a，b，c，d，e\}$之關係，

   $R=\{(a，a)，(b，b)，(c，c)，(d，d)，(e，e)，(a，b)，(b，a)，(d，e)，(e，d)\}$

   (a) 判斷R是否為一等價關係。

   (b) 若R是等價關係，試求A之每一元素之等價類。

   Ans. (a) 是　(b) $[a]_R=[b]_R=\{a，b\}$，$[c]_R=\{c\}$，$[d]_R=[e]_R=\{d，e\}$

3. R，S爲定義於$A=\{a，b，c\}$之二個關係

$R=\{(a，a)，(b，b)，(c，c)，(a，c)，(c，a)\}$

$S=\{(a，a)，(b，b)，(c，c)，(a，b)，(b，a)\}$

(a) 判斷R，S是否爲等價關係？

(b) 判斷$R\cup S$是否爲等價關係？

(c) 由(a)，(b)結論是 ？

Ans. (a) R，S均爲定義於A之等價關係　(b) 否，因無遞移性

(c) R，S均爲A之等價關係，$R\cup S$未必是A之等價關係。

4. 求上題之R，S之A各元素之等價類

Ans. (a) $[a]_R=[c]_R=\{a，c\}$，$[b]_R=\{b\}$

(b) $[a]_{\mathrm{S}}=[b]_S=\{a，b\}$，$[c]_S=\{c\}$

5. 求下列各題之餘數

(1) 3^{100}除以7之餘數　(2) 5^{101}除以9之餘數

6. 寫出$A=\{a，b，c\}$之所有可能分割

Ans. $\{\{a\}, \{b\}, \{c\}\}$，$\{\{a, b\}, \{c\}\}$，$\{\{a, c\}, \{b\}\}$

$\{\{b, c\}, \{a\}\}$，$\{\{a, b, c\}\}$

7. (a) N 表非負整數所成之集合，設$A_0=\{4k \mid k\in N\}$，

$A_1=\{4k+1|k\in Z^+\}$，$A_2=\{4k+2|k\in Z^+\}$

$A_3=\{4k+3|k\in Z^+\}$，試證A_0，A_1，A_2，A_3爲N之一個分割。

(b) 你能再找一個N的分割？

8. 若廣集合$S=\{a，b，c，d，e，f，g\}$問下列那一個是S的一個分割？

(a) $\{\{\{c，d\}，\{e\}，\{f，g\}\}\}$　(b) $\{\{a\}，\{b\}，\{c\}，\{d，g\}\}$

(c) $\{\{a，b，c\}，\{d，g\}，\{c，f\}，\{e\}\}$

(d) $\{\{a，b，c，d，e\}，\{f，g\}\}$

Ans. (d)

9. 證明對任一整數n，n^2除以3之餘數只有0與1二種。

3.5 函數

定義 A，B爲二集合，f 爲由A到B之一個關係，若對每一個$a \in A$，都惟一存在一個$b \in B$使得（a，b）$\in f$，則稱 f 爲由A到B之一個**函數**（function）。若（a，b）$\in f$ 則a爲 f 之自變數而b爲 f 對應a的像。A爲 f 之**定義域**（domain），B爲**值域**（range）

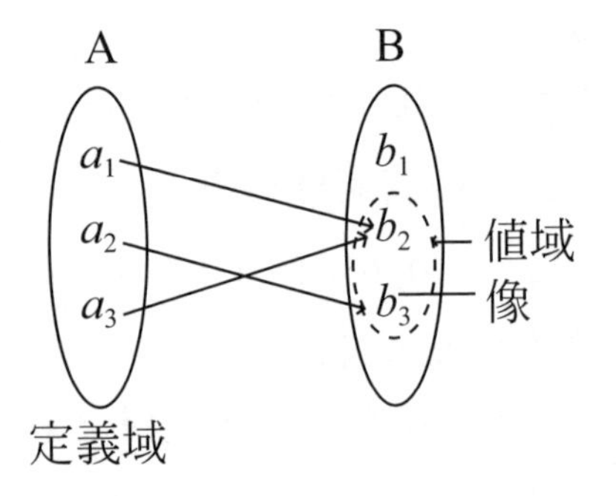

定義 函數f，g若滿足下列條件則稱$f = g$

(1) f與g有相同之定義域

(2) f與g有相同之值域

例1. 下列映射何者爲函數？若是，定義域、值域爲何？

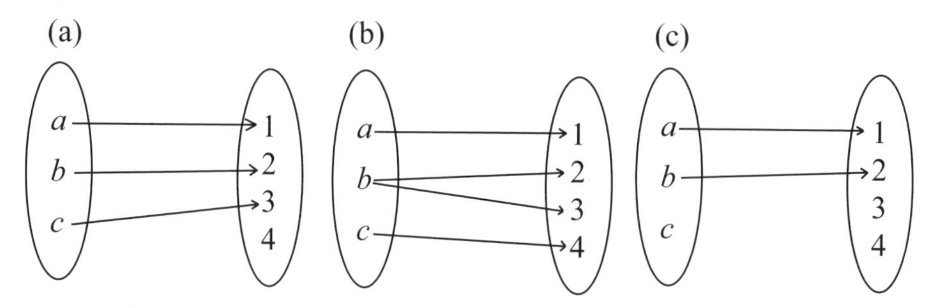

解

(a) 是函數，定義域$\{a，b，c\}$，值域$\{1，2，3\}$

(b) 不是函數（$\because b\to 2，b\to 3$）

(c) 不是函數，（$\because c$無對應之像）

由例1知**若f：$A\to B$爲函數，其定義域必爲A，不可能爲A之眞子集，但值域可能是B也可能是B之眞子集**。

函數之定義域，值域及一般運算可參考拙著微積分（五南出版）

定義 f：$A\to B$若

(a) $x\neq y$時有$f(x)\neq f(y)$，$\forall x，y\in A$則稱f爲由A到B之**一對一函數**（one-to-one function）、單射函數或簡稱單射。

(b) 若$f(A)=B$則稱f爲由A到B之**映成**（onto）函數、滿射函數或簡稱**滿射**（surjection）。滿射亦稱爲全射。

(c) 若f爲一對一且映成即單射且滿射時，稱f爲由A到B之雙射函數或簡稱**雙射**（bijection）

關於上述定義有以下說明：

1. 一對一函數或單射有兩點值得注意：

(1) $f: A \to B$，若$x \neq y$時$f(x) \neq f(y)$，$\forall x, y \in A$則f為一對一。其等價的說法是：**$f: A \to B$，若$f(x) = f(y)$時有$x = y$，$\forall x, y \in A$則f為一對一。這在驗證f是否為一對一時尤為方便。**

(2) 若f在區間I為連續函數時，$f' > 0$或$f' < 0$ $\forall x \in I$，則f在I必為一對一。此即微積分所稱的**單調性**（monotonic）

2. 映成函數或滿射亦可定義如下：

$f: A \to B$，對每一個$y \in B$，存在一個$x \in A$使得$f(x) = y$

若A，B均為有限集合時，令A，B集合內元素個數（即基數）分別以$|A|$與$|B|$表示，顯然：

1. $|A| \leq |B|$時，f才有可能一對一（單射），但未必。
2. $|A| \geq |B|$時，f才有可能映成（滿射），但未必。
3. $|A| = |B|$時，f才有可能雙射，但未必。

例2. 下列五個映射中，何者為單射？滿射？雙射？若是函數值域是？

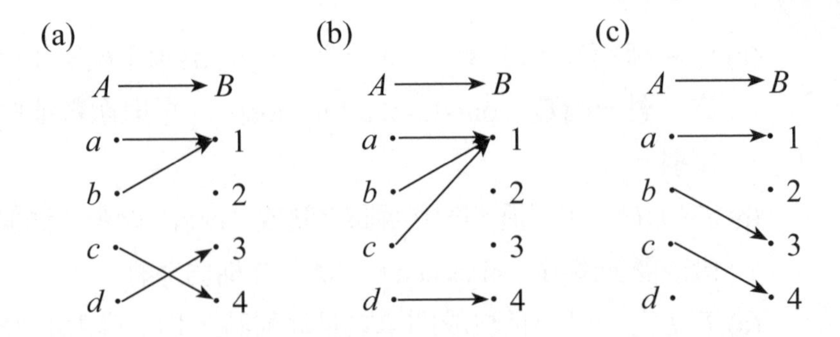

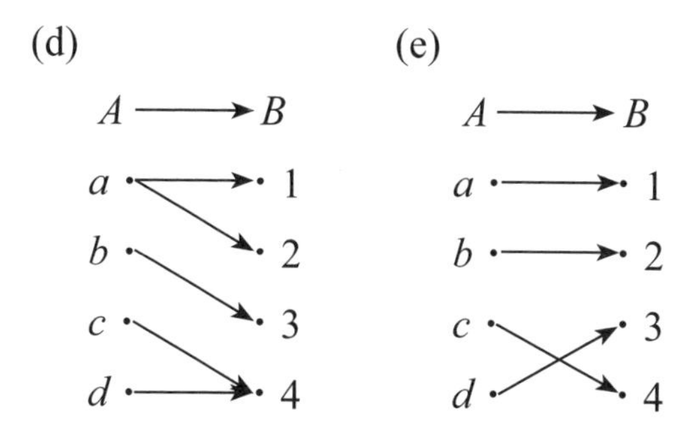

解

(a) 是函數，非單射、非滿射、非雙射；值域是 {1，3，4}

(b) 是函數，非單射、非滿射、非雙射；值域是{1，4}

(c) 不是函數（∵A中d在B中無元素與之對應）

(d) 不是函數（∵a對應2個元素：1，2）

(e) 是雙射函數；值域是{1，2，3，4}

隨堂演練

造一個滿射但非雙射的例子

例3. A，B均為有限集合，$f: A \to B$，若$|A|=|B|$，試證f是單射（一對一）之充要條件是f為滿射（映成）

解 "f 為一對一 ⇒ f 為滿射"

∵f為單射∴$|A|=|f(A)|$，

已知$|A|=|B|$，

∴ $|f(A)|=|B|$，又B為有限集合且$f(A)\subseteq B$ ∴$f(A)=B$，即f為滿射。

> A，B為二有限集合，若$A\subseteq B$且$|A|=|B|$則$A=B$

f 為滿射 $\Rightarrow$ f 為一對一：$\because f$ 為滿射 $\therefore f(A)=B$，從而 $|f(A)|=|B|$ 又 $|A|=|B|$ $\therefore |A|=|f(A)|$，因 A，B 是有限集 $\therefore f$ 為單射

反函數

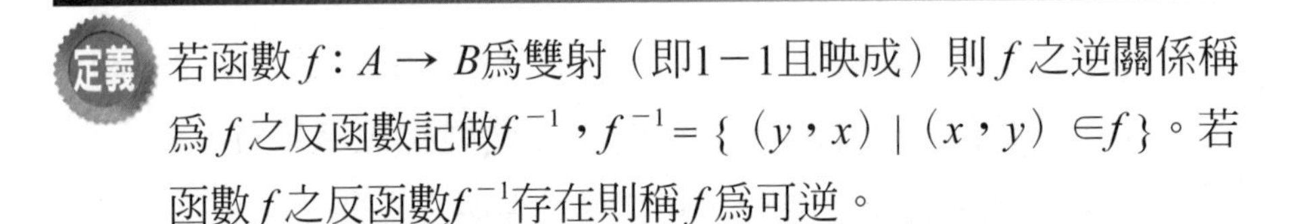
定義 若函數 $f: A \to B$ 為雙射（即1－1且映成）則 f 之逆關係稱為 f 之反函數記做 f^{-1}，$f^{-1}=\{(y,x) \mid (x,y) \in f\}$。若函數 f 之反函數 f^{-1} 存在則稱 f 為可逆。

定義 A 為任一集合，函數 $f: A \to A$ 定義為 $f(x)=x$（即在函數 f 下 A 之任一元素 x 均映射到自身，即 x），我們稱這種函數為**恒等函數**（identity function），恒等函數通常以 I 或 I_A 表示。

$f: A \to B$ 為雙射函數，則 f^{-1} 亦為雙射函數

我們需證明 f^{-1} 為滿射與單射：

(1) 滿射：若 $a \in A$ 則在 B 中存在一元素 b 使得 $f(a)=b$，由反函數定義，$a=f^{-1}(b)$ 即 $a \in f^{-1}(B)$，$\forall a \in A \therefore f^{-1}$ 為滿射。

(2) 單射：設b_1，$b_2\in B$，$b_1\neq b_2$，則在A中可分別找到a_1，a_2使得$f(a_1)=b_1$，$f(a_2)=b_2$即$b_1=f^{-1}(a_1)$，$b_2=f^{-1}(a_2)$但$b_1\neq b_2$∴$f^{-1}(a_1)\neq f^{-1}(a_2)$即$f^{-1}$爲一單射。 ■

由(1)，(2)知f^{-1}爲雙射。

例4. $f:R\to R$（R表實數），$f=\{(x,x+3)\mid x\in R\}$，則$f^{-1}=$？

解

對$f=\{(x,x+3)\mid x\in R\}$不習慣的讀者可把它看成

$f(x)=x+3$，$x\in R$是一個可逆函數，（參考：黃學亮《基礎微積分》，五南出版）：令$y=x+3$，則$x=y-3$

$f^{-1}(x)=x-3$，$x\in R$

∴$f^{-1}=\{(x+3,x)\mid x\in R\}$或$\{(x,x-3)\mid x\in R\}$

例5. $f:A\to B$爲可逆函數，X，$Y\subseteq B$，試證

$f^{-1}(X\cap Y)=f^{-1}(X)\cap f^{-1}(Y)$

解

設$a\in f^{-1}(X\cap Y)$

$\Leftrightarrow f(a)\in X\cap Y$

$\Leftrightarrow f(a)\in X$且$f(a)\in Y$

$\Leftrightarrow a\in f^{-1}(X)$且$a\in f^{-1}(Y)$

$\Leftrightarrow a\in f^{-1}(X)\cap f^{-1}(Y)$

∴$f^{-1}(X\cap Y)=f^{-1}(X)\cap f^{-1}(Y)$

例6. （承上例）若$X\subseteq Y$，試證$f^{-1}(X)\subseteq f^{-1}(Y)$

解

設$a\in f^{-1}(X)\Rightarrow f(a)\in X$

$\because X\subseteq Y\quad \therefore f(a)\in Y\Rightarrow a\in f^{-1}(Y)$

即$f^{-1}(X)\subseteq f^{-1}(Y)$

合成函數

定義 函數$f: A\rightarrow B$，$g: B\rightarrow C$則f與g之合成函數是一個由A到C之函數，記做$g\circ f$，定義

$a\in A$則$(g\circ f)(a)=g(f(a))$。

例7. f，g均為$R\rightarrow R$之函數，（R表實數）若$f(x)=x^2$，$g(x)=x+1$則$(f\circ g)(x)=f(g(x))=f(x+1)=(x+1)^2$，$(g\circ f)(x)=g(f(x))=g(x^2)=x^2+1$，顯然$g\circ f\neq f\circ g$。

由例7可知函數之合成運算不滿足交換性，但可驗證合成函數滿足結合性，即$f\circ(g\circ h)=(f\circ g)\circ h$，此在一般情況下均成立。

例8. f，g，h均為$N\rightarrow N$之函數，定義

$f(x)=x+1$

$g(x)=2x$

$$h(x)=\begin{cases}0，x\text{為偶數}\\1，x\text{為奇數}\end{cases}$$

求(a) $f \circ f$ (b) $g \circ h$ (c) $f \circ h$

解

(a) $(f \circ f)(x) = f(f(x)) = f(x+1) = x+2$

(b) ① x為偶數時：$(g \circ h)(x) = g(h(x)) = g(0) = 0$

② x為奇數時：$(g \circ h)(x) = g(h(x)) = g(1) = 2$

(c) ① x為偶數時：$(f \circ h)(x) = f(h(x)) = f(0) = 1$

② x為奇數時：$(f \circ h)(x) = f(h(x)) = f(1) = 2$

例9. $f: A \to B$，$g: B \to C$，f，g為一對一函數（即單射），試證$g \circ f: A \to C$為單射

解

設$g \circ f(a) = g \circ f(a')$，即$g(f(a)) = g(f(a'))$

$\because g$為1－1 $\therefore f(a) = f(a')$

又f為1－1 $\therefore a = a'$，從而$g \circ f: A \to C$為單射。

重排

設$A = \{1，2，3 \cdots n\}$，**重排**（permutation）$\alpha: A \to A$，$\alpha: k \to i_k$，i_k為1，2，…n中之某一個數。$A = \{1，2，3 \cdots n\}$之重排以下面這種表列方式呈現之：

$$\alpha = \begin{pmatrix} 1 & 2 & 3 & \cdots\cdots & n \\ i_1 & i_2 & i_3 & \cdots\cdots & i_n \end{pmatrix}$$

例如：

$$\alpha = \begin{pmatrix} 1 & 2 & 3 & 4 & 5 \\ 3 & 1 & 2 & 5 & 4 \end{pmatrix}$$

重排α之映射關係為$1 \to 3$，$2 \to 1$，$3 \to 2$，$4 \to 5$及$5 \to 4$，即$i_1 = 3$，$i_2 = 1$，$i_3 = 2$，$i_4 = 5$，$i_5 = 4$。

因此，這種映射顯然為一對一且映成，故為可逆。

例10. $A=\{1，2，3\}$有幾種重排？

解

$A=\{1，2，3\}$有$3!=6$種之重排，它們是：

(1)$\begin{pmatrix}1 & 2 & 3\\1 & 2 & 3\end{pmatrix}$ (2)$\begin{pmatrix}1 & 2 & 3\\1 & 3 & 2\end{pmatrix}$ (3)$\begin{pmatrix}1 & 2 & 3\\2 & 1 & 3\end{pmatrix}$

(4)$\begin{pmatrix}1 & 2 & 3\\2 & 3 & 1\end{pmatrix}$ (5)$\begin{pmatrix}1 & 2 & 3\\3 & 1 & 2\end{pmatrix}$ (6)$\begin{pmatrix}1 & 2 & 3\\3 & 2 & 1\end{pmatrix}$

例10解答中之(1)稱為**自等重排**（identity permutation）。其一般結果是

$$\begin{pmatrix}1 & 2 & 3 & \cdots\cdots & n\\1 & 2 & 3 & \cdots\cdots & n\end{pmatrix}$$

$S=\{1，2\cdots n\}$設δ為定義於S之自等重排，α為定義S之任一重排，則$\delta\circ\alpha=\alpha\circ\delta=\alpha$成立，又$\alpha\circ\beta=\beta\circ\alpha=\delta$則稱$\beta$為$\alpha$之逆重排，以$\alpha^{-1}$表示。同時規定$\alpha^2=\alpha\circ\alpha$，$\alpha^3=\alpha\circ\alpha\circ\alpha\cdots$，$\circ$是重排合成之記號。

例11.

$\alpha=\begin{pmatrix}1 & 2 & 3\\3 & 1 & 2\end{pmatrix}$，$\beta=\begin{pmatrix}1 & 2 & 3\\1 & 3 & 2\end{pmatrix}$

求(a) α^{-1} (b) β^{-1} (c) $\alpha\circ\alpha$ (d) $\beta\circ\alpha$

解

(a)

$\alpha=\begin{pmatrix}1 & 2 & 3\\3 & 1 & 2\end{pmatrix}$相當於$1\xrightarrow{\alpha}3$，$2\xrightarrow{\alpha}1$，$3\xrightarrow{\alpha}2$，

$\therefore 3\xrightarrow{\alpha^{-1}}1$，$1\xrightarrow{\alpha^{-1}}2$，$2\xrightarrow{\alpha^{-1}}3$，稍加整理：

$$\alpha^{-1}=\begin{pmatrix}1 & 2 & 3\\ 2 & 3 & 1\end{pmatrix}$$

(b) 同理可得

$$\beta^{-1}=\begin{pmatrix}1 & 2 & 3\\ 1 & 3 & 2\end{pmatrix}$$

(c) $\alpha(\alpha(1))=\alpha(3)=2$；$\alpha(\alpha(2))=\alpha(1)=3$

$\alpha(\alpha(3))=\alpha(2)=1$

$$\therefore \alpha\circ\alpha=\begin{pmatrix}1 & 2 & 3\\ 2 & 3 & 1\end{pmatrix}$$

(d) $\beta(\alpha(1))=\beta(3)=2$；$\beta(\alpha(2))=\beta(1)=1$

$\beta(\alpha(3))=\beta(2)=3$

$$\therefore \beta\circ\alpha=\begin{pmatrix}1 & 2 & 3\\ 2 & 1 & 3\end{pmatrix}$$

隨堂演練

求例11之$\beta\circ\beta$及$\alpha\circ\beta$

Ans. $\begin{pmatrix}1 & 2 & 3\\ 1 & 2 & 3\end{pmatrix}$及$\begin{pmatrix}1 & 2 & 3\\ 3 & 2 & 1\end{pmatrix}$

集合之特徵函數

設U爲一廣集合，$A\subseteq U$，則我們可定義A之**特徵函數**（characteristic function記做$\psi_A(x)$）爲

$$\psi_A(x)=\begin{cases}1，x\in A\\ 0，x\notin A\end{cases}$$

性質

A，B為廣集合U之任意二子集合，則 $f(x)$ 之特徵函數 $\psi(x)$ 有下列性質：

(1) $\forall x\,(\psi_A(x)=0) \Leftrightarrow A=\phi$

(2) $\forall x\,(\psi_A(x)=1) \Leftrightarrow A=U$

(3) $\forall x\,(\psi_A(x)\leq\psi_B(x)) \Leftrightarrow A\subseteq B$

(4) $\forall x\,(\psi_A(x)=\psi_B(x)) \Leftrightarrow A=B$

(5) $\psi_{A\cap B}(x)=\psi_A(x)\psi_B(x)$

(6) $\psi_{\overline{A}}(x)=1-\psi_A(x)$

(7) $\psi_{A\cup B}(x)=\psi_A(x)+\psi_B(x)-\psi_A(x)\psi_B(x)$

我們只證(5)，(7)二部分：

(5) $\psi_{A\cap B}(x)=\psi_A(x)\psi_B(x)$ 之證明：

1. $x\in A\cap B$：

若$x\in A\cap B$則$x\in A$且$x\in B$

$\Rightarrow \psi_A(x)=1$且$\psi_B(x)=1$

$\therefore \psi_{A\cap B}(x)=1=\psi_A(x)\psi_B(x)$

2. $x\notin A\cap B$：

若$x\notin A\cap B$則$x\notin A$或$x\notin B$

$\Rightarrow \psi_A(x)=0$或$\psi_B(x)=0$

$\therefore \psi_{A\cap B}(x)=0=\psi_A(x)\psi_B(x)$

綜上$\psi_{A\cap B}(x)=\psi_A(x)\psi_B(x)$

(7) $\psi_{A\cup B}(x)=\psi_A(x)+\psi_B(x)-\psi_A(x)\psi_B(x)$ 之證明：

1. $x\in A\cup B$：

$\because x\in A\cup B\ \therefore \psi_{A\cup B}(x)=1$，又$x\in A\cup B$ 則$x\in A$或$x\in B\Rightarrow\psi_A(x)=1$或$\psi_B(x)=1$

從而有(1)$\psi_A(x)=1$，$\psi_B(x)=1$，(2) $\psi_A(x)=1$，$\psi_B(x)=0$，(3)$\psi_A(x)=0$，$\psi_B(x)=1$三種情況，分別代入$\psi_A(x)+\psi_B(x)-\psi_A(x)\psi_B(x)$均為1，即$x\in A\cup B$時

$\therefore \psi_{A\cup B}(x)=\psi_A(x)+\psi_B(x)-\psi_A(x)\psi_B(x)$

2. $x\notin A\cup B$：

若$x\notin A\cup B$則$x\notin A$且$x\notin B$

$\therefore \psi_{A\cup B}=0$，$\psi_A(x)=\psi_B(x)=0$

顯然在$x\notin A\cup B$時，

$\psi_{A\cup B}(x)=\psi_A(x)+\psi_B(x)-\psi_A(x)\psi_B(x)$

亦成立

由1，2得$\psi_{A\cup B}(x)=\psi_{A(x)}+\psi_B(x)-\psi_{A\cap B}(x)$ ■

例12. 試證：$\psi_{A-B}(x)=\psi_A(x)-\psi_{A\cap B}(x)$

解

$$\begin{aligned}\psi_{A-B}(x)&=\psi_{A\cap\overline{B}}(x)=\psi_A(x)\psi_{\overline{B}}(x)\\&=\psi_A(x)(1-\psi_B(x))\\&=\psi_A(x)-\psi_A(x)\psi_B(x)=\psi_A(x)-\psi_{A\cap B}(x)\end{aligned}$$

隨堂演練

用特徵函數證明$\overline{\overline{A}}=A$

時間複雜度

對一個特定**演算**（algorithm）我們常會對例如：電腦為執行這個演算需花用多少時間？之類的問題感到興趣，這是**時間複雜度**（time complexity）問題。我們可用類似的函數演算需花用多少時間來作一對比，其目的在求一個好的估計值而非精確值，**大○**（big oh）符號便是一個很常用的估計方式。

我們用$f(x)=x$，$g(x)=x^2$，$h(x)=x^3$（定義域都是正實數）畫在一個座標圖上：

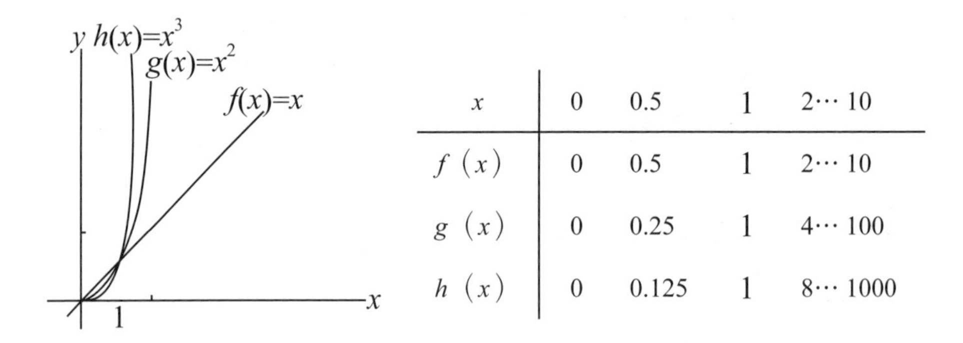

x	0	0.5	1	2⋯ 10
$f(x)$	0	0.5	1	2⋯ 10
$g(x)$	0	0.25	1	4⋯ 100
$h(x)$	0	0.125	1	8⋯ 1000

在$x\le 1$時，$f(x)\ge g(x)\ge h(x)$，但在$x\ge 1$時$f(x)\le g(x)\le h(x)$且x越大時它們增加速度之差距也越大。

大○符號

定義 f，g為定義於$\{1,2,3,4\cdots\}$之二函數。若存在一個常數c使得$|f(n)|\le c|g(n)|$，則稱$\boldsymbol{f(n)}$**至多與**$\boldsymbol{g(n)}$**同階**（$f(n)$ is of order at most $g(n)$）。以$f(n)=\bigcirc(g(n))$表之。

常用之大○形式表

大○形式	名稱
O（1）	常數
O（log log n）	log log
O（lg n）	對數
O（n）	線性
O（n log n）	n log n
O（n^2）	二次
O（n^3）	三次
O（n^m）	m 次多項式
O（m^n），$m \geq 2$	指數
O（$n!$）	階乘

○即爲**大○符號**（big ○ notation），在演算中，我們常以大○的符號表示演算之績效，但我們須記住，這只能表示執行參數之**最大估計值**（upper estimate）。

例13. 試證

(a) $\sum_{i=1}^{n} i = ○(n^2)$　　(b) $\sum_{i=1}^{n} i^2 = ○(n^3)$　　(c) $n! = ○(n^n)$

解

(a) $\left|\sum_{i=1}^{n} i\right| = \left|\frac{n(n+1)}{2}\right| = \left|\frac{n^2+n}{2}\right| \leq \frac{1}{2}(|n^2|+|n^2|) \leq \frac{|n^2|+|n^2|}{2}$

$= |n^2|$，取$c=1$，$\therefore \sum_{i=1}^{n} i = ○(n^2)$

(b) $\left|\sum_{i=1}^{n} i^2\right| = \left|\frac{n(n+1)(2n+1)}{6}\right| = \left|\frac{2n^3+3n^2+n}{6}\right|$

$$\leq \frac{1}{6}(2|n^3|+3|n^2|+|n|) \leq \frac{1}{6}(2|n^3|+3|n^3|+|n^3|)$$

$$=|n^3|，取c=1，\therefore \sum_{i=1}^{n} i^2 = \bigcirc(n^3)$$

(c) $|n!|=|n\cdot(n-1)\cdot(n-2)\cdots 2\cdot 1|=|n||n-1|\cdots|2||1|$

$$\leq |n||n|\cdots|n||n|=|n|^n=|n^n|，取c=1 \therefore n!=\bigcirc(n^n)$$

例14. 試證$n^2 3^n + n\log n = \bigcirc(n^2 3^n)$

解

$|n^2 3^n + n\log n| \leq |n^2 3^n| + |n\log n| \leq |n^2 3^n| + |n\cdot n| \leq |n^2 3^n| +$

$|n^2 3^n| = 2|n^2 3^n|$，取$c=2$

$\therefore n^2 3^n + n\log n = \bigcirc(n^2 3^n)$

> 在例14，我們應用 $|x+y| \leq |x| + |y|$ 及 $n \geq \log n$，$n>0$ 之性質。

例15. 若$f(n)=a_0+a_1 n+a_2 n^2+\cdots+a_m n^m$，試證$f(n)=\bigcirc(n^m)$

解

$|f(n)|=|a_0+a_1 n+a_2 n^2+\cdots+a_m n^m|$

$\leq |a_0|+|a_1 n|+|a_2 n^2|+\cdots+|a_m n^m|$

$\leq |a_0|+|a_1|n+|a_2|n^2+\cdots+|a_m|n^m$

$\leq |a_0|n^m+|a_1|n^m+|a_2|n^m+\cdots+|a_m|n^m$

$\leq \beta n^m+\beta n^m+\cdots+\beta n^m$，$\beta=\max(|a_0|，|a_1|，\cdots|a_m|)$

$=(m+1)\beta n^m$，取$c=(m+1)\beta$

$\therefore f(n)=\bigcirc(n^m)$

習題3.5

1. 舉例說明符合下列條件之映射

(a) 一對一但不為映成　　(c) 既不一對一也不映成

(b) 映成但不為一對一　　(d) 一對一且映成

2. $f(x)=x^2$，$g(x)=x+1$求(a) $f\circ g$與(b) $g\circ f$

Ans. (a) $(x+1)^2$，　(b) x^2+1

3. $A=\{1,2,3,4\}$，定義$f: A\to A$，$g: A\to A$，且定義

$f(1)=2$，$f(2)=3$，$f(3)=1$，$f(4)=4$

$g(1)=4$，$g(2)=1$，$g(3)=2$，$g(4)=1$

求 (a) $f\circ g$　(b) $g\circ f$　(c) f^{-1}　(d) g^{-1}

Ans. (a) $(f\circ g)(1)=4$，$(f\circ g)(2)=2$，$(f\circ g)(3)=3$，$(f\circ g)(4)=2$

(b) $(g\circ f)(1)=1$，$(g\circ f)(2)=2$，$(g\circ f)(3)=4$，$(g\circ f)(4)=1$

(c) $f^{-1}(1)=3$，$f^{-1}(2)=1$，$f^{-1}(3)=2$，$f^{-1}(4)=4$

(d) 不存在

4. f在下列定義下之何者有反函數，若有試求之

(a) $f(x)=x^2+1$，$x\geq 0$

(b) $f(x)=x^4$，$x\in R$

(c) $f(x)=x^3+1$，$x\in R$

(d) $f(x)=\log x$，$x>0$

Ans. (a) $\sqrt{x-1}$，$x\geq 1$　(b) 不存在

(c) $\sqrt[3]{x-1}$，$x\in R$　(d) 10^x，$x\in R$

5. 試用特徵函數證

(a) $\overline{A\cap B}=\overline{A}\cup\overline{B}$

(b) $A\cap(B\cup C)=(A\cap B)\cup(A\cap C)$

6. $\alpha=\begin{bmatrix}1 & 2 & 3 & 4 & 5\\ 1 & 2 & 3 & 4 & 5\end{bmatrix}$，$\beta=\begin{bmatrix}1 & 2 & 3 & 4 & 5\\ 3 & 4 & 1 & 5 & 2\end{bmatrix}$

求(a) $\alpha\circ\beta$　(b) $\alpha\circ\alpha$　(c) $\beta\circ\alpha$　(d) $(\alpha\circ\beta)^{-1}$與$\beta^{-1}\circ\alpha^{-1}$是否相等(e) $(\alpha\circ\beta)\circ\alpha$

Ans. (a) β (b) α (c) β (d) 是 (e) β

7. 試證$2^n = O(n!)$

3.6 鴿籠原理

在數學中有許多定理在觀念上是很直覺但應用卻很廣，**鴿籠原理**（pigeonhole principle）是其中相當有名的一個。鴿籠原理也稱爲 **Dirichlet 抽屜原理**（Dirichlet drawer principle），用白話方式來說，如果鴿子多而鴿籠少且若每隻鴿子都要放入鴿籠那麼至少有一鴿籠有兩隻以上之鴿子。

在應用鴿籠原理時，首先要定義什麼是鴿子，什麼是鴿籠。

（鴿籠原理）將n隻鴿子配置到m個籠子，$m<n$，則至少有一個鴿籠有2隻以上（含2隻）鴿子。

證明

若將鴿子編號$1\cdots n$，鴿籠編號$1\cdots m$，$n>m$現將1號鴿子放到1號鴿籠，2號鴿子放到2號鴿籠，一直到m號鴿子放到m號鴿籠後，剩下之$n-m$隻鴿子必須再配置到$1\cdots m$號鴿籠中，故必有一鴿籠至少有2隻或更多的鴿子。 ■

在解題上一般是以**“物件”**（object）作爲鴿子，而把**“問題要求之特性之類別”**（categories of the desired characteristic）

當作鴿籠。

當鴿子比鴿籠多得多時，可應用下列更強的結果：

當 n 隻鴿子配置到 m 個鴿籠則存在一個鴿籠至少 $\lfloor (n-1)/m \rfloor + 1$ 隻鴿子。

利用反證法：

若第一個鴿籠之鴿子數均不超過 $\left\lfloor \frac{n-1}{m} \right\rfloor$ 鴿子，則 m 個鴿籠之鴿子總數為 $m\left\lfloor \frac{n-1}{m} \right\rfloor \leq m \cdot \frac{n-1}{m} = n-1$，這與 m 個鴿籠裝有 n 隻鴿子之假設矛盾。

$\therefore$ 存在一個鴿籠至少有 $\left\lfloor \frac{n-1}{m} \right\rfloor + 1$ 隻鴿子。 ■

推論之 $\left\lfloor \frac{m}{n} \right\rfloor$ 之定義為 $k \leq \frac{m}{n} < k+1$，$k \in Z$ 時 $\left\lfloor \frac{m}{n} \right\rfloor = k$，例如：

$\left\lfloor \frac{1}{2} \right\rfloor = 0$，$\left\lfloor \frac{13}{2} \right\rfloor = 6$，$\left\lfloor \frac{11}{3} \right\rfloor = 3$，…

鴿籠原理乍看簡單，其實哪個是做鴿子，誰哪個是鴿籠有時從題目中不容易看出。一些簡單的例子有助於讀者做一基本之體認。

例1. 一個星期上課5天，(a) 若學校規定一個星期要上6小時英文課，那麼存在有1天至少要上2堂英文課(b) 若學校規定一星期要上12小時英文課，那麼用鴿籠原理你的推論是＿＿＿＿＿？

解

(a) $\left\lfloor \frac{6-1}{5} \right\rfloor + 1 = 1 + 1 = 2$

在例1中一個星期的5天是鴿籠，英文課之排課是鴿子

(b) $\left\lfloor \frac{12-1}{5} \right\rfloor + 1 = \lfloor 2.2 \rfloor + 1 = 2 + 1 = 3$

即存在有一天至少上3堂課。

例2. 校車由學校發出，中途不得載學生上車。停靠站有6站，現由學校載27學生，試證存在一站之下車人數至少有5人。

解

$\left\lfloor \frac{27-1}{6} \right\rfloor + 1 = \lfloor 4.3 \rfloor + 1 = 4 + 1 = 5$

我們將停靠站視為鴿籠，學生為鴿子

隨堂演練

某生日派對上，有10人參加，共吃了36片披薩，說明有1人至少吃了4片披薩。

例3. 任意16個相異自然數用5來除，試證其中至少有4個餘數相同

解

$\left\lfloor \frac{16-1}{5} \right\rfloor + 1 = 3 + 1 = 4$

任意一個自然數用5來除，餘數可能有0，1，2，3，4。因此以5個餘數0，1，2，3，4為鴿籠。16個相異自然數為鴿子

例4. 從{1，2，3，4，5，6，7，8，}抽出6個數，試證其中至少有2個數之和為9

解 $\left\lfloor \dfrac{6-1}{4} \right\rfloor + 1 = \lfloor 1.25 \rfloor + 1$

$= 1 + 1 = 2$

我們再舉1個要造“鴿籠”的例子

> 本題之鴿籠並不明顯，因此，我們要造鴿籠。我們以{1，2，3…8}中任意2個數之和為9之可能組合：{1，8}，{2，7}，{3，6}，{4，5}為鴿籠

例5. 在邊長為1之正三角形之內部任取5點，試證其中必有2點之距離小於½.

> 在正三角形三邊中點連線可得4個小的正三角形，我們就拿這4個小正三角形為鴿籠，5個點為鴿子。

解

由右圖，5個正三角形之邊長為1/2，因△ABC內部任取5個點，由鴿籠原理知至少有一個小三角形內有 $\left\lfloor \dfrac{5-1}{4} \right\rfloor + 1 = 2$個點。由三角形知識知此二點之長度必小於正三角形之一個邊長，即至少有2點之距離小於½

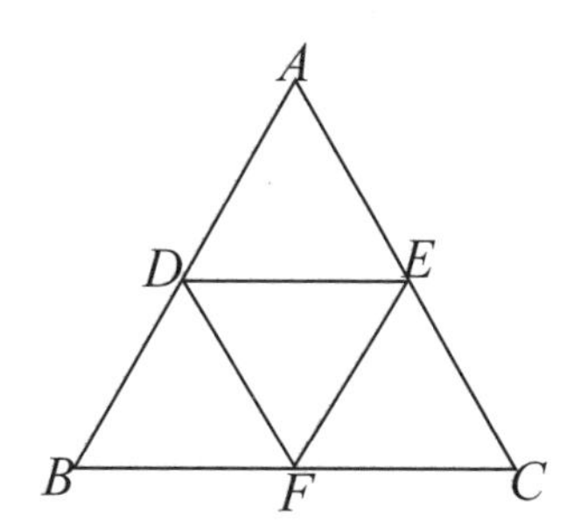

隨堂演練

邊長為1之正方形中任取5點試證其中必有2點其距離小於$1/\sqrt{2}$

（提示：將正方形四等份，正方形任意二點長度小於對角線長度）

習題3.6

1. 新臺幣之硬幣有1元，5元及10元3種，某君身上有16枚硬幣，試證某君有某種硬幣6枚以上。
2. 陸軍某梯入伍新兵都是72年次，共800人，試證至少有3人同天生日，67人同一星座。
3. 邊長為1之正方形內任取n^2+1個點，試證至少有2個點之距離小於$\frac{\sqrt{2}}{n}$
4. 應用連續二正整數互質；證明自1，2，3…$2n$取$n+1$個數至少有二個數互質。
5. 自52張橋牌中，至少要取幾張才能取到3張同色的牌。
6. 從2，4，6，8，…30這15個偶數中任取9個數，試證其中一定有二個數和為34。

3.7 偏序

定義 R是定義於集合A之一個關係，若R滿足下列條件則稱R為**偏序**（partial order）：

(1) 反身性：$(a, a) \in R \quad \forall a \in A$

(2) 反對稱性：$(a, b) \in R \wedge (b, a) \in R \Rightarrow a = b$

(3) 遞移性：$(a, b) \in R \wedge (b, c) \in R \Rightarrow (a, c) \in R$

而有序元素對（A，R）則稱為**偏序集**（partial order set，簡稱poset）。

若R為偏序$(a, b) \in R$以$a \preceq b$表示，讀作***a*先行於*b***（a precedes b）若R為定義於A之偏序關係，常以(A, R)表示。

除非特別指明：$\preceq$或$\succeq$與大於等於或小於等於無關。

例1. $(R, \leq)$是否為偏序，R表實數集，$\leq$為實數系之“小於等於”

解

$a, b, c \in R$則

1. 反身性：$a \leq a$成立
2. 反對稱性：$a \leq b$且$b \leq a$則$a = b$成立
3. 遞移性：$a \leq b$且$b \leq c$則$a \leq c$成立

$\therefore (R, \leq)$為一個偏序

例2. $(R, <)$是否為偏序？R為實數集，$<$為實數之“小於”

解

$\because a<a$不成立$\therefore$（R，$<$）不為偏序。

例3. R為定義於Z^+之關係，（x，y）$\in R$ iff $x \mid y$ $\forall x$，$y \in Z^+$，試證（Z^+，$\mid$）為一偏序集。

解

設a，b，c為Z^+中任意三元素：

(1) 反身性：$a \mid a$恆成立 $\therefore$滿足反身性

(2) 反對稱性：$a \mid b$且$b \mid a$則$a=b$ $\therefore$滿足反對稱性

(3) 遞移性：$a \mid b$且$b \mid c$則$a \mid c$ $\therefore$滿足遞移性

$\therefore$（Z^+，$\mid$）為一POS

若集合A中任意二元素a，b，都有$a \preceq b$或$a \succeq b$之關係，則稱a，b為**可比較**（comparable）

在研究偏序時，我們常用箭圖表示元素之順序關係，規定$x \preceq y$或$y \succeq x$為從x到y，以左圖為例$2 \preceq 4$，$4 \preceq 5$，

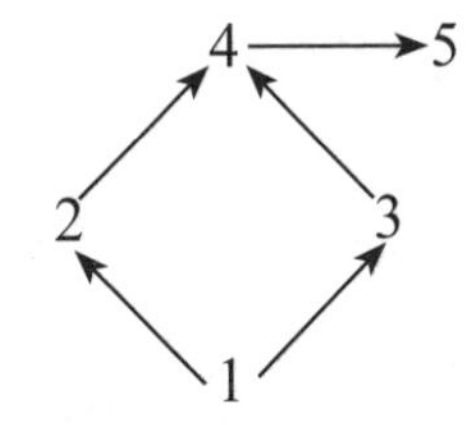

例4. $A=\{1，2，3，4，6，8，9\}$，R為定義於A之一個關係，規定R為"$x \mid y$"，(a) 試建立關係圖，(b)填 $\preceq$，$\succeq$，或 //（不可比較） ① 4______2 ② 2______8 ③ 4______6 ④ 3______6

解 (a)

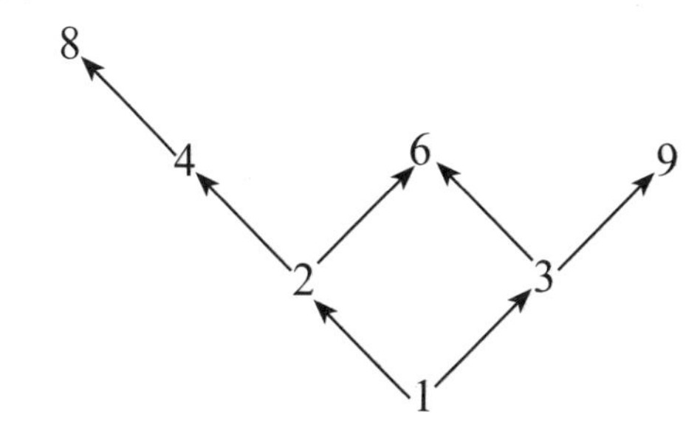

(b) ① $4 \succeq 2$ ② $2 \preceq 8$ ③ $4 /\!/ 6$ ④ $3 \preceq 6$

例5.

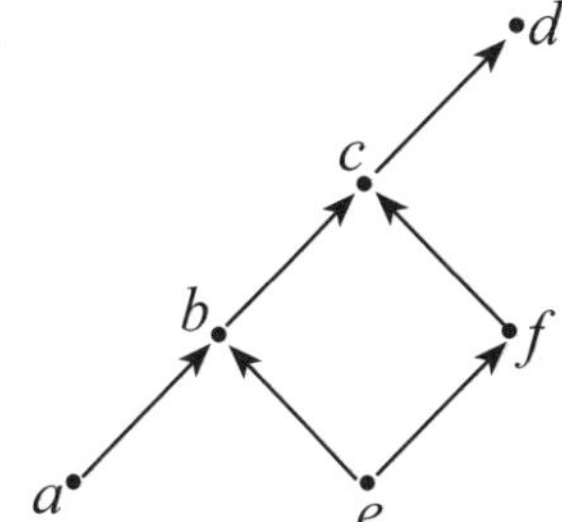

$A = \{a，b，c，d，e，f\}$，元素間之順序關係如左圖所示，試填入$\preceq$，$\succeq$與$/\!/$（不可比較）

(a) a______c， (b) a______e

(c) b______f (d) e______c，

(e) e______d

解

(a) $a \preceq c$ (b) $a /\!/ e$ (c) $b /\!/ f$

(d) $e \preceq c$ (e) $e \preceq d$

> 解這類問題，只需看沿箭頭方向是否能由 i 到達 j，若是則為 $i \preceq j$ 或 $j \succeq i$，否則 $i /\!/ j$。

隨堂演練

$A = \{a，b，c，d，e\}$，請填>，<或$/\!/$

(1) a______c (2) b______e

(3) d______c (4) a______e

Ans. (1) $\preceq$ (2) $/\!/$ (3) $\preceq$ (4) $/\!/$

例6. （辭典式偏序，ordered lexicographically），規定當$a \preceq a'$或$a = a'$ 且$b \preceq b'$ 時（a，b）$\preceq$（a' ，b' ）。

(a) 請舉例說明辭典式偏序

(b) 請填$\preceq$或$\succeq$

①（3，15）______（2，17） ②（3，15）______（4，15）

③（5，7）______（4，35） ④（3，15）______（3，18）

解

(a) 在英文辭典中，bank一定排在live前，而live也一定排在love前。

(b)

①（3，15）$\underline{\ \succeq\ }$（2，17） ②（3，15）$\underline{\ \preceq\ }$（4，15）

③（5，7）$\underline{\ \succeq\ }$（4，35） ④（3，15）$\underline{\ \preceq\ }$（3，18）

Hasse圖

Hasse圖是一種用簡潔方式來表現偏序關係之圖示法，它的過程如下：

第一步：去掉所有之迴路。

第二步：若有二組邊同時有：(1) $a \to b$，$b \to c$且(2) $a \to c$則將$a \to c$的邊去掉。

第三步：將有向邊之箭頭去掉；若$a \to b$則將b放在a之上方位置。

例7.

求左列之偏序圖對應之Hasse圖。

解

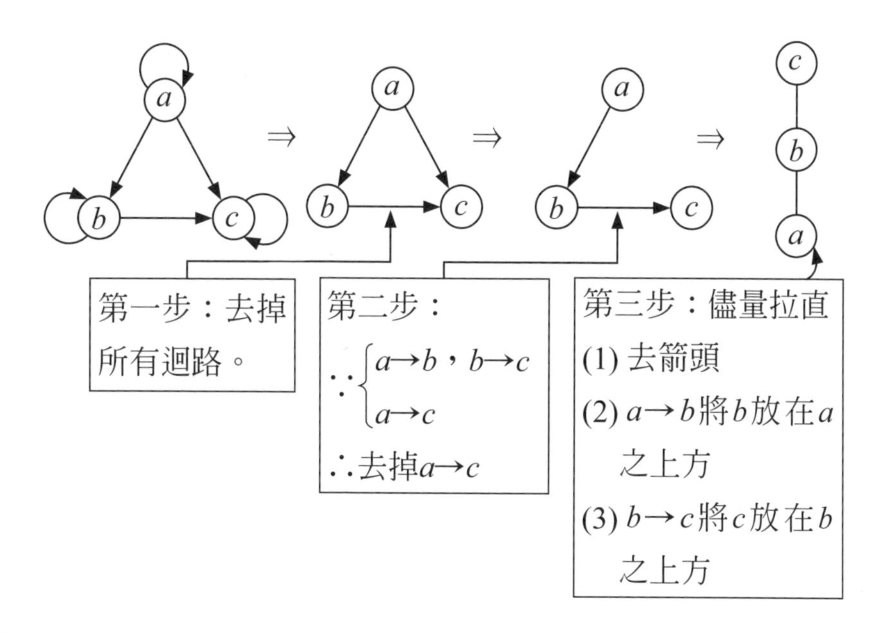

例8.

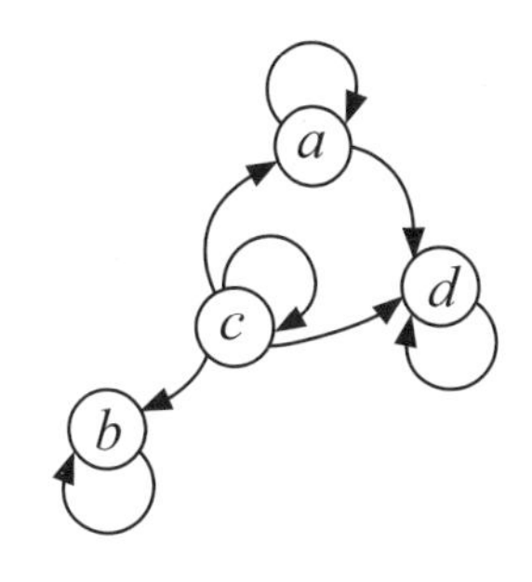

求左列之偏序圖對應之Hasse圖。

解

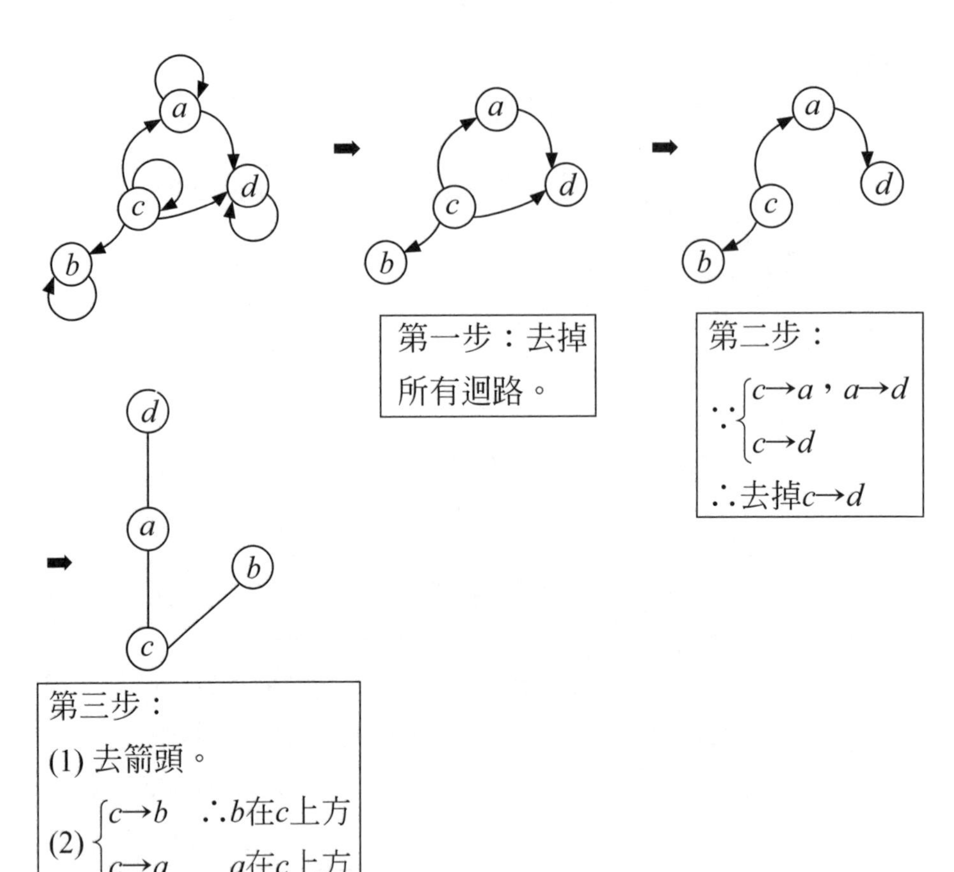
a
b
c
d
第一步：去掉
所有迴路。
第二步：
∵{c→a，a→d
c→d
∴去掉c→d
第三步：
(1) 去箭頭。
(2) {c→b ∴b在c上方
c→a a在c上方
同理d在a上方
∴形成c-a-d及c-b。

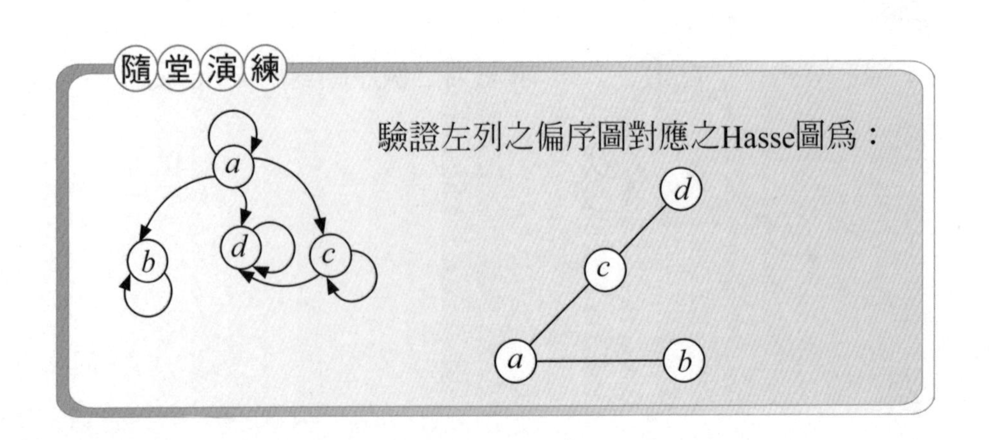
隨堂演練
驗證左列之偏序圖對應之Hasse圖為：
a
b
c
d

全序

定義 $\preceq$ 爲定義於集合A上之一個偏序，若對A上之任意元素，a，b而言，$a \preceq b$或$b \preceq a$至少有一成立，則稱偏序 $\preceq$ 爲**全序**（total order）。

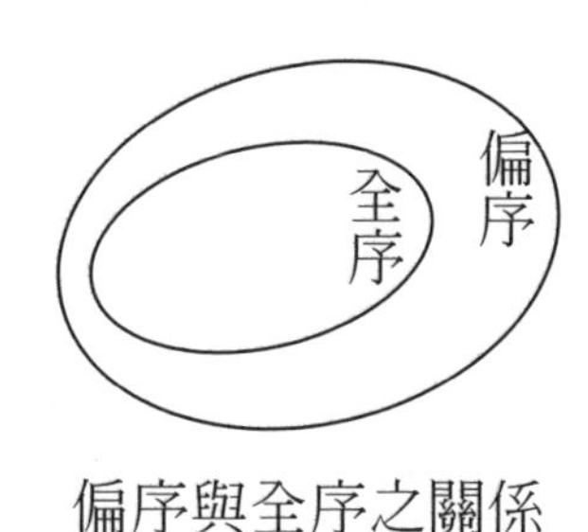

偏序與全序之關係

由定義易知，**若（A，$\preceq$）爲全序則（A，$\preceq$）必爲偏序**。

偏序、全序之討論中，爲強調集合中之元素有一種順序關係，偏序的“偏”（partial）指的是“部份”，因此**偏序集（A，$\preceq$）之A裡的元素並非全部都有順序之關係，但若（A，$\preceq$）**表全**序集，則A中任意二元素a，b而言，$a \preceq b$或$b \preceq a$至少有一個成立**。

例9. (1) $A = \{1，2，4，8，16\}$，定義（a，b）$\in R_1$ *iff* $a \mid b$

(2) $A = \{1，2，3，4，5\}$，定義（a，b）$\in R_2$ *iff* $a \mid b$

問(1)，(2)何者爲全序？

解

(1)（A，$\mid$）爲偏序集，又因爲A中任意二元素a，b而言，

$a|b$，$b|a$至少有一成立，∴R_1為全序。

(2) （A，|）為偏序集，但$a \mid b$與$b \mid a$未必有一成立，例如 $3 \mid 5$，$5 \mid 3$均不成立，∴R_2不為全序。

最小上界、最大下界

（A，$\preceq$）為一偏序集，$B \subseteq A$，$a \in A$

(1) 若$x \preceq a$，$\forall x \in B$，則稱a為B之**上界**（upper bound）

(2) 若對B之所有上界y均有$a \preceq y$，則稱a為B之**最小上界**（least upper bound）記做LUB.B = a。

同樣地我們可定義最大下界。

（A，$\preceq$）為一偏序集，$B \subseteq A$，$a \in A$。

(1) 若$a \preceq x$，$\forall x \in B$，則稱a為B之**下界**（lower bound）

(2) 若對B之所有下界y均有$y \preceq a$，則稱a為B之**最大下界**（greatest lower bound），記做GLB B = a

由定義，集合B可能有無、一個或多個上界、下界，但**GLB與LUB至多只有一個（可能沒有）。若上界、下界集合只含一個元素那麼那個元素就是LUB或GLB。**

例10. R為定義於$A = \{a，b，c，d，e，f，g，h\}$之關係，其偏序

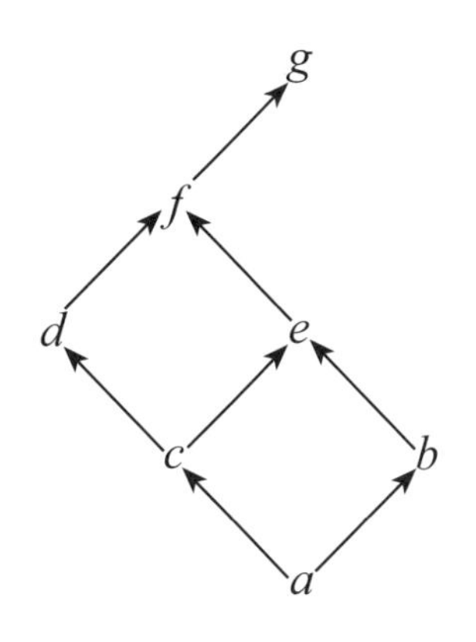

圖如左，

問 (a) $B=\{b，d，e\}$，求(i) B之上界與LUB(ii) B之下界與GLB

(b) $B=\{c，f，g\}$，求(i) B之上界與LUB(ii) B之下界與GLB

解

(a)

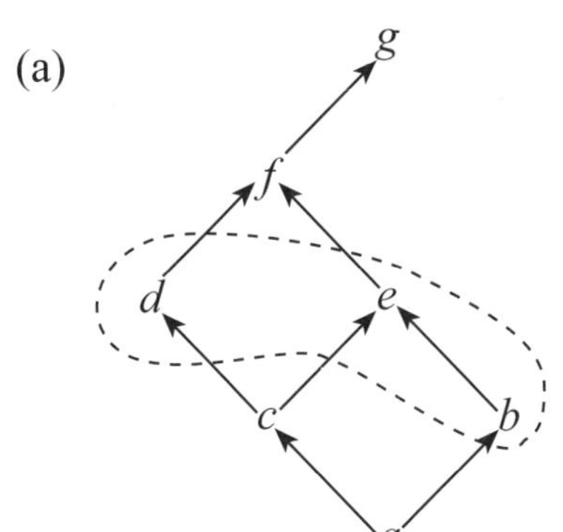

(i) 由b，d，e順著箭頭方向向上走，都可走到f，g，∴上界爲$\{f，g\}$

在$\{f，g\}$中$f\rightarrow g$ ∴ LUB $=f$

(ii) 由b，d，e逆著箭頭方向逆著走，都只能走到a，∴下界爲$\{a\}$，GLB $=a$

(b)

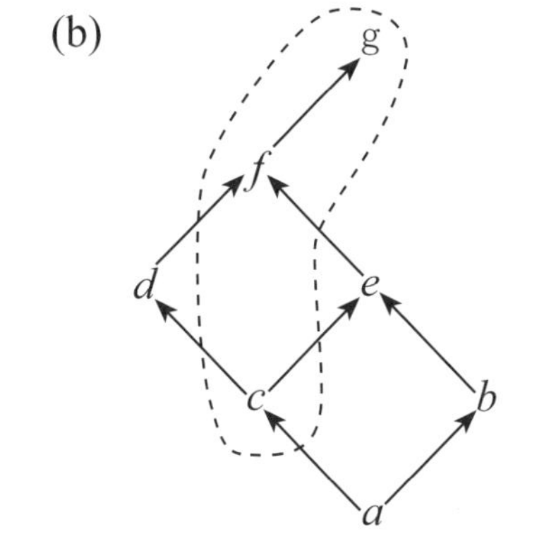

(i) 由c，f 順著箭頭方向向上走，都可走到g ∴上界爲$\{g\}$，從而LUB $=g$。

(ii) 由c，f，g逆著箭頭方向逆著走，都可走到c，a ∴下界爲$\{c，a\}$，又$a\rightarrow c$ ∴GLB $=a$。

隨堂演練

承例11，若$B=\{b，e，f\}$求上界、下界GLB、LUB。

提示：上界 $=\{f，g\}$，下界 $=\{a，b\}$，GLB $=a$，LUB $=g$。

1. 設$A=\{a，b，c\}$，R爲定義於A之關係，判斷$M_R=\begin{bmatrix}0&0&0\\0&1&1\\0&1&1\end{bmatrix}$是否爲偏序？

   Ans. 否

2. $A=\{a，b，c\}$，求(a) $P（A）$ (b) 若已知（$P（A）$，$\subseteq$）爲偏序試作出偏序圖 (c) 它的GLB，LUB爲何？

   Ans. (a) $P（A）=\{\{a\}，\{b\}，\{c\}，\{a，b\}，\{a，c\}，\{b，c\}，\{a，b，c\}，\phi\}$

   (b) GLB：$\{a，b，c\}$，LUB：ϕ

3. 求下列偏序圖之Hasse圖

   (a)

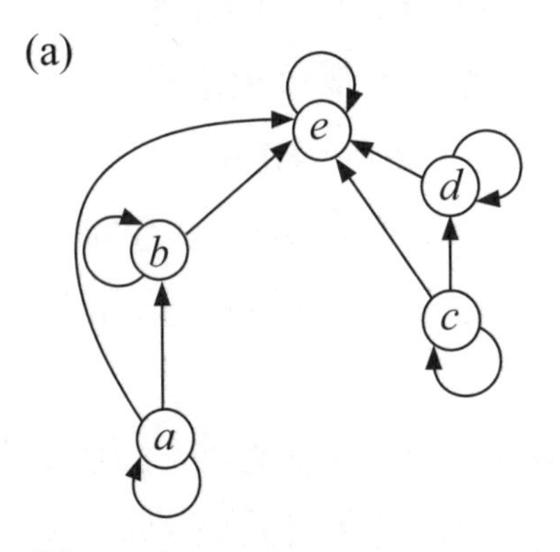

   (b)

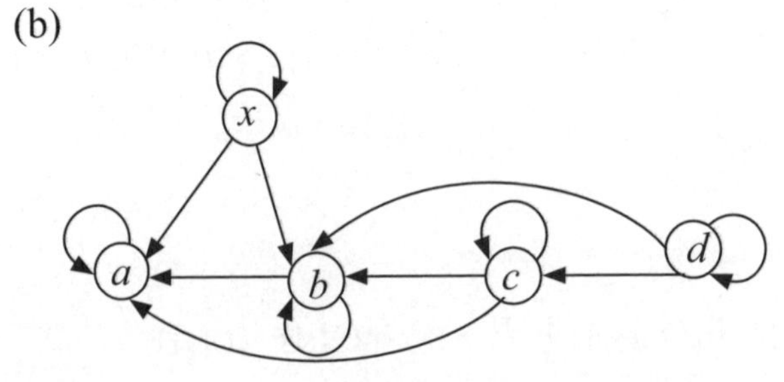

4. 設一定義於$A = \{a，b，c，d，e\}$之偏序集其Hasse圖如左，若

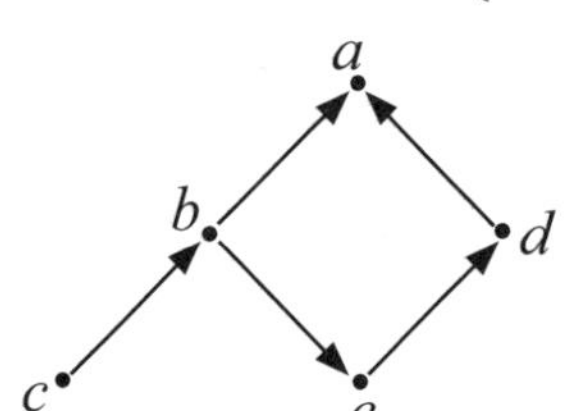

$B = \{b，d，e\}$，求(a) B之上界　(b) B之下界　(c) LUB　(d) GLB

Ans. (a) $\{a\}$　(b) $\{e\}$　(c) a　(d) e

第 4 章

布林代數

4.1 布林代數
4.2 電路與邏輯閘
4.3 卡諾圖

4.1 布林代數

布林代數（Boolean algebra）是紀念英國數學家喬治布爾（George Boole，1813—1864）而命名的，它原本是用在形式邏輯的符號運算或論證，至上世紀三十年代才開始應用到開關電路。布林代數是植基於杭廷頓（E.V Huntington）在1904年所提出之公理體系。

定義 若集合B至少包含2個不同元素，“+”，“・”是定義於集合B之二元運算，若對任意三個元素a，b，$c \in B$滿足：

B_0：封閉性：“和”$a+b \in B$及“積”$a \cdot b \in B$。

B_1：交換性：$a+b=b+a$，$a \cdot b=b \cdot a$

B_2：結合性：$(a+b)+c=a+(b+c)$

$(a \cdot b) \cdot c=a \cdot (b \cdot c)$

B_3：分配性：$a+(b \cdot c)=(a+b) \cdot (a+c)$

$a \cdot (b+c)=a \cdot b+a \cdot c$

B_4：冪等性：B中存在二個元素0與1，使得$a+0=a$，$a \cdot 1=a$，$\forall a \in B$

B_5：互補性：存在$\bar{a} \in B$使得$\bar{a}+a=1$，$a \cdot \bar{a}=0$，$\forall a \in B$

則稱集合B與“+”，“・”形成布林代數，以$(B;+,\cdot)$表之。

讀者在學習布林代數時可把握下列要求：

1. 布林代數、邏輯代數與古典集合論間之運算規則是相通的，雖然表達方式可能有所不同。
2. 在不致混淆之情況下$a \cdot b$常逕寫成ab

布林代數之一些重要結果

對偶原理

跟命題代數，集合一樣，布林代數也有對偶原理：

將原先之**布林表達式**（Boolean expression）之“+”變為“・”，“・”變成為“+”，“0”變為“1”，“1”變為“0”則新的等式仍成立。

以分配律為例：

原表達式：$a+(b\cdot c)=(a+b)\cdot(a+c)$

對偶式：$a\cdot(b+c)=(a\cdot b)+(a\cdot c)$

若a，b，$c\in B$則有下列結果：

(1) $a+a=a$；$a\cdot a=a$

(2) $a=a+(ab)$；$a=a(a+b)$

(3) $a+1=1$；$a\cdot 0=0$

(4) $\overline{0}=1$；$\overline{1}=0$；$\overline{\overline{a}}=a$

我們只證其中一些結果。

(1) $a+a=a$：

$$
\begin{aligned}
a+a &= (a+a)\cdot 1 \\
&= (a+a)(a+\overline{a}) \\
&= a+a\cdot\overline{a} \\
&= a+0 \\
&= a
\end{aligned}
$$

由對偶原理可得$a \cdot a = a$

(2) $a + ab$

$= a(b + \overline{b}) + ab$

$= (ab + a\overline{b}) + ab$

$= ab + (a\overline{b} + ab)$

$= (ab + ab) + a\overline{b}$

$= ab + a\overline{b}$

$= a(b + \overline{b}) = a \cdot 1 = a$

由對偶原理：

$a(a + b) = a$

(3) $a + 1 = (a + 1) \cdot 1$

$= (a + 1) \cdot (a + \overline{a})$

$= a + (1 \cdot \overline{a})$

$= a + \overline{a} = 1$

由對偶原理$a \cdot 0 = 0$

(4) $\overline{0} = \overline{0} + 0 = 1$

由對偶原理$\overline{1} = 0$

（補元之惟一性）：若$a \in B$則存在惟一之補元$\overline{a}$滿足$a \cdot \overline{a} = 0$且$a + \overline{a} = 1$。

由定義 $a \cdot \overline{a} = 0$，$a + \overline{a} = 1$，因此，存在性成立。現只須補證“惟一性”：

設　a有二個補元x，y則

$a + x = 1$且$ax = 0$

$a + y = 1$且$ay = 0$

現在要證$x=y$：

$x=x+0=x+ay=(x+a)(x+y)=(a+x)(x+y)=1\cdot(x+y)=x+y$

同法可證　$y=x+y$

$\therefore x=y$，即$x=y=\overline{a}$ ■

有時，技巧地應用補元往往可簡化計算。

推論 B1 $\overline{a+b}=\overline{a}\,\overline{b}$，$a$，$b\in B$，即$a+b$之補元是$\overline{a}\,\overline{b}$：

證明

(1) $(a+b)\cdot\overline{a}\,\overline{b}=0$之證明：

$(a+b)\overline{a}\,\overline{b}=a\overline{a}\,\overline{b}+b\overline{a}\,\overline{b}=a\overline{a}\,\overline{b}+\overline{b}b\,\overline{a}=0\cdot\overline{b}+0\cdot\overline{a}$
$=0+0=0$

(2) $(a+b)+\overline{a+b}=1$，即$(a+b)+\overline{a}\;\overline{b}=1$之證明：

$(a+b)+(\overline{a}\,\overline{b})=(a+b+\overline{a})\cdot(a+b+\overline{b})=[(a+\overline{a})+b][a+(b+\overline{b})]=[1+b][a+1]=1\cdot1=1$

$\therefore a+b$之補元為$\overline{a}\,\overline{b}$

即$\overline{a+b}=\overline{a}\,\overline{b}$ ■

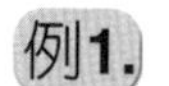

例1. 化簡$F=ab+a\overline{b}+\overline{a}b+\overline{a}\,\overline{b}$，$a$，$b\in B$

解

$F=ab+a\overline{b}+\overline{a}b+\overline{a}\,\overline{b}$
$=a(b+\overline{b})+\overline{a}(b+\overline{b})$
$=a\cdot1+\overline{a}\cdot1=a+\overline{a}$
$=1$

例2. 化簡$F=\bar{a}bc+ab+\bar{a}b\bar{c}$，$a$，$b$，$c\in B$

解

$F=\bar{a}bc+ab+\bar{a}b\bar{c}=\bar{a}bc+\bar{a}b\bar{c}+ab$

$=\bar{a}b(c+\bar{c})+ab=\bar{a}b\cdot 1+ab$

$=\bar{a}b+ab$

$=[\bar{a}+a]b=1\cdot b=b$

例3. 若a，b，$c\in B$，若$a+b=a+c$，$ab=ac$，試證$b=c$

解

$b=b(a+b)=b(a+c)=ba+bc=ab+bc=ac+bc$

$=(a+b)c=(a+c)c=c$

隨堂演練

試證$a+\bar{a}b=a+b$從而說出其對偶結果

Ans：$a(\bar{a}+b)=ab$

布林代數的偏序性

如果我們回想到第2章集合之$A\subseteq B$ iff $A\cap B=A$，因此定義$\boldsymbol{ab=a}$ ***iff*** $\boldsymbol{a\leq b}$，$\boldsymbol{a}$，$\boldsymbol{b\in B}$。由偏序之定義，可得以下結果：

布林代數B是一偏序關係

(1) 反身性：$a\leq a$ $\therefore a\cdot a=a$

(2) 反對稱性：$a \leq b \Rightarrow a = ab$ 又$b \leq a \Rightarrow b = ba$，$ab = ba \therefore a = b$

(3) 遞移性：$a \leq b \Rightarrow \therefore a = ab$又$b \leq c \Rightarrow b = bc$從而$a = ab = a(bc) = (ab)c = ac$知$a \leq c$ ■

例4. a，$b \in B$若$a \leq b$試證$\overline{a} + b = 1$

解

$\because a \leq b \therefore ab = a$由對偶原理$\overline{a} = \overline{a} + \overline{b}$，從而$\overline{a} + b = \overline{a} + \overline{b} + b$
$= \overline{a} + (\overline{b} + b) = \overline{a} + 1 = 1$。

定理D a，$b \in B$，若且惟若$a \leq \overline{b}$則$ab = 0$

證明

"$\Rightarrow$" $a \leq \overline{b} \Rightarrow ab = 0$：

$a \leq \overline{b} \therefore a\overline{b} = a$，或 $a = a\overline{b}$兩邊同乘b得 $ab = a\overline{b} \cdot b = a(\overline{b} \cdot b) = a \cdot 0 = 0$

"$\Leftarrow$" $ab = 0 \Rightarrow a \leq \overline{b}$：

$a = a \cdot 1 = a(b + \overline{b}) = ab + a\overline{b} = 0 + a\overline{b} = a\overline{b}$

$\therefore a \leq \overline{b}$ ■

上述定理是布林代數證明$a \leq \overline{b}$時常用之結果。

例5. a，$b \in B$，若$a \leq b$，$\overline{b} \leq \overline{a}$。

解

$a \leq b \therefore ab = a \Rightarrow ab\overline{b} = a\overline{b}$得$a \cdot 0 = a\overline{b}$或$a\overline{b} = 0 \Rightarrow \overline{\overline{a}}\overline{b} = 0$得$\overline{b} \leq \overline{a}$

習題4.1

1. 試證下列等式，a，b，$c \in B$

   (a) 若$a\overline{b}=0$則$ab=a$

   (b) $ab+bc+ca=(a+b)(b+c)(c+a)$

   (c) $a(\overline{a\overline{b}})=ab$

2. 若a，$b \in B$，定義$a \oplus b=a\overline{b}+\overline{a}b$，試證

   (a) $a \oplus 0=a$

   (b) $a \oplus a=0$

   (c) $a \oplus b=b \oplus a$

   (d) $(a \oplus b) \oplus a=b$

3. 化簡，a，b，$c \in B$

   (a) $F=abc+\overline{a}+\overline{b}+\overline{c}$

   (b) $F=a+(\overline{b}+c)(a+b+c)$

   (c) $F=(\overline{\overline{a}b})+a\overline{b}$

   Ans. (a) 1　　(b) $a+c$　　(c) $a+\overline{b}$

4. 若a，$b \in B$試證

   (a) $ab \leq a$

   (b) $ab \leq a+b$

   (c) 若$a \leq b$則$a \leq b+c$

   (d) 若$a \leq b$則$ac \leq b$

4.2 電路與邏輯閘

首先，我們將集合代數、邏輯命題代數“且”與本章之布林代數的名稱及符號之比較如下：

集合代數	交集　$\cap$	聯集　$\cup$	餘集　$\overline{A}$
邏輯命題代數	且　$\wedge$	或　$\vee$	否定　$\sim p$
布林代數	積・或$\wedge$ 或省略	和＋或$\vee$	反　$\bar{x}$

電路系統開關互相聯結的裝置，在電路代數中特稱為邏輯閘，基本上，它有及閘、或閘與反閘三種，我們先談及閘。

及閘

兩個輸入x，y透過**“及閘”**（AND gate）運算，布林表達式為$x \wedge y$或$x \cdot y$或xy，圖示為：

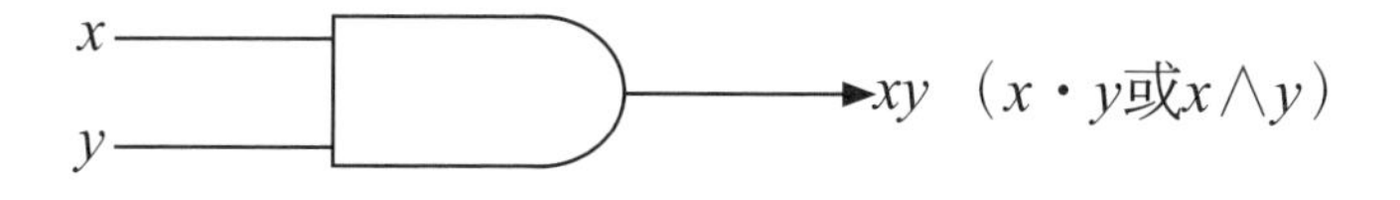

同理，三個輸入x，y，z之及閘圖示為：

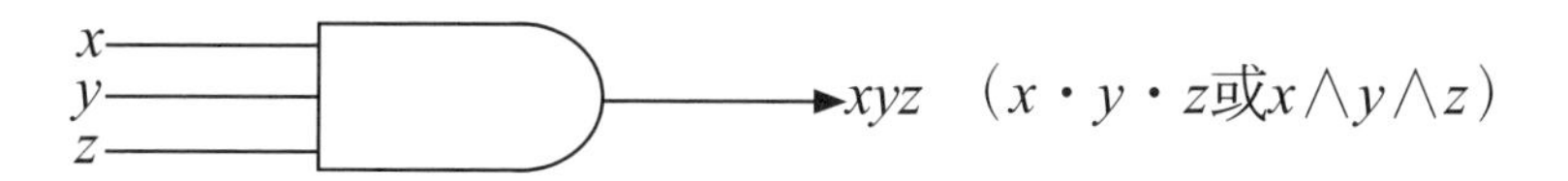

我們也可仿第一章眞值表做出$x \wedge y \wedge z$之電流連通情形：

x	y	z	電流	
1	1	1	1	有
1	1	0	0	無
1	0	1	0	無
1	0	0	0	無
0	1	1	0	無
0	1	0	0	無
0	0	1	0	無
0	0	0	0	無

或閘

二個輸入x，y透過**或閘**（OR gate）運算，布林表達式爲$x \vee y$或$x+y$，圖示爲

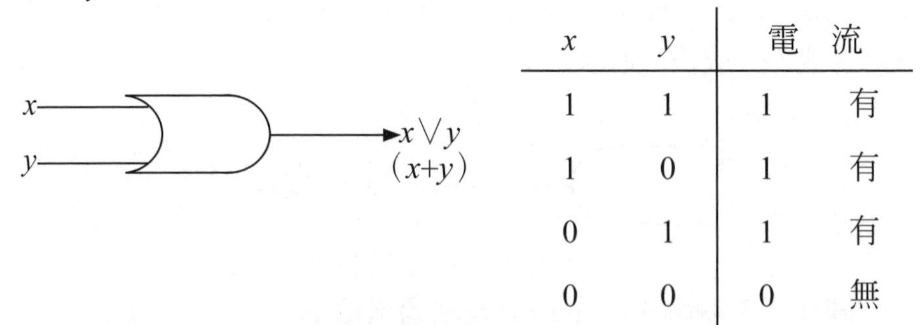

x	y	電　流	
1	1	1	有
1	0	1	有
0	1	1	有
0	0	0	無

三個輸入x，y，z之或閘之圖示形：

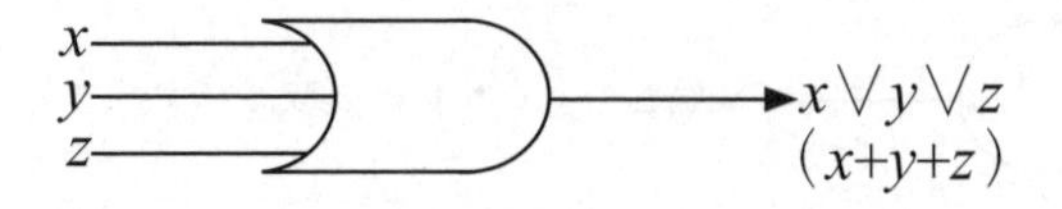

反相器（inverters），反及閘（NAND gate）與反或閘（NOR gate）

顧名思義，反相器就是將原來開關裝置予以“否定”，若x透過反相器得$\bar{x}$，其符號是

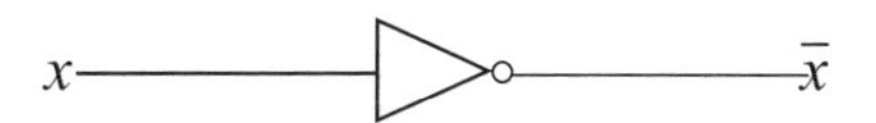

$\bar{x}$電流通過情形是：

x	電流	
1	0	無
0	1	有

例1. 試繪$F=xyz$之邏輯電路

解

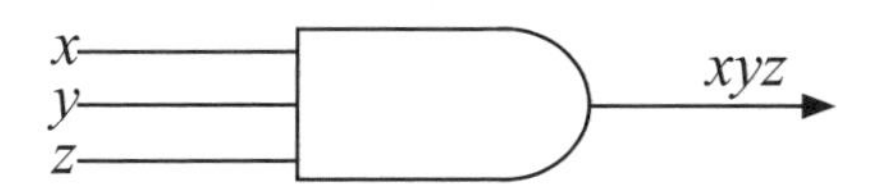

例1除了上述表示外，還有

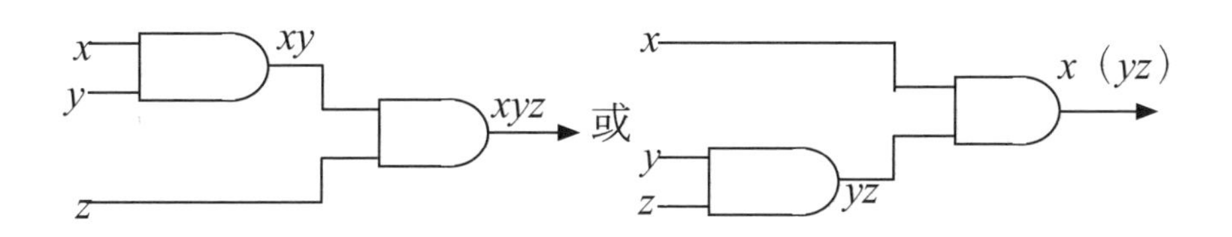

例2. 試繪(a) $F=xz+y$ (b) $F=xz+\bar{y}$ (c) $F=x\bar{z}+y$ (d) $F=\overline{x\bar{z}+y}$之邏輯電路

解

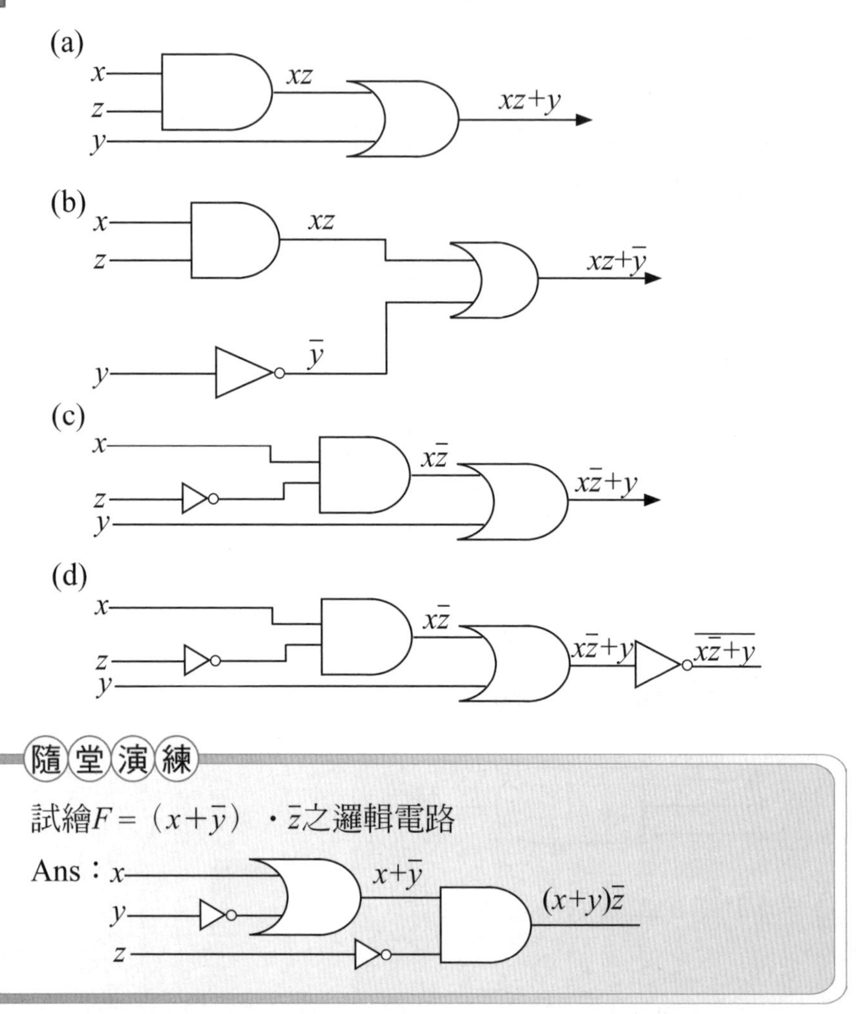

例3. 試用兩種不同方法繪出$F=xy+\bar{x}\,\bar{y}$之邏輯電路

解

$\because F=xy+\bar{x}\,\bar{y}=xy+\overline{(x+y)}$ ∴因此有兩個等價電路繪法：

(1) $F=xy+\bar{x}\,\bar{y}$

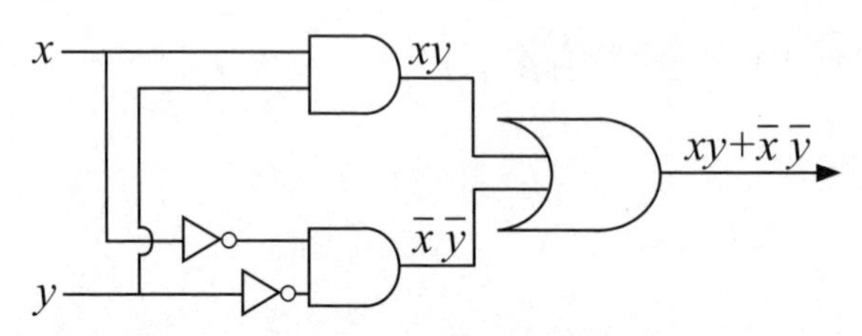

(2) $F = xy + \overline{(x+y)}$

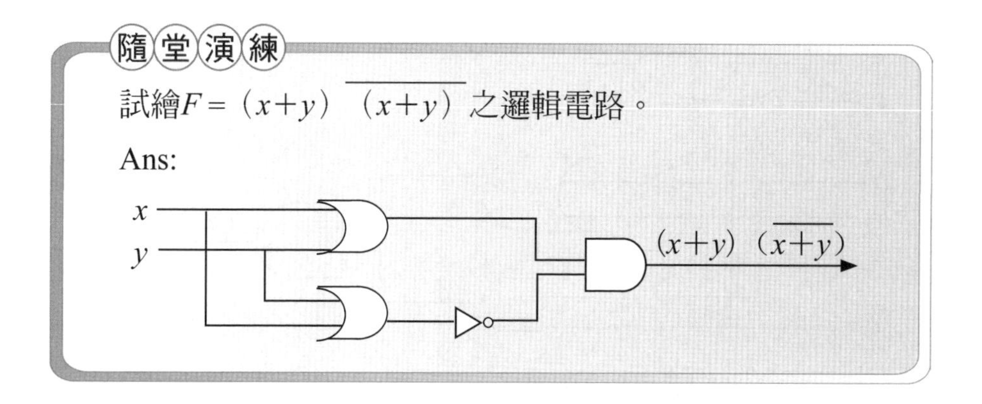

試繪$F = (x+y)\overline{(x+y)}$之邏輯電路。

Ans:

習題4.2

試繪出下列各題之邏輯電路

1. $F = ab + bc + ac$
2. $F = a + b + \overline{a}\,\overline{b}$
3. $F = a\overline{b} + b\overline{c}$
4. $F = \overline{a}(b+c) + bc$
5. $F = (\overline{a}+b) + ac$

Ans.

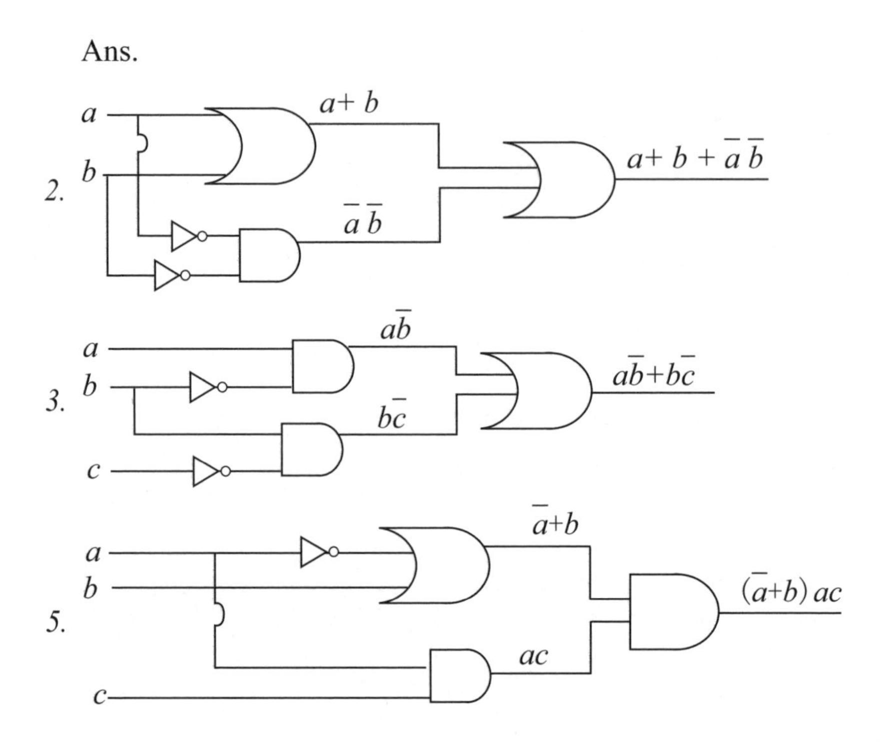

4.3 卡諾圖

除了前節之代數方法外，布林代數式還可用**卡諾圖**（Karnaugh map）來化簡，卡諾圖是一個矩形，內由水平、垂直劃分若干個方塊。若布林函數式有n個變數，卡諾圖就有2^n個方塊，卡諾圖每一個方塊代表一個基本積。

卡諾圖化簡規則

1. 找出布林代數式之各基本積在卡諾圖中之相應位置並畫“1”。
2. 將相鄰的“1”加以圈選，圈選範圍越大越好。
3. 圈選過的“1”可與未被圈選的“1”重複圈選。
4. 圈選組合之變數若有0→1或1→0變化時，該變數便被消掉。

二個變數之卡諾圖

我們先研究二個變數之卡諾圖。

二變數之布林代數變數x，y有4個基本積：xy，$x\bar{y}$，$\bar{x}y$與$\bar{x}\,\bar{y}$，它們的卡諾圖結構如下：

$x \backslash y$	0	1
0	$\bar{x}\bar{y}$	$\bar{x}y$
1	$x\bar{y}$	xy

二變數之卡諾圖

例1. (1) $E_1=\bar{x}\,\bar{y}+x\bar{y}$

(2) $E_2=\bar{x}\,\bar{y}+\bar{x}y+x\bar{y}$

(3) $E_3=\bar{x}y+x\bar{y}$

解 (1)

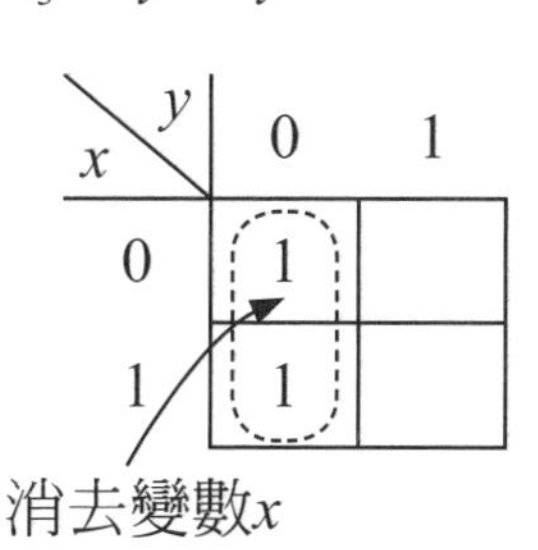

將$\bar{x}\,\bar{y}$，$x\bar{y}$放到圖(a)之位置並分別寫1而得到上圖。將1圈起來以後，∵x有0，1之變化，故消掉x，而$y=0$對應$\bar{y}$∴$E_1=\bar{x}\,\bar{y}+x\bar{y}=\bar{y}$

(2)

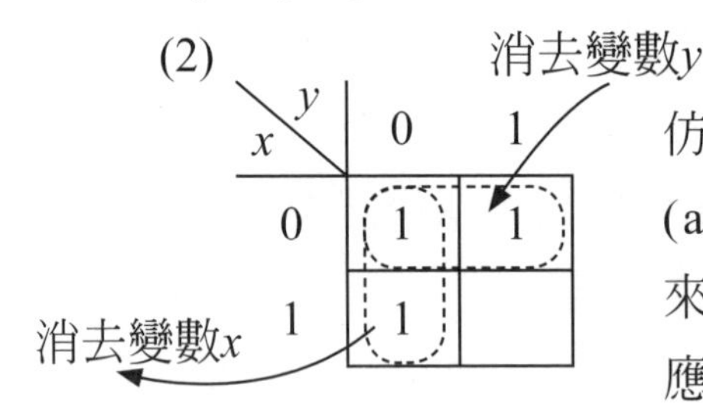

仿(1)之作法將$\bar{x}\,\bar{y}$，$\bar{x}y$，$x\bar{y}$放到圖(a)之位置而得到左圖，將1圈起來，有二個圈圈，上列之圈圈對應單一變數$\bar{x}$，左行之圈圈對應單一變數$\bar{y}$∴$E_2=\bar{x}\,\bar{y}+\bar{x}y+x\bar{y}=\bar{x}+\bar{y}$

(3)

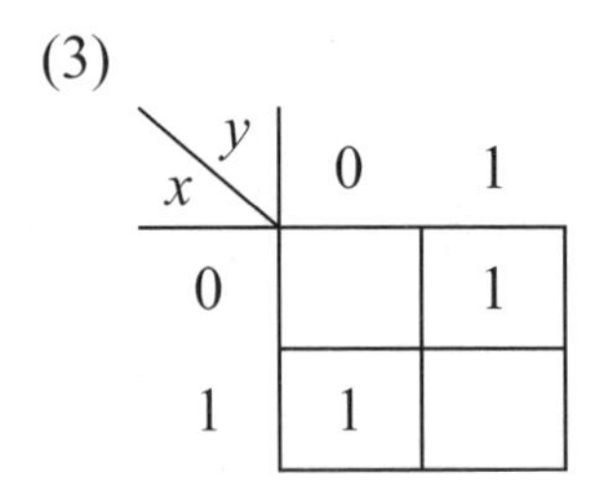

$E_3=x\bar{y}+\bar{x}y$之"1"不相鄰，所以E_3無法進一步化簡。

隨堂演練

用卡諾圖化簡$F=\bar{x}y+\bar{x}\,\bar{y}$

Ans：$\bar{x}$

三變數之卡諾圖

我們知道3個變數之布林代數有8個基本積:xyz，$xy\bar{z}$，$x\bar{y}z$，$\bar{x}yz$，$\bar{x}y\bar{z}$，$\bar{x}\,\bar{y}z$，$x\,\bar{y}\,\bar{z}$，$\bar{x}\,\bar{y}\,\bar{z}$

它們的卡諾圖架構是：

x \ yz	00	01	11	10
0	$\bar{x}\,\bar{y}\,\bar{z}$	$\bar{x}\,\bar{y}z$	$\bar{x}yz$	$\bar{x}y\bar{z}$
1	$x\bar{y}\,\bar{z}$	$x\bar{y}z$	xyz	$xy\bar{z}$

三變數之卡諾圖
(c)

用卡諾圖化簡三變數布林函數式時，最重要的就是設法要得到最大的鄰邊方格（如例2(3)）。它的化簡方法與二變數相同。

例2. 化簡

(1) $E_1=\bar{x}\,\bar{y}\,z+x\bar{y}z$

(2) $E_2=\bar{x}\,\bar{y}\,\bar{z}+\bar{x}\,\bar{y}z+\bar{x}yz+\bar{x}y\bar{z}$

(3) $E_3=\bar{x}\,\bar{y}z+\bar{x}yz+x\bar{y}z+xyz$

(4) $E_4=xyz+xy\bar{z}+\bar{x}\,\bar{y}\,\bar{z}+\bar{x}\,\bar{y}z$

解

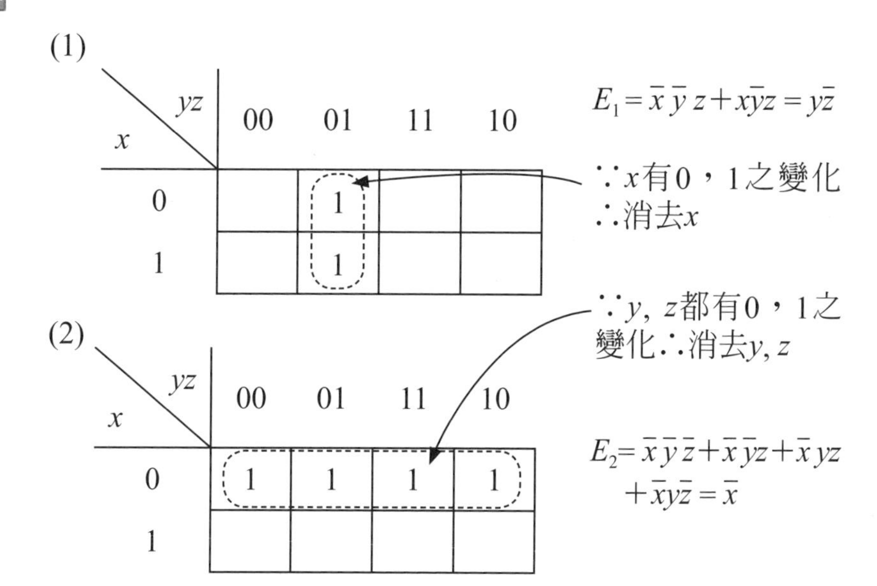

(3)

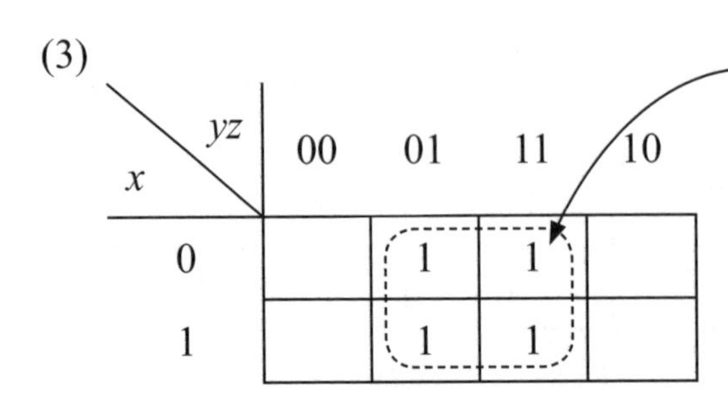

∵x, y都有0，1之變化，∴消去x, y

$E_3 = \bar{x}\,\bar{y}\,\bar{z} + \bar{x}yz + x\bar{y}z + xyz = z$

(4)

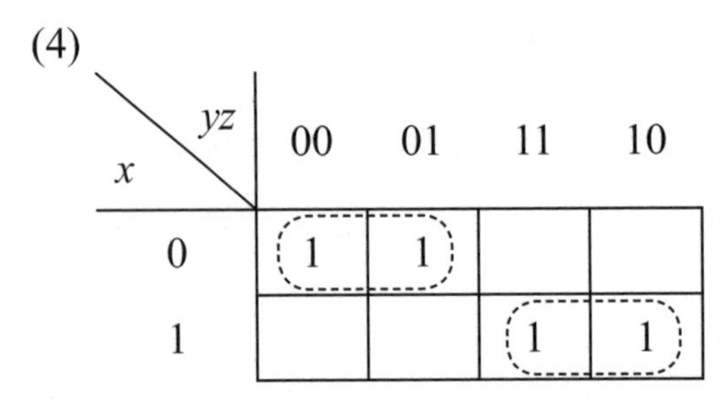

$E_4 = xyz + xy\bar{z} + \bar{x}\,\bar{y}\,\bar{z} + \bar{x}\,\bar{y}z = xy + \bar{x}\,\bar{y}$

（何故？）

隨堂演練

用卡諾圖化簡三變數布林式$E = \bar{x}yz + \bar{x}y\bar{z} + xyz + xy\bar{z}$

Ans：y

我們再看一個較為複雜的例子。

例3. 用卡諾圖化簡$E = x\bar{y}\,\bar{z} + xy\bar{z} + \bar{x}y\bar{z} + \bar{x}\,\bar{y}\,\bar{z}$

解

x \ yz	00	01	11	10
0	1			1
1	1			1

$E = \bar{z}$

說明，這是卡諾圖相鄰之一個特例，若左、右行各格均為1時，人們可想像將卡諾圖捲起來，如下

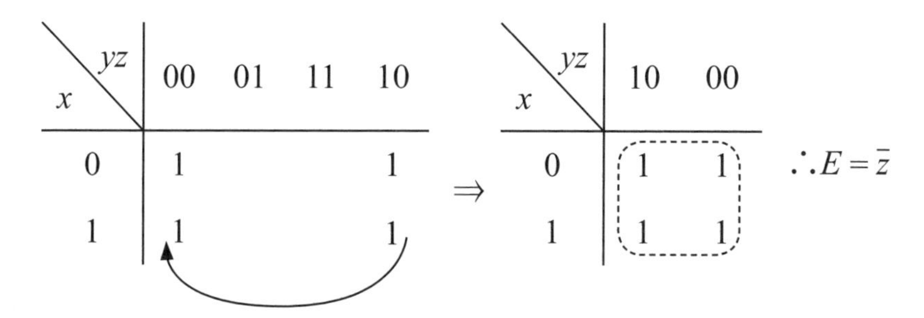

這個方法可推廣到4個卡諾圖。

習題4.3

利用卡諾圖化簡下列各題

1. $F=\bar{x}y+\bar{x}\,\bar{y}$
2. $F=\bar{x}y+x\bar{y}+\bar{x}\,\bar{y}$
3. $F=\bar{x}\,\bar{y}\,\bar{z}+x\bar{y}\,\bar{z}$
4. $F=xyz+xy\bar{z}+\bar{x}\,\bar{y}\,\bar{z}+\bar{x}\,\bar{y}z$
5. $F=xy\bar{z}+xyz+\bar{x}y\bar{z}+\bar{x}yz$

第 5 章

代數結構

5.1 二元運算
5.2 同態與同構
5.3 群論
5.4 環與體

5.1 二元運算

代數系統

設$A \neq \phi$，$\bigstar_1$，$\bigstar_2 \cdots \bigstar_n$爲定義於$A$之二元運算則〈$A$，$\bigstar_1$，$\bigstar_2 \cdots \bigstar_n$〉即構成一個代數系統。

一個代數系統必須滿足下列3個條件：

1º 有一個非空集合A

2º 有一些建立在集合A之運算

3º 這些運算必須滿足封閉性。

例如：{N，＋}，{R，＋，－}均爲代數系統。

A爲一非空集合，則稱二元函數★：$A \times A \rightarrow A$爲定義於A之二元運算（binary operation）

根據定義，二元運算必須具有**"封閉性"**。換言之，A中任意二元素a，b經★運算後需滿足$a \bigstar b \in A$。如果$a \bigstar b \notin A$那麼★便不是定義於A之二元運算。

例1. ★爲定義於Z^+之二元運算，定義$a \bigstar b$爲$a \bigstar b = |a-b|+2$ $\forall a$，$b \in Z^+$，求 (1) $3 \bigstar 3$　(2)（-2）$\bigstar 3$

解

(1) $a\bigstar b=|3-3|+2=2$

(2) $\because a=-2\notin Z^+$

$\therefore$（-2）$\bigstar 3$ 無意義

例2. $A=\{a，b，c\}$，定義★運算如下列**乘法表**（multiplication table）

★	a	b	c
a	c	a	b
b	a	b	c
c	b	c	a

求(a) $a\bigstar b$ (b)（$c\bigstar b$）$\bigstar a$ (c)（$b\bigstar b$）$\bigstar b$

解

(a) $a\bigstar b=a$

(b)（$c\bigstar b$）$\bigstar a=c\bigstar a=b$

(c)（$b\bigstar b$）$\bigstar b=b\bigstar b=b$

我們常對代數系統之運算是否能滿足一些特定性質感到興趣，這些性質有：

交換性與結合性

定義 ★爲定義於A之二元運算。若

(1) $a\bigstar b=b\bigstar a$，$\forall a$，$b\in A$，則稱★在A上有交換性

(2) $a★(b★c)=(a★b)★c$，$\forall a$，b，$c\in A$則稱★在A上有結合性。

例3. ★是定義於R之 二元運算，$a★b=a+b-ab$，a，$b\in R$，問★是否滿足交換性？結合性？

解 (a) 交換性（即判斷$a★b\overset{?}{=}b★a$）

$a★b=a+b-ab$，　$b★a=b+a-ba=a+b-ab$

$\because a★b=b★a \therefore$ ★滿足交換性

(b) 結合性（即判斷$a★(b★c)\overset{?}{=}(a★b)★c$）

$$\begin{aligned}&a★(b★c)\\&=a★(b+c-bc)\\&=a+(b+c-bc)-a(b+c-bc)\\&=a+b+c-bc-ab-ac+abc \quad (1)\end{aligned}$$

$$\begin{aligned}&(a★b)★c\\&=(a+b-ab)★c\\&=(a+b-ab)+c-(a+b-ab)c\\&=a+b+c-ab-ac-bc+abc \quad (2)\end{aligned}$$

由(1)，(2)知$a★(b★c)=(a★b)★c$

$\therefore$ ★滿足結合性

若例3之★定義於Z^+，則★不能滿足封閉性（如$4★5=4+5-4\times5<0$），故在Z^+時，★不爲二元運算。

例4. 若★爲定義於R之二元運算，規定$a★b=\sqrt{a^2+b^2}$問是否滿足交換性？結合性？

解

(a)交換性（即判斷$a\bigstar b \overset{?}{=} b\bigstar a$）：

$a\bigstar b=\sqrt{a^2+b^2}$，$b\bigstar a=\sqrt{b^2+a^2}=\sqrt{a^2+b^2}$

$\therefore a\bigstar b=b\bigstar a$　即★滿足交換性

(b) 結合性（即判斷$a\bigstar(b\bigstar c) \overset{?}{=} (a\bigstar b)\bigstar c$）：

$a\bigstar(b\bigstar c)=a\bigstar(\sqrt{b^2+c^2})$

$=\sqrt{a^2+(\sqrt{b^2+c^2})^2}=\sqrt{a^2+b^2+c^2}$

$(a\bigstar b)\bigstar c=(\sqrt{a^2+b^2})\bigstar c$

$=\sqrt{(\sqrt{a^2+b^2})^2+c^2}=\sqrt{a^2+b^2+c^2}$

$\therefore a\bigstar(b\bigstar c)=(a\bigstar b)\bigstar c$　即★滿足結合性

隨堂演練

★為定義於Z^+上之二元運算，$a\bigstar b=a^b$

問★是否滿足交換性？結合性？

Ans. 不滿足交換性及結合性

★為定義於集合A，A為有限元素，其乘法表從左上至右下的對角線兩側元素相同，那麼★具有交換性。

原則上結合性$a\bigstar(b\bigstar c)=(a\bigstar b)\bigstar c$需一一測試，但具有交換性或後面談的單位元素時可簡化許多。

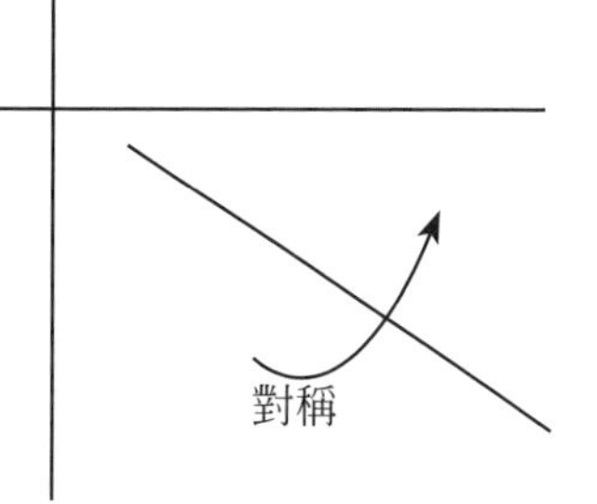

例6. 若★為定義於$A=\{a，b，c\}$之二元運算，若★滿足交換性，(a) 求x，y，z (b) 由(a)之結果判斷★是否滿足結合性。

★	a	b	c
a	a	x	z
b	c	a	b
c	b	y	a

解

(a) 由視察法，易知

$x=c$，$y=b$，$z=b$

★	a	b	c
a	a	x	z
b	c	a	b
c	b	y	a

(b)

$\because a★(b★c)=a★b=c$

$(a★b)★c=c★c=a$

$a★(b★c)\neq(a★b)★c$

$\therefore$ ★不具結合性。

單位元素與反元素

$<A;★>$爲一代數結構，

(1) 若存在一個$e\in A$，使得$e★a=a★e=a$，$\forall a\in A$，則e爲$<A,★>$之**單位元素或么元**（identity element）。

(2) $a^{-1}★a=a★a^{-1}=e$，$\forall a\in A$，則a^{-1}爲$<A,★>$之**反元素或逆元**（inverse）。

由反元素定義可知，二元運算之反元素必須在單位元素存在之前提下才有意義，換言之，**單位元素不存在時反元素亦不存在**。

例7. $<A; \cup>$為一代數結構；$\cup$為集合聯集，求$<A; \cup>$單位元素為何？$\cap$為集合交集求$<A; \cap>$單位元素為何？

解

設S為全集

$\because \phi \cup X = X \cup \phi = X$，$\forall X \subseteq S$　$\therefore <A; \cup>$之單位元素為ϕ，

又$S \cap X = X \cap S = X$，$\forall X \subseteq S$ $\therefore <A; \cap>$之單位元素為S。

例8. ★為定義於$R' = R - \{1\}$之二元運算，$a★b = a + b - ab$，a，$b \in R'$，求$<R; ★>$之單位元素及反元素。

解

若e為單位元素，則$a★e = a + e - ae = a$

解$a = a + e - ae$，得$e = 0$

現求反元素

$a★a^{-1} = a + a^{-1} - a \cdot a^{-1} = e = 0$

$\therefore (1-a)\, a^{-1} = -a$得$a^{-1} = \dfrac{-a}{1-a}$

讀者要注意的是，在此a^{-1}為a之反元素，不是a之-1次方。

★為定義於集合$A = \{a, b, c\}$之二元運算，若其乘法表為

	★	a	b	c ← 上標頭
左	a	a	a	a
標	b	b	b	b
頭	c	a—	b—	©

乘法表內若存在一個列，它與上標頭一致，且存在一個行，它與左標頭一致，則這個列與行之交點便是★之單位元素，在此

單位元素是c

隨堂演練

用視察法找出下列乘法表之單位元素

★	a	b	c	d
a	b	b	a	c
b	a	c	b	d
c	a	b	c	d
d	c	b	d	a

Ans. c

例9. $A=\{a，b，c\}$，★為定義於A之二元運算：

★	a	b	c
a	a	b	c
b	b	c	a
c	c	a	b

問★是否具結合性？

解

A含有3個元素，因此要驗證★是否滿足結合性要測試$3^3=27$次，由乘法表易知a為單位元素且★滿足交換性，故可省略一些步驟：

(i) a★（x★y）$=x$★y，（a★x）★$y=x$★y：在此，x，y可為a，b，c任一元素。

$\therefore a★(x★y)=(a★x)★y$

(ii) $x★(a★y)=x★y$，$(x★a)★y=x★y$

$\therefore x★(a★y)=(x★a)★y$

(iii) 同法$x★(y★a)=(x★y)★a$

因此只要含單位元素a者均可略之。故只需驗證

$x★(y★z)=(x★y)★z$；y，$z=b$，c故只需驗證

$2\cdot 2\cdot 2=8$次：

1. $b★(b★b)=b★c=a$，$(b★b)★b=c★b=a$

   $\therefore b★(b★b)=(b★b)★b$

2. $b★(b★c)=b★a=b$，$(b★b)★c=c★c=b$

   $\therefore b★(b★c)=(b★b)★c$

3. $b★(c★b)=b★a=b$，$(b★c)★b=a★b=b$

   $\therefore b★(c★b)=(b★c)★b$

4. $b★(c★c)=b★b=c$，$(b★c)★c=a★c=c$

   $\therefore b★(c★c)=(b★c)★c$

5. $c★(b★b)=c★c=b$

   $(c★b)★b=a★b=b$ $\therefore c★(b★b)=(c★b)★b$

6. $c★(b★c)=c★a=c$，$(c★b)★c=a★c=c$

   $\therefore c★(b★c)=(c★b)★c$

7. $c★(c★b)=c★a=c$，$(c★c)★b=b★b=c$

   $\therefore c★(c★b)=(c★c)★b$

8. $c★(c★c)=c★b=a$，$(c★c)★c=b★c=a$

   $\therefore c★(c★c)=(c★c)★c$

綜上，★具分配性。

例10. ★為定義於A之二元運算，若★滿足交換性與結合性，試證$(a★b)★(c★d)=[(d★c)★a]★b$

解

$$
\begin{aligned}
&(a★b)★(c★d)\\
=&(c★d)★(a★b)\\
=&(d★c)★(a★b)\\
=&[(d★c)★a]★b
\end{aligned}
$$

隨堂演練

★為定義於$A=\{1,2\}$之二元運算，其乘法表如下:

★	1	2
1	1	1
2	1	2

，驗證★滿足結合性。

習題5.1

1. 試說明下列代數系統是否滿足交換性？結合性？
   (a) $\{Z^+, +\}$
   (b) $\{Z, -\}$
   (c) $\{R^*, \div\}$，$R^*=R-\{0\}$
   Ans. 只有(a)滿足交換性與結合性；(b)(c)不滿足交換性與結合性
2. $A=\{a, b\}$，試建立$\{P(A), \cap\}$之二元運算表，$P(A)$為A之冪集合，此二元運算是否可交換？單位元素為何？
   Ans. 可交換，$e=\{a, b\}$
3. ★是定義於$A=\{\alpha, \beta, \gamma\}$之二元運算，其乘法表如下：

(a) 它是否可交換？

(b) （α★β）★γ

(c) （α★α）★α=α★（α★α）嗎？

(d) （α★β）★γ=α★（β★γ）嗎？

(e) ★有無單位元素？若是，單位元素爲何？

(f) ★有無反元素。

★	α	β	γ
α	α	β	γ
β	γ	α	β
γ	γ	β	α

Ans. (a) 否　(b) β　(c) 是　(d) 是　(e) 無　(f) 無

4. ★是定義於R之二元運算，a★$b = e^{a+b}$，$\forall a$，$b \in R$。問★是否有交換性？結合性？

Ans. 有交換性。無結合性

5. ★是定義於R之二元運算，a★$b = 2a+3b$，$\forall a$，$b \in R$
求(a)（a★b）★c及(b) a★（b★c）(c)由(a)，(b)你的結論是？

Ans. (a) $4a+6b+3c$　(b) $2a+6b+9c$
(c)結合性不成立

6. ★爲定義於R之二元運算，a★$b = a+b-2$求(a) 單位元素與(b) 反元素

Ans. (a) $e=2$　(b) $a^{-1}=4-a$

7. ★爲定義於R之二元運算，a★$b = 2a+b-3a \cdot b$，$\forall a$，$b \in R$，$+$，$-$，$\cdot$爲一般數系之加、減、乘法

(a) ★可交換？　(b) ★具結合性？

(c) 若a★$2=1$，求a

Ans. (a)不可交換　(b)不可結合　(c)$\frac{1}{4}$

8. ★爲定義於$A=\{1，2，3，4，5\}$之二元運算，其乘法表爲
求(a) 2★4

★	1	2	3	4	5
1	1	2	4	2	4
2	2	3	1	5	3
3	3	1	2	2	1
4	2	5	2	5	4
5	4	2	1	4	3

(b) [(1★3)★5]★1

(c) ★是否為可交換

(d) ★是否為可結合

Ans. (a) 5　　(b) 2

(c) 不具交換性

(d) 不具結合性

5.2　同態與同構

定義 設<G，★>及<G'，□>為二個代數結構。★，□分別為定義於G與G'之二個二元運算，若存在一個映射$f: G \to G'$使得對任意之a，$b \in G$均有$f(a★b)=f(a)□f(b)$則稱f為G映至G'之一個**同態**（homophism）。若<G，★>與<G'，□>同態則記做$G \sim G'$。

要注意的是上述一個代數結構到另一代數結構之同態映射並非惟一。

定義 令$\{G；★\}$，$\{G'；□\}$為兩個代數結構，★，□分別為定義於G與G'之二個二元運算，若存在一個映射$f: G \to G'$，使得f為$1-1$且映成，且對a，$b \in G$均有

$f(a★b)=f(a)\square f(b)$ 則稱 f 由 G 映至 G' 之一**同構**（isomophism）。若<G，★>與<G'，□>同構則記做 $G\cong G'$

我們可得同構圖示如下：

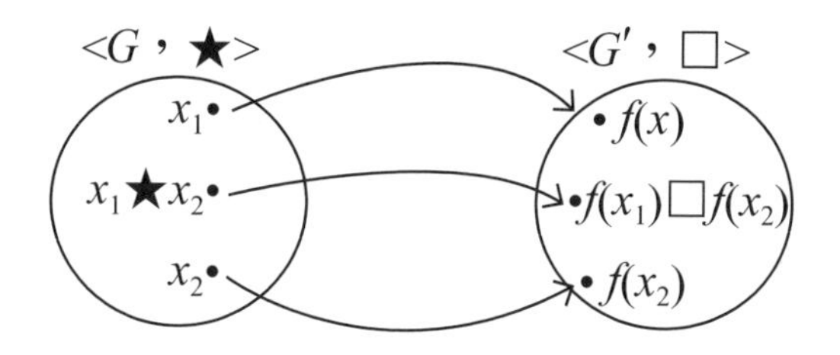

要證明兩個代數結構{G；★}與{G'；□}為同構，一般可循下列步驟：

1. 找出一個函數 f；$f: G\to G'$，
2. 驗證 f 為1－1，
3. 驗證 f 為映成，
（2，3可併成驗證 f 有反函數）
4. 驗證 $f(a★b)=f(a)\square f(b)$。

例1. R 為實數 $f: R\to R$，且定義 $f: x\to 2^x$，$\forall x\in R$，試證<R，＋>與<R，·>為同態。是否同構？

解

(a) 本題即驗證 $f(x+y)\overset{?}{=}f(x)\cdot f(y)$：
取 $f(x)=2^x$ 則 $f(x+y)=2^{x+y}=2^x\cdot 2^y=f(x)\cdot f(y)$，$\forall x, y\in R$ 即<R，＋>與<R，·>同態。

(b) $f(x)=2^x$ 為一雙射函數（一對一且映成）∴<R，＋>與<R，·>亦為同構。

例2. 設<R^+，·>與<R，+>爲二個代數結構，R^+表$\{x|x>0，x\in R\}$，定義f：$R^+\rightarrow R$爲$f(x)=\log x$。試證f是<R^+，·>到<R，+>之同態映射。

解

定義f：$R^+\rightarrow R$ 爲f：$x\rightarrow\log x$，$\forall x\in R^+$，則對 $\forall x，y\in R^+$，我們有$f(x\cdot y)=\log(x\cdot y)=\log x+\log y=f(x)+f(y)$

$\therefore f$是<R^+，·>到<R，+>之同態映射。

（或者說<R^+，·>與<R，+>同態）

例3. 設二代數<A，★>與<B，□>爲同構。若<A，★>有交換性試證<B，□>滿足交換性。

解

$\because$<A，★>，<B，□>爲同構 $\therefore$存在一個一對一且映成函數f，f：$A\rightarrow B$使得B中任意之y_1，y_2都可以在A中找到x_1，x_2滿足

$f(x_1)=y_1$，$f(x_2)=y_2$

又$f(x_1★x_2)=f(x_1)□f(x_2)=y_1□y_2$

$f(x_2★x_1)=f(x_2)□f(x_1)=y_2□y_1$

已知<A，★>滿足交換性，

$x_1★x_2=x_2★x_1\Rightarrow f(x_1★x_2)=f(x_2★x_1)$

$\therefore y_1□y_2=y_2□y_1$，即<$B$，□>有交換性。

例4. 若f：$G\rightarrow H$爲同構映射，試證f^{-1}：$H\rightarrow G$亦爲同構映射

解

$\because f$：$G\rightarrow H$爲同構映射　$\therefore f$爲一對一且映成，故f^{-1}存在

又f^{-1}亦爲一對一且映成　$\therefore f^{-1}$：$H\rightarrow G$亦爲同構映射

習題5.2

1. $G=\{a,b,c\}$，$G'=\{\alpha,\beta,\gamma\}$，□，△分別爲定義於$G$、$G$之兩個二元運算，其乘法表分別如下：

□	a	b	c
a	a	b	c
b	b	c	a
c	c	a	b

△	α	β	γ
α	α	β	γ
β	β	γ	α
γ	γ	α	β

問$\{G$，□$\}$，$\{G'$，△$\}$是否同態？

Ans.同態

2. 設二代數系統$<A$；★$>$，$<B$，□$>$，$A=\{1,2,3\}$，$B=\{4,5,6\}$

若它們的乘法表分別爲

★	1	2	3
1	1	1	1
2	1	1	1
3	1	1	1

□	4	5	6
4	5	5	5
5	5	5	5
6	5	5	5

試問$<$A，★$>$與$<$B，□$>$是否同構。

Ans.是

3. 若$<A$，★$>$，$<B$，□$>$爲同構，若$<A$，★$>$滿足結合性，試證$<B$，□$>$也滿足結合性。

4. 令$R'=R-\{0\}$，試證$\{R'$，$+\}$與$\{R$，$\cdot\}$不可能爲同構，$+$，$\cdot$爲一般之加、乘（提示：用反證法，取ϕ：

$R \to R'$ 爲一對一且映成，先證 ϕ（1）$= 0$，次證 ϕ（-1）$=$ 0與$y \neq 0$矛盾）

5. $<R^{+}, \bullet>$與$<R, +>$是否同構？R^{+}是正實數集。

Ans. 是（見例2）

5.3　群論

我們先從最簡單的代數系統——半群開始，它是代數系統的基礎。

半群與單群

★爲定義於S（$S \neq \phi$）之一個二元運算，若★具有結合性則稱$\{S；★\}$爲**半群**（semi－group）

若$\{S；★\}$爲一半群，且具有單位元素e，則$\{S；★\}$爲**單群**（monoid）。

例1. 判斷下列代數系統是否爲半群？單群？

(a) $\{Z^{+}；+\}$

(b) $\{Z^{+}；\div\}$

(c) $\{Z^{1}；-\}$

(d) $\{R^+ ; \cdot\}$

> 1. 由定義要判斷$\{S ; ★\}$是否為半群，單群，需驗證：
>   (1) 半群：① 封閉性 ② 結合性
>   (2) 單群：① 封閉性 ② 結合性 ③ 單位元素
> 2. 顯然，若$\{S ; ★\}$不為半群則它必不為單群。

解

(a) $\{Z^+，+\}$：加法在Z^+具結合性故為半群，但$0 \notin Z^+$ ∴單位元素不存在故$\{Z^+，+\}$不為單群

(b) $\{Z^+ ; \div\}$：不具封閉性，故$\{Z^+ ; \div\}$不為半群，也不為單群

(c) $\{Z ; -\}$：不具結合性（$a-(b-c) \neq (a-b)-c$），故$\{Z ; -\}$不為半群，自然也非單群。

(d) $\{R^+，\cdot\}$具有封閉性，結合性故$\{R^+，\cdot\}$為半群，又對任一元素$a \in R^+$，均存在一個單位元素$e = 1$，使得$a \cdot e = a$

故$\{R^+，\cdot\}$為一單群。

例2. ★為定義於R之二元運算，$a★b = |a|$，$\forall a，b \in R$，問$\{R ; ★\}$是否為半群？單群？

解

① 封閉性：$a★b = |a| \in R$，$\forall a，b \in R$故封閉性存在

② 結合性：$a★(b★c) = a★|b| = |a|$，

$(a★b)★c = |a|★c = |a|$

$\therefore a★(b★c) = (a★b)★c$

即結合性存在

由①，②$\{R ; ★\}$為一半群。

③ 設e爲單位元素：$a★e=|a|$，$e★a=|e|$

$a★e \neq e★a$，即單位元素不存在

$\therefore \{R；★\}$不爲單群

例3. $A=\{a，b\}$，★爲定義於A之二元運算，其乘法表如下：

★	a	b
a	a	a
b	a	b

問$\{A，★\}$是否爲半群，單群？

解

(1) 半群：

(a) 封閉性：顯然成立。

(b) 結合性：

因$A=\{a，b\}$有2個元素，測試組數有8組，但b爲單位元素，故只需測試

① $x★(x★x) \overset{?}{=} (x★x)★x$：

$a★(a★a)=a★a=a$

$(a★a)★a=a★a=a$

$\therefore a★(a★a)=(a★a)★a$

② $x★(x★y) \overset{?}{=} (x★x)★y$

$a★(a★b)=a★a=a$

$(a★a)★b=a★b=a$

$\therefore a★(a★b)=(a★a)★b$

$\therefore \{A，★\}$爲半群

(2) 因b爲單位元素

$\therefore \{A，★\}$ 爲單群

例4. ★為定義於Q之二元運算，$a★b = a+b-a\cdot b$，$\forall a$，$b\in Q$. 問<Q，★>是否為半群？單群？Q表所有有理數所成之集合。

解

由5.1節例3知<Q，★>為一半群

(iii) 現只需判斷<Q，★>有單位元素e。設單位元素為e

$\because a★e=a+e-a\cdot e=a$

$\therefore (1-a)e=0\ \forall a\in Q$，得$e=0$故<$Q$，★>為單群

群

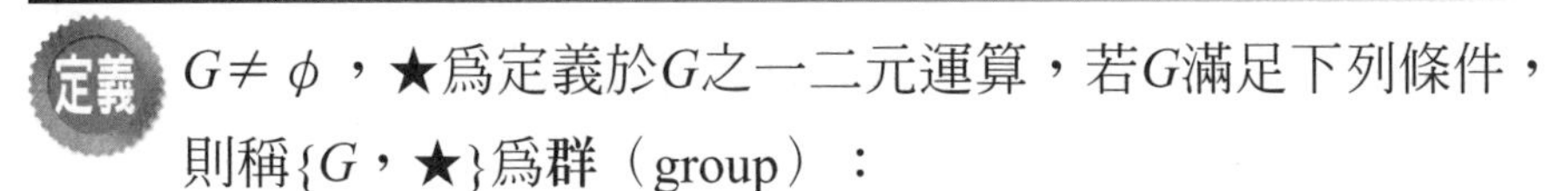

定義 $G\neq\phi$，★為定義於G之一二元運算，若G滿足下列條件，則稱$\{G$，★$\}$為**群**（group）：

(1) $a★b\in G$，$\forall a$，$b\in G$（即滿足封閉性）。

(2) $a★(b★c)=(a★b)★c$，$\forall a$，b，$c\in G$（即滿足結合性）。

(3) 存在一元素$e\in G$，滿足$a★e=e★a=a$，$\forall a\in G$（即單位元素存在）。

(4) 對每一個$a\in G$，存在一元素$a^{-1}\in G$，使得$a★a^{-1}=a^{-1}★a=e$（即反元素存在）。

例5. （5.1節例9）判斷<A，★>是否為一個群？

解

(a) 封閉性成立

(b) 結合性成立（由5.1節例9）

(c) 單位元素為a

(d) a之反元素爲a，b之反元素爲c，c之反元素爲b

$\therefore$<A，★>爲一個群。

例6. 問$\{R，+\}$是否爲一個群？R爲實數集。

解

(1) 封閉性：$\because a+b\in R$，$\forall a$，$b\in R$ $\therefore$滿足封閉性。

(2) 結合性：$\because a+(b+c)=(a+b)+c\ \forall a，b，c\in R$ $\therefore$滿足結合性。

(3) 單位元素：$\because a+0=0+a\ (=a)\ \forall a\in R$ $\therefore$存在單位元素0。

(4) 反元素：$\because a+(-a)=(-a)+a=0$， $\therefore a^{-1}=-a$，$\forall a\in R$

綜上討論$\{R，+\}$爲一群。

例7. $A=\{x|x=a+b\sqrt{3}，a，b\in Q\}$，問$\{A，+\}$是否爲一個群？

解

(1) 封閉性：$\because (a+b\sqrt{3})+(c+d\sqrt{3})=$

$(a+c)+(b+d)\sqrt{3}\in A$

(2) 結合性：$x_1=a+b\sqrt{3}$，$x_2=c+d\sqrt{3}$，$x_3=f+g\sqrt{3}$，a，b，c，d，f，$g\in Q$

$$x_1+(x_2+x_3)=(a+b\sqrt{3})+[(c+d\sqrt{3})+(f+g\sqrt{3})]$$
$$=(a+b\sqrt{3})+[(c+f)+(d+g)\sqrt{3}]$$
$$=(a+c+f)+(b+d+g)\sqrt{3}$$

同法可得$(x_1+x_2)+x_3=(a+c+f)+(b+d+g)\sqrt{3}$

$\therefore$結合性成立。

(3) 單位元素：$(a+b\sqrt{3})+0=0+(a+b\sqrt{3})=a+b\sqrt{3}$

$\therefore$單位元素爲0

(4) 反元素：$(a+b\sqrt{3})+(-a-b\sqrt{3})=(-a-b\sqrt{3})+(a+b\sqrt{3})=0$

$\therefore (a+b\sqrt{3})^{-1}=-(a+b\sqrt{3})$

綜上，$\{A，+\}$爲一群。

<G；★>爲一個群，若a★b=b★a，$\forall a，b\in G$，則稱G爲**交換群**（commutative group）或**亞倍爾群**（Abelian group）

例如：★爲定義於R之二元運算，定義x★$y=x+y-2$可證明$\{R, ★\}$爲一個群（習題第7題），又x★$y=x+y-2=y+x-2=y$★$x\ \forall x，y\in R$　$\therefore\{R, ★\}$滿足交換性，故$\{R, ★\}$爲交換群。

群的性質

$\{G；★\}$爲一個群，a、b爲G之元素則

(a) a之反元素a^{-1}爲惟一。

(b) G之單位元素e爲惟一。

(a) 設$x，y$均爲a之反元素，e爲G之單位元素則

$x=x$★e

$=x$★$(a$★$y)$

$=(x$★$a)$★y

$=e$★y

$=y$

(b) 設$e，e'$ 均爲G中之單位元素：

$\because e\bigstar e' = e'$, $e'\bigstar e = e$，但$e\bigstar e' = e'\bigstar e$

$\therefore e' = e$

即G之單位元素爲惟一。

定理B

$<G，\bigstar>$爲一個群，對任意a，b，$c \in G$，我們有

(a) $a\bigstar b = a\bigstar c$則$b = c$（左消去律成立）

(b) $b\bigstar a = c\bigstar a$則$b = c$（右消去律成立）

證明

(a) $\because a\bigstar b = a\bigstar c$

$a^{-1}\bigstar(a\bigstar b) = a^{-1}\bigstar(a\bigstar c)$（$\because <G，\bigstar>$爲一個群，$a$之反元素$a^{-1}$存在）

$(a^{-1}\bigstar a)\bigstar b = (a^{-1}\bigstar a)\bigstar c$

$e\bigstar b = e\bigstar c$

$\therefore b = c$

(b) 同法可證（見習題第5題）

$\{G；\bigstar\}$爲一個群，a，b爲G之元素則

(a) $(a^{-1})^{-1} = a$

(b) $(a\bigstar b)^{-1} = b^{-1}\bigstar a^{-1}$

(a) $\because$對G中任一元素a而言，$a^{-1} \in G$，e爲單位元素，則

(1) $(a^{-1})\bigstar(a^{-1})^{-1} = e$，$\therefore (a^{-1})^{-1}$爲$a^{-1}$之反元素。

(2) $(a^{-1})\bigstar a = e$　$\therefore a$爲a^{-1}之反元素。

但a^{-1}為惟一，因此，$(a^{-1})^{-1}=a$

(b) $(a★b)★(a★b)^{-1}=e$ (1)

又$(a★b)★(b^{-1}★a^{-1})=a★(b★b^{-1})★a^{-1}$

$=a★e★a^{-1}=(a★e)★a^{-1}=a★a^{-1}=e$ (2)

由(1)，(2)：$(a★b)★(a★b)^{-1}=(a★b)★(b^{-1}★a^{-1})$

利用左消去律得$(a★b)^{-1}=b^{-1}★a^{-1}$ ■

循環群

$a\in G$則a之n次冪a^n，$(n\in Z^+)$定義為$a^n=a★a★\cdots★a$，同時規定$a^m★a^n=a^{m+n}$。現在我們討論的循環群是一個特殊的群，它的每一個元素x等於G中某一特定元素a之某個n次冪，a稱為**生成元**(generator)例如{(1，i，−1，−i)，·}是一個群，$1=i^4$，$i=i^1$，$-1=i^2$，$-i=i^3$，在此，i為{(1，i，−1，−i)，·}之生成元，現在我們正式將循群生成元定義如下：

定義 <G，★>為一個群，若存在一個元素$b\in G$使得$G=\{b^n|n\in Z^+\}$則稱<G，★>為一**循環群**(cyclic group)，g稱為此循環群之生成元，記做$G=g(b)$

例8. $G=\{a，b，c\}$，★為定義於G之二元運算，其乘法表如左下，由5.1節例9知<G，★>為一個群。問<G，★>是否為循環群？生成元為何？

★	a	b	c
a	a	b	c
b	b	c	a
c	c	a	b

解

$\because b^2 = b★b = c$，$b^3 =$（$b★b$）$★b = c★b = a$，即$a = b^3$

$b^4 = b★b^3 = b★a = b$，即$b = b^4$

$b^5 = b★b^4 = b★b = c$，即$c = b^5$

$\therefore$<{a，b，c}，★>爲一循環群，其生成元爲b，即$G = g(b)$

例9. 循環群必爲可交換，試證之。

解

設<G，★>爲一循環群，x爲生成元。若a，$b \in G$且令$a = x^r$，$b = x^s$則$a★b = x^r \cdot x^s = x^{r+s}$，

$b★a = x^s \cdot x^r = x^{s+r}$

$\because x^{r+s} = x^{s+r}$

$\therefore a★b = b★a$，$\forall a$，$b \in G$即{G；★}爲一交換群。

子群

定義 已知{G；★}爲一個群，$H \subseteq G$，$H \neq \phi$，且{H；★}亦成一群，則稱H爲G之**子群**（subgroup）

下面是判斷子群之一個基本定理。

定理D {G；★}爲一個群，$H \subseteq G$且$H \neq \phi$，若且惟若$a★b^{-1} \in H$ $\forall a$，$b \in H$，則H爲G之子群。

G爲一個群，故滿足結合性，又$H \subseteq G$，$H \neq \phi$，則H亦滿足結合性。

(1) 先證G之單位元素e也是H之單位元素：
若a是H中任一元素，則$a \bigstar a^{-1} = e \in H$，即$e$亦爲$H$之單位元素。

(2) 次證H中任一元素b均有反元素b^{-1}：
對H中任一元素b而言，$e \bigstar b^{-1} \in H \Rightarrow b^{-1} \in H$

(3) 最後證★運算具封閉性：
對H中任意二元素a，b，由(2)知$b^{-1} \in H$，
且$b = (b^{-1})^{-1}$
$\therefore a \bigstar b = a \bigstar (b^{-1})^{-1} \in H$ ■

$\{G，\bigstar\}$爲一個群，若H，K爲G之子群則$H \cap K$爲G之子群

H，K爲G之子群，則H，K包含單位元素e　$\therefore H，K \neq \phi$
令a，$b \in H \cap K$
$\therefore a，b \in H$，且$a，b \in K$
$\Rightarrow a \bigstar b^{-1} \in H$，且$a \bigstar b^{-1} \in \text{K}$（$\because H$，$K$爲$G$之子群）
$\Rightarrow a \bigstar b^{-1} \in H \cap K$
即$H \cap K$爲G之子群。 ■

例10. 若$R' = R - \{0\}$（即R'爲非零實數所成之集合）

令$A=\{x|x=a+b\sqrt{2}，a，b\in Q，a^2+b^2\neq 0\}$
問A是否為$\{R'\ ,\cdot\}$之子群？・為一般之乘法。

解

(1) $A\subseteq R'$ $\therefore A\neq\phi$，$\{R'\ ,\cdot\}$為一個群（讀者自行仿例7驗證之）

(2) 取$x=a+b\sqrt{2}$，$y=c+d\sqrt{2}$

$$x\cdot y^{-1}=(a+b\sqrt{2})\cdot\frac{1}{c+d\sqrt{2}}=\frac{(a+b\sqrt{2})(c-d\sqrt{2})}{c^2-2d^2}$$

$$=\frac{ac-2bd}{c^2-2d^2}+\frac{(-ad+bc)}{c^2-2d^2}\sqrt{2}\in A$$

$\therefore$ A為$\{R'\ ,\cdot\}$之子群

習題5.3

1. ・為實數R上之乘法問<R，・>是否為半群？單群？

Ans. 半群，但非單群

2. $A=\{-1，1\}$，・是實數之乘法，試證<A，・>為一個群

3. $A=\{a，b，c\}$，定義二元運算★為

★	a	b	c
a	a	b	c
b	b	c	a
c	c	a	b

試驗證<A，★>為一個半群，也是一個群

4. ★爲定義於$A=\{1，2\}$之二元運算，其運算表爲

★	1	2
1	2	2
2	2	2

問$\{A，★\}$是否爲一個單群？半群

Ans.單群但不是一個半群

5. $<G，★>$爲一個群，$a，b，c\in G$，若$b★a=c★a$證$b=c$
6. ★爲定義於Z^+之二元運算，規定$x★y=\max\{x，y\}$，$x，y\in Z^+$問$\{Z^+，★\}$爲單群？半群？

   Ans.是單群，半群
7. ★爲定義於R之二元運算，定義$x★y=x+y-2$，驗證$\{R，★\}$爲一個群
8. $\{G，★\}$爲一個群，e爲單位元素，若$a★a=e$，$\forall a\in G$，試證$\{G，★\}$爲一交換群。

★5.4　環與體

我們在前節所談之半群或群都是只有一個二元運算，而本節之**環**（ring）與**體**（field）則含有二個二元運算。

環

定義 代數系統（G；＋，・）含有＋，・二個二元運算，若滿足：

(1) 加法結合性：$(x+y)+z=x+(y+z)$，$\forall x$，y，$z\in R$

(2) 加法交換性：$x+y=y+x$，$\forall x$，$y\in R$

(3) 加法單位元素0存在：即$x+0=0+x=x$，$\forall x\in R$

(4) 加法反元素存在：對任一元素$x\in R$均存在$-x\in R$使得$x+(-x)=(-x)+x=0$

(5) 乘法結合性：$(x\cdot y)\cdot z=x\cdot(y\cdot z)$，$\forall x$，$y$，$z\in R$

(6) 乘對加之分配性：$x\cdot(y+z)=x\cdot y+x\cdot z$及$(y+z)\cdot x=y\cdot x+z\cdot x$，$\forall x$，$y$，$z\in R$

則稱<G；＋，・>為一個**環**

簡單地說：

1) 環有二個二元運算：＋與・

2) <G，＋>為交換群

3) <G，・>為半群

4) $a\cdot(b+c)=a\cdot b+a\cdot c$且$(b+c)\cdot a=b\cdot a+c\cdot a$，$\forall a$，$b$，$c\in R$

例1. $\{R，+，\times\}$是否為一個環？R為實數集，＋，×為一般實數之加、乘。

解

(1) $\{R，+\}$為一個交換群

(2) $\{R，\times\}$爲半群

(3) 在R中，$a\times(b+c)=a\times b+a\times c$與$(b+c)\times a$

$=b\times a+c\times a$成立

$\therefore\{R，+，\times\}$爲一個環。

例2. P爲所有在$(-\infty，\infty)$中之連續函數所成之集合。定義

$(f+g)(x)=f(x)+g(x)$，

$(f\circ g)(x)=f(g(x))$，$\forall f，g\in P，x\in R$，問$\{P；+，\circ\}$是否成一環？

解

$\{P；+，\circ\}$

取$f(x)=x^2$，$g(x)=3x$，$h(x)=x^2$，則

$(f(g+h))(x)=f(3x+x^2)=(3x+x^2)^2$

$f(g(x))+f(h(x))=f(3x)+f(x^2)=(3x)^2+(x^2)^2$，顯然$(f(g+h))(x)\neq(f(g(x))+f(h(x))$

$\therefore\{P；+，\cdot\}$不成爲一個環。

例3. R爲實數集，加法“$+$”是一般數系之加法，定義$\bigstar$爲$a\bigstar b=|a|\cdot b$，“$\cdot$”爲一般實數之乘法，問$\{R，+，\bigstar\}$是否爲一個環？

解

(a) $\{R，+\}$爲一個交換群

(b) 現要判斷$\{R，\bigstar\}$是否爲一個半群

(i) 封閉性：顯然成立；

(ii) 結合性：

$(a\bigstar b)\bigstar c=(|a|\cdot b)\bigstar c=||a|b|\cdot c=|a|\cdot|b|\cdot c$

$a\bigstar(b\bigstar c)=a\bigstar(|b|\cdot c)=|a|\cdot(|b|\cdot c)=$
$|a|\cdot|b|\cdot c$

$\therefore\{R,\bigstar\}$爲一個半群

(c) 最後判斷$a\bigstar(b+c)\overset{?}{=}(a\bigstar b)+(a\bigstar c)$及
$(b+c)\bigstar a\overset{?}{=}(b\bigstar a)+(c\bigstar a)$：

① $a\bigstar(b+c)=|a|\cdot(b+c)=|a|\cdot b+|a|\cdot c$
$(a\bigstar b)+(a\bigstar c)=|a|\cdot b+|a|\cdot c$
$\therefore a\bigstar(b+c)=(a\bigstar b)+(a\bigstar c)$

② $(b+c)\bigstar a=|b+c|\cdot a$
$(b\bigstar a)+(c\bigstar a)=|b|\cdot a+|c|\cdot a$
$\Rightarrow|b+c|\cdot a\neq|b|\cdot a+|c|\cdot a$
即$(b+c)\bigstar a\neq b\bigstar a+c\bigstar a$
$\therefore\{R;+,\bigstar\}$不爲一個環。

體

定義 $\{G;+,\cdot\}$爲一至少含2個元素的環，若

(1) $\{G,\cdot\}$有單位元素

(2) $\{G,\cdot\}$爲可交換

(3) $\{G,\cdot\}$除零外所有元素均有反元素，則$\{G;+,\cdot\}$爲一個體（field或“域”）

例4. (a) 先證明$\{Q$， $+$，$\cdot\}$爲一個環，其中，$+$，$\cdot$爲一般有理數之加法與乘法，(b) 由(a)之結果判斷$\{Q$，$+$，$\cdot\}$爲一個體。

解

(a) $\{Q$， $+$，$\cdot\}$爲一個環：

(1) $\{Q$， $+\}$爲一個交換群

(2) $\{Q$，$\cdot\}$爲一個半群

因有理數之乘法滿足封閉性與結合性。

$\therefore\{Q$，$\cdot\}$爲一個半群

(3) $\because x_1\cdot(x_2+x_3)=x_1\cdot x_2+x_1\cdot x_3$

及$(x_2+x_3)\cdot x_1=x_2\cdot x_1+x_3\cdot x_1$，$\forall x_1\cdot x_2\cdot x_3\in Q$

由(1)，(2)，(3)知$\{Q$； $+$，$\cdot\}$爲一個環。

(b) 現判斷$\{Q$； $+$，$\cdot\}$爲一個體？

(4) $\{Q$；$\cdot\}$有一個單位元素1。

(5) $\{Q$，$\cdot\}$可交換（$\because x_1$，$x_2\in Q$ $\therefore x_1\cdot x_2=x_2\cdot x_1$）

(6) 若$a\in Q$，$a\neq 0$則存在一個乘法反元素$\dfrac{1}{a}$，

$\therefore\{Q$；$+$，$\cdot\}$爲一個體。

習題5.4

1. $\{Z^+$， $+$，$\cdot\}$是否爲一個環。

Ans. 否（$\because\{Z^+$， $+\}$不是一個群）

2. $\{R$； $+$，$\cdot\}$是否爲一個環？

Ans. 是

3. $\{R$； $+$，$\cdot\}$是一個環，試證

(a) $(-a)\cdot b=-(a\cdot b)$，$\forall a$，$b\in R$

(b) $a\cdot b^{-1}=b^{-1}\cdot a$

(c) $a\cdot(nb)=(nb)\cdot a$，$n\in Z^{+}$

4. $A=\{a+b\sqrt{2}+c\sqrt{3}|a$，$b$，$c\in Z\}$，問$\{A$；＋，・$\}$是否爲一個環？

   Ans.　否（至少$\{A$，・$\}$不具封閉性）

5. $A=\left\{\begin{bmatrix} a & b \\ c & d \end{bmatrix}, a, b, c, d\in I \text{且} \begin{vmatrix} a & b \\ c & d \end{vmatrix}\neq 0\right\}$

   問$\{A$； ＋，・$\}$是否爲一個環？其中＋，・爲二階方陣之一般加、乘法

   Ans.　否；加法不具封閉性

第 6 章

遞迴關係

6.1 什麼是遞迴關係
6.2 遞迴關係之解法
6.3 生成函數在遞迴關係解法上之應用

6.1 什麼是遞迴關係

定義 所謂的遞迴數列就是一個序列之某一項爲前一項或前幾項的函數。

上述定義有點抽象，我們將透過例子了解它的意義及解法，遞迴關係也稱爲差分方程式（difference equation）。它可用在行列式、組合公式等。

例1. 設一遞迴關係定義爲

$$\begin{cases} f(0)=2 \\ f(n+1)=2f(n)-1 \end{cases}$$

求$f(1)$，$f(2)$，$f(3)$。

解

$$f(1)=2f(0)-1=2\cdot 2-1=3$$
$$f(2)=2f(1)-1=2\cdot 3-1=5$$
$$f(3)=2f(2)-1=2\cdot 5-1=9$$

例2. 試根據下列條件分別寫出適當之遞迴關係式：

(a) a^n，$a>0$，$n\in Z^+$

(b) $n!$，$n\in Z^+$

(c) $\sum_{k=0}^{n} a_k$，$n\in Z^+$

解

(a) $a^{n+1}=a\cdot a^n$，令$F(n)=a^n$則有$F(n+1)=a\cdot a^n=aF(n)$

(b) $(n+1)! = (n+1)\cdot(n)!$ 令 $F(n)=n!$，則 $F(n+1)=(n+1)F(n)$

$n \in Z^+$ $n! = (n-1)(n-2)\cdots 3\cdot 2\cdot 1$

(c) $F(n+1)=\left(\sum_{k=0}^{n+1} a_k\right)$

$=\left(\sum_{k=0}^{n} a_k + a_{n+1}\right)$

$=F(n)+a_{n+1}$

例3. 本利和公式為 $S_n=p(1+i)^n$，S_n 為 n 期後之本利和，p 為本金，i 為利率，n 為利息期數，$n\in Z^+$，試書出適當之遞迴公式

解

令 $S_n=p(1+i)^n$，則 $S_{n+1}=p(1+i)^{n+1}=(1+i)p(1+i)^n=(1+i)S_n$

隨堂演練

若 $F(0)=1$，求
$F(n+1)=F^2(n)-nF(n)$ 時，$F(3)=$ ______
(Ans. 0)

例4. 若 $f(n)=f\left(\frac{n}{3}\right)+1$，$f(1)=1$，$n$ 為3的倍數求 $f(27)$

解

$f(3)=f\left(\frac{3}{3}\right)+1=f(1)+1=1+1=2$

$f(9)=f\left(\frac{9}{3}\right)+1=f(3)+1=2+1=3$

$\therefore\ f(27)=f\left(\frac{27}{3}\right)+1=f(9)+1=3+1=4$

隨堂演練

若遞迴關係 $a_n=\frac{1}{3}a_{n-1}+1$，$a_0=3$，求$a_2=?\ a_3=?$

提示：$a_2=\frac{5}{3}$，$a_3=\frac{14}{9}$

例5. 驗證$a_n=(a+bn)\,2^n$是遞迴關係$a_{n+2}-4a_{n+1}+4a_n=0$之解。

解

$a_n=(a+bn)\,2^n$

$a_{n+1}=(a+b(n+1))\,2^{n+1}=(a+b+bn)\,2^{n+1}$

$a_{n+2}=(a+b(n+2))\,2^{n+2}=(a+2b+bn)\,2^{n+2}$

$\therefore\ a_{n+2}-4a_{n+1}+4a_n$

$=[\,a+2b+bn]2^{n+2}-4\,[\,(a+b+bn)\,2^{n+1}]+4[\,(a+bn)\,2^n]$

$=2^n\,[\,(4a+8b+4bn)-(8a+8b+8bn)+(4a+4bn)\,]$

$=0$

即$a_n=(a+bn)\,2^n$是$a_{n+2}-4a_{n+1}+4a_n=0$ 之解

Fibonacci數

Fibonacci數（Fibonacci numbers）f_0，f_1，…，f_n…
定義為 $f_0=0$，$f_1=1$，$f_n=f_{n-1}+f_{n-2}$，$n=2$，3，4…

隨堂演練

求 Fibonacci 數 f_3，f_4

Ans：2，3

例6. f_n為 Fibonacci 數列，$n\in Z^+$試證

$$f_1+f_3+\cdots+f_{2n-1}=f_{2n}，f_1=f_2=1$$

解

$n=1$時：左式 $=f_1=1$，右式 $=f_2=1$

$\therefore n=1$ 時左式 = 右式.

$n=k$時：設 $f_1+f_3+\cdots+f_{2k-1}=f_{2k}$成立。

$n=k+1$時：$f_1+f_3+\cdots+f_{2k-1}+f_{2(k+1)-1}=f_{2k}+f_{2k+1}$

$=f_{2k+2}=f_{2(k+1)}$

$\therefore$當$n\in Z^+$時，$f_1+f_3+\cdots+f_{2n-1}=f_{2n}$

例7. f_n為 Fibonacci 數列，$n\in Z^+$，試證

$$f_1^2+f_2^2+\cdots+f_n^2=f_nf_{n+1}，f_1=f_2=1$$

解

$n=1$時，左式 $f_1^2=1$，右式 $f_1f_2=1\cdot1=1$

$n=k$時，設 $f_1^2+f_2^2+\cdots+f_k^2=f_kf_{k+1}$成立。

$n=k+1$時，$f_1^2+f_2^2+\cdots+f_k^2+f_{k+1}^2$

$=f_kf_{k+1}+f_{k+1}^2$

$=f_{k+1}(f_k+f_{k+1})$

$=f_{k+1}f_{k+2}$

$\therefore$當$n\in Z^+$時，$f_1^2+f_2^2+\cdots+f_n^2=f_nf_{n+1}$

我們再看一個較精彩的遞迴關係。

Ackermann 函數

Ackermann函數是個很有教育旨趣的遞迴關係，它有一些變形，不同形式之Ackermann，它的函數值可能會有所不同，但計算方法並無二致。

定義 Ackermann函數定義爲

$$A(m,n)=\begin{cases} n+1 & ,m=0 \\ A(m-1,1) & ,m>0 \text{ 且 } n=0 \\ A(m-1,A(m,n-1)) & ,m>0 \text{ 且 } n>0 \end{cases}$$

例8. 求 Ackermann 函數之(a)$A(0,1)$，(b)$A(1,0)$，(c)$A(1,1)$及(d)$A(2,1)$

解

(a) $A(0,1)=1+1=2$，

(b) $A(1,0)=A(0,1)=2$

(c) $A(1,1)=A(0,A(1,0))=A(1,0)+1$
$=2+1=3$

(d) $\because A(2,0)=A(1,1)=3$

$\therefore A(2,1)=A(1,A(2,0))$
$=A(1,3)$
$=A(0,A(1,2))$
$=A(1,2)+1$
$=A(0,A(1,1))+1$

$=(A(1,1)+1)+1$

$=(3+1)+1$（∵由(c)，$A(1,1)=3$）

$=5$

例9. 試證$A(1,n)=n+2$，$n\geq 1$

解

$n=1$時：$A(1,n)=A(1,1)=3$（由例8c之結果）

$n=k$時 設$A(1,k)=k+2$成立。

$n=k+1$時 $A(1,k+1)=A(0,A(1,k))$

$=A(0,k+2)$

$=k+2+1=(k+1)+2$

即$A(1,n)=n+2$，$\forall n\geq 1$.

強的數學歸納法

在證明遞迴關係式時，我們往往需借助於**強的數學歸納法**（strong mathematical induction），它在本質上與以前我們介紹的數學歸納法同義。

$P(n)$為一命題，其中n為自然數。

(1) 若$P(1)$，$P(2)$，…$P(q)$成立，

(2) 假設對所有介於 $1\leq i\leq k$ 之自然數（其中$k\geq q$）$P(i)$成立，

(3) 在(1)，(2)成立下，若$P(k+1)$亦成立時，則$P(n)$對所有自然數成立。

例10.

證明：Fibonacci 數例$F_{n+2}=F_n+F_{n+1}$，$F_1=1$，$F_2=1$之第n項$F_n<\left(\frac{7}{4}\right)^n$

解

由強的數學歸納法：

1. $F_1=1<\frac{7}{4}, F_2=1<\left(\frac{7}{4}\right)^2$

$\therefore F_1$，F_2成立。

2. 設$1\le i\le k$，$k\ge 2$，均有$F_i<\left(\frac{7}{4}\right)^i$，

3. $F_{k+2}=F_k+F_{k+1}<\left(\frac{7}{4}\right)^k+\left(\frac{7}{4}\right)^{k+1}=\left(\frac{7}{4}\right)^k\left(\frac{7}{4}+1\right)$

$$=\left(\frac{7}{4}\right)^k\left(\frac{11}{4}\right)<\left(\frac{7}{4}\right)^k\left(\frac{7}{4}\right)^2=\left(\frac{7}{4}\right)^{k+2}$$

即對任意$n\in Z^+$，$F_n<\left(\frac{7}{4}\right)^n$均成立。

例11.

若(1) $a_1=\sqrt{2}$及(2) $a_{n+1}=\sqrt{2+a_n}$，
試證$a_n<2$，$\forall n\in Z^+$。

解

1. $a_1=\sqrt{2}<2$，$a_2=\sqrt{2+\sqrt{2}}<\sqrt{2+2}=2$
   即$i=1$，2時，原式成立。

2. $1\le i\le k$，$k\ge 2$，設原式成立，即$a_i<2$

3. $n=k+1$時

$a_{k+1}=\sqrt{2+a_k}<\sqrt{2+2}=2$，故之。

習題6.1

1. 求下列指定遞迴關係之$F(3)$

(a) $F(n+1)=(n+1)^2F(n)$，設$F(0)=\alpha$

(b) $F(n+2)=2F(n)+3F(n+1)$，設$F(0)=\alpha$，$F(1)=\beta$

Ans. (a) 36α　　(b) 6α＋11β

2.（需利用矩陣代數）

$A=\begin{bmatrix}1 & 1\\ 1 & 0\end{bmatrix}$，試證$A^n=\begin{bmatrix}f_{n+1} & f_n\\ f_n & f_{n-1}\end{bmatrix}$，$f_n$爲 Fibonacci 數

3. 若已知$A(1,2)=4$求$A(1,5)$

Ans. 7

4. 設一遞迴關係滿足① $a_1=1$ ② $a_n=\sqrt{3a_{n-1}+1}$，$n\geq 1$，試證 $a_n<\frac{7}{2}$

5. 若遞迴關係滿足$a_1=1$，$a_2=3$，$a_3=5$，$a_n=a_{n-1}+a_{n-2}+a_{n-3}$，試證$a_n<2^n$，$n\geq 4$

6. F_0，F_1，F_2，…，爲一Fibonacci 數列，試用F_n，F_{n+1} 表示 F_{n+4}

Ans. $F_{n+4}=3F_{n+1}+2F_n$

7. f_0，f_1，f_2，…，爲一Fibonacci 數列，若 $f_n=5f_{87}+3f_{86}$ 求n

Ans. 91

6.2 遞迴關係之解法

有了遞迴關係後接著就要解出遞迴關係，常見解法有： 1. 直接代入法 2. 特徵方程式法 3. 生成函數法，本節先介紹前面二種解法

直接代入法

例1. 解遞回關係 $T(n)=\begin{cases} a & , n=1 \\ b+T\left(\frac{n}{2}\right) & , n=2^k \end{cases}$

解

$$T(n)=b+T\left(\frac{n}{2}\right)$$

$$=b+\left(b+T\left(\frac{n}{2^2}\right)\right)=2b+T\left(\frac{n}{2^2}\right)$$

$$=2b+\left(b+T\left(\frac{n}{2^3}\right)\right)=3b+T\left(\frac{n}{2^3}\right)$$

……………………………………

$$=kb+T\left(\frac{n}{2^k}\right)，\because n=2^k \quad \therefore k=\log_2 n$$

$$=b\log_2 n+T\left(\frac{2^k}{2^k}\right)=b\log_2 n+T(1)=b\log_2 n+a$$

例1是有名的**分治法**（divide and conquer）

例2. 解$a_n = na_{n-1} + n!$，$n \geq 1$，$a_0 = 0$

解

$$\begin{aligned} a_n &= na_{n-1} + n! \\ &= n[(n-1)a_{n-2} + (n-1)!] + n! \\ &= n(n-1)a_{n-2} + n! + n! = n(n-1)a_{n-2} + 2(n!) \\ &\cdots\cdots \\ &= n!a_0 + n(n!) = n(n!) \end{aligned}$$

特徵方程式

我們依下列兩種題型分別討論：

(1) 線性齊性常係數遞迴關係：$a_n = c_1a_{n-1} + c_2a_{n-2} + \cdots + c_ka_{n-k}$ (1)

(2) 線性非齊性常係數遞迴關係：

$$a_n = c_1a_{n-1} + c_2a_{n-2} + \cdots + c_ka_{n-k} + F(n)$$

線性齊性常係數遞迴關係

如果我們代$a_n = r^n$入下式

$a_n = c_1a_{n-1} + c_2a_{n-2} + \cdots + c_ka_{n-k}$

得$r^n = c_1r^{n-1} + c_2r^{n-2} + \cdots\cdots + c_kr^{n-k}$

上式兩邊同除r^{n-k}並移項，得：

$$r^k - c_1r^{k-1} - c_2r^{k-2} - \cdots - c_{k-1}r - c_k = 0 \quad (2)$$

我們稱(2)爲(1)之**特徵方程式**（characteristic equation）。

遞迴關係 $a_n = c_1a_{n-1} + c_2a_{n-2}$，$c_1$，$c_2$爲實數，
若特徵方程式$r^2 - c_1r - c_2 = 0$：
(a) 有二相異根r_1，r_2，則$a_n = \alpha_1 r_1^n + \alpha_2 r_2^n$
(b) 二根相同即$r_1 = r_2 = r_0$，則$a_n = (\alpha_1 + \alpha_2 n)r_0^n$，上面之$\alpha_1$，$\alpha_2$爲待定係數。

(a) $a_n = c_1a_{n-1} + c_2a_{n-2}$，相當於$a_n - c_1a_{n-1} - c_2a_{n-2} = 0$，其特徵方程式爲$r^2 - c_1r - c_2 = 0$，
二相異根爲r_1，r_2 $\therefore r_1^2 - c_1r_1 - c_2 = 0$及$r_2^2 - c_1r_2 - c_2 = 0$
代$a_n = \alpha_1 r_1^n + \alpha_2 r_2^n$入$a_n - c_1a_{n-1} - c_2a_{n-2}$，看其結果是否爲0？

$$\begin{aligned}
& a_n - c_1a_{n-1} - c_2a_{n-2} \\
&= (\alpha_1 r_1^n + \alpha_2 r_2^n) - c_1(\alpha_1 r_1^{n-1} + \alpha_2 r_2^{n-1}) - c_2(\alpha_1 r_1^{n-2} + \alpha_2 r_2^{n-2}) \\
&= \alpha_1(r_1^n - c_1r_1^{n-1} - c_2r_1^{n-2}) + \alpha_2(r_2^n - c_1r_2^{n-1} - c_2r_2^{n-2}) \\
&= \alpha_1 r_1^{n-2}(r_1^2 - c_1r_1 - c_2) + \alpha_2 r_2^{n-2}(r_2^2 - c_1r_2 - c_2) \\
&= \alpha_1 r_1^{n-2} \cdot 0 + \alpha_2 r_2^{n-2} \cdot 0 = 0
\end{aligned}$$

$\therefore a_n = \alpha_1 r_1^n + \alpha_2 r_2^n$爲$a_n = c_1a_{n-1} + c_2a_{n-2}$之解.
(b) 請讀者自行仿6.1節例5證明之。

例3. 求下列遞迴關係
(a) $a_n = a_{n-1} + 12a_{n-2}$，$n \geq 2$，$a_0 = 1$，$a_1 = 2$
(b) $a_n = 4a_{n-1} - 4a_{n-2}$，$n \geq 2$，$a_0 = 1$，$a_1 = 2$

解

(a) $a_n = a_{n-1} + 12a_{n-2}$之特徵方程式爲
$r^2 = r + 12$，移項得$r^2 - r - 12 = (r-4)(r+3) = 0$

$\therefore r=-3$，4

得：$a_n=\alpha_1(-3)^n+\alpha_2(4)^n$

$\because a_0=1\ \therefore \alpha_1(-3)^0+\alpha_2(4)^0=\alpha_1+\alpha_2=1$ ①

$\because a_1=2\ \therefore \alpha_1(-3)+\alpha_2(4)=-3\alpha_1+4\alpha_2=2$ ②

①×3＋②得$7\alpha_2=5$，$\alpha_2=\frac{5}{7}$

代$\alpha_2=\frac{5}{7}$入①得$\alpha_1=\frac{2}{7}$

$\therefore a_n=\frac{2}{7}(-3)^n+\frac{5}{7}(4)^n$

(b) $a_n=4a_{n-1}-4a_{n-2}$之特徵方程式爲

$r^2=4r-4$，$r^2-4r+4=(r-2)^2=0$得$r=2$（重根）

$\therefore a_n=(\alpha_1+\alpha_2 n)2^n$

$a_0=\alpha_1\cdot 2^0=\alpha_1=1$

$a_1=(\alpha_1+\alpha_2)2=(1+\alpha_2)2=2\ \therefore \alpha_2=0$

即$a_n=(1+0n)2^n=2^n$

例4. 試解 Fibonacci 數列$a_n=a_{n-1}+a_{n-2}$，$n\geq 2$，$a_0=0$，$a_1=1$

解

$a_n=a_{n-1}+a_{n-2}$ 之特徵方程式爲：

$r^2=r+1$，$r^2-r-1=0$ 得$r=\frac{1\pm\sqrt{5}}{2}$

$\therefore a_n=a_{n-1}+a_{n-2}$之解

$$a_n=\alpha_1\left(\frac{1+\sqrt{5}}{2}\right)^n+\alpha_2\left(\frac{1-\sqrt{5}}{2}\right)^n$$

又已知

$$a_0 = 0 \quad \therefore \alpha_1 \left(\frac{1+\sqrt{5}}{2}\right)^0 + \alpha_2 \left(\frac{1-\sqrt{5}}{2}\right)^0 = 0$$

即 $\alpha_1 + \alpha_2 = 0$ (1)

$$a_1 = 1 \quad \therefore \alpha_1 \left(\frac{1+\sqrt{5}}{2}\right) + \alpha_2 \left(\frac{1-\sqrt{5}}{2}\right) = 1 \qquad (2)$$

解(1)，(2)得

$$\alpha_1 = \frac{+1}{\sqrt{5}}，\alpha_2 = \frac{-1}{\sqrt{5}}$$

即 $a_n = \dfrac{1}{\sqrt{5}}\left\{\left(\dfrac{1+\sqrt{5}}{2}\right)^n - \left(\dfrac{1-\sqrt{5}}{2}\right)^n\right\}$

由例4之結果及 Fibonacci 數列性質，易知

$$\frac{1}{\sqrt{5}}\left\{\left(\frac{1+\sqrt{5}}{2}\right)^n - \left(\frac{1-\sqrt{5}}{2}\right)^n\right\} \in Z^+$$

隨堂演練

解下列遞迴關係

$a_n = a_{n-1} + 2a_{n-2}$，$a_0 = 1$，$a_1 = 0$

Ans. $a_n = \frac{1}{3}(2^n) + \frac{2}{3}(-1)^n$

線性非齊次常係數遞迴關係

$a_n = c_1 a_{n-1} + c_2 a_{n-2} + \cdots + c_k a_{n-k} + F(n)$

c_1, c_2，…，c_n為實數，$F(n)$ 為與n有關之非零函數

給定線性非齊性常係數遞迴關係

$a_n=c_1a_{n-1}+c_2a_{n-2}+\cdots+c_ka_{n-k}+F(n)$ *

若 $\{a_n^h\}$ 爲 $a_n=c_1a_{n-1}+c_2a_{n-2}+\cdots+c_ka_{n-k}$ 之齊性解（homogeneous solution），

$\{a_n^p\}$ 爲*之**特解**（particular solution）

則 $\{a_n^h+a_n^p\}$ 爲*之全解.

設 $\{a_n^p\}$ 爲 $a_n=c_1a_{n-1}+c_2a_{n-2}+\cdots+c_ka_{n-k}+F(n)$ 之特解

則 $a_n^p=c_1a_{n-1}^p+c_2a_{n-2}^p+\cdots+c_ka_{n-k}^p+F(n)$ (1)

設 $\{b_n\}$ 爲非齊次遞迴關係之一個解，則

$b_n=c_1b_{n-1}+c_2b_{n-2}+\cdots+c_kb_{n-k}+F(n)$ (2)

(2)−(1)得

$$b_n-a_n^p=c_1(b_{n-1}-a_{n-1}^p)+c_2(b_{n-2}-a_{n-2}^p)+\cdots+c_k(b_{n-k}-a_{n-k}^p)=0 \quad (3)$$

$\Rightarrow \{b_n-a_n^p\}$ 爲 $a_n=c_1a_{n-1}+c_2a_{n-2}+\cdots+c_ka_{n-k}$ 之齊次性之解，即 $\{a_n^h\}$

$\therefore b_n=a_n^p+a_n^h$，$\forall n\in Z^+$ 爲*之全解 ■

茲將 $F(n)$ 之常用形式及對應之特解 a_n^p 列表如下，以供參考：

$F(n)$	特徵根之可能情況	可設特解a_n^P之形式
$k\,b^n$	b不爲$C(t)=0$之根	$a_n^P=A_0b^n$
$k\,b^n$	b爲$C(t)=0$之m重根	$a_n^P=A_0n^mb^n$
$k\,n^s\,b^n$	b不爲$C(t)=0$之根	$a_n^P=(A_0+A_1n+\cdots+A_sn^s)b^n$
$k\,n^s\,b^n$	b爲$C(t)=0$之m重根	$a_n^P=n^m(A_0+A_1n+\cdots+A_sn^s)b^n$

上表之k，A_0，A_1，⋯，A_s均爲待定常數，m可爲1。

例5. 解$a_n=2a_{n-1}+3a_{n-2}+5^n$，

解

1° 先解a_n^h：$a_n=2a_{n-1}+3a_{n-2}$之特徵方程式爲

$r^2-2r-3=0$，得 $r=-1$，3

$\therefore a_n^h=c_1(-1)^n+c_2 3^n$

2° 次解a_n^p：$\because F(n)=5^n$，5不爲$C(t)=0$之根，

$\therefore$設$a_n^p=A5^n$

代$a_n^p=A5^n$入$a_n=2a_{n-1}+3a_{n-2}+5^n$得：

$A5^n=2(5^{n-1})+3(5^{n-2})+5^n$ *

*二式分除5^{n-2}得

$A5^2=2(5)+3+5^2$，得$A=\frac{38}{25}$

$\therefore a_n=a_n^h+a_n^p=c_1(-1)^n+c_2 3^n+\frac{38}{25}5^n$

例6. 解$a_n=5a_{n-1}-6a_{n-2}+n$，$a_0=2$，$a_1=1$

解

1° 先解a_n^h：$a_n-5a_{n-1}+6a_{n-2}=0$之特徵方程式爲

$r^2-5r+6=(r-2)(r-3)=0$，得 $r=2$，3

$\therefore a_n^h=c_1 2^n+c_2 3^n$

2° 次解a_n^p：$\because F(n)=n \therefore$ 可設$a_n^p=A_0+A_1n$，代入原方程式即$a_n-5a_{n-1}+6a_{n-2}=n$：

$(A_0+A_1n)-5(A_0+A_1(n-1))+6(A_0+A_1(n-2))$

> $\because F(n)=kn^s$之
> $a_n^p=(A_0+A_1n+\cdots+A_sn^s)$
> 題給$F(n)=n$，
> $\therefore$取$a_n^p=A_0+A_1n$

$=(2A_0-7A_1)+(2A_1)n=n$

比較兩邊係數：$(2A_0-7A_1)+(2A_1)n=n$

得：$A_0=\frac{7}{4}$，$A_1=\frac{1}{2}$

3° 決定$a_n=c_12^n+c_23^n+\frac{7}{4}+\frac{n}{2}$之$c_1$，$c_2$：

由1°，2°

$a_0=2 \therefore 2=c_1+c_2+\frac{7}{4}$或$c_1+c_2=\frac{1}{4}$

$a_1=1 \therefore 1=2c_1+3c_2+\frac{7}{4}+\frac{1}{2}$或$2c_1+3c_2=-\frac{5}{4}$

解之，$c_2=-\frac{7}{4}$，$c_1=2$

$a_n=2^{n+1}-\frac{7}{4}(3^n)+\frac{7}{4}+\frac{n}{2}$

習題6.2

1. 給定線性常係數遞迴關係特徵方程式之根，試寫出遞迴關係之一般式

(a) 1，1，1，2，3　　(b) 1，1，2，2，3，4

Ans. (a) $a_n=(c_1+c_2n+c_3n^2)+c_42^n+c_53^n$

(b) $a_n=(c_1+c_2n)+(c_3+c_4n)2^n+c_53^n+c_64^n$

2. 試解下列遞迴關係

(a) $a_n = a_{n-1}$，$n \geq 1$，$a_0 = 3$

(b) $a_n = 4a_{n-2}$，$n \geq 2$，$a_0 = 3$，$a_1 = 2$

(c) $a_n = 5a_{n-1} - 6a_{n-2}$，$n \geq 2$，$a_0 = 1$，$a_1 = 3$

(d) $a_n = -4a_{n-1} - 4a_{n-2}$，$n \geq 2$，$a_0 = 1$，$a_1 = -2$

Ans. (a) $a_n = 3$ (b) $a_n = 2^{n+1} + (-2)^n$ (c) $a_n = 3^n$

(d) $a_n = (-2)^n$

3. 試解下列遞迴關係

(a) $a_n = 3a_{n-1} - 3a_{n-2} + a_{n-3}$，$n \geq 3$，$a_0 = a_1 = 1$，$a_2 = 3$

(b) $a_n = 2a_{n-1} + a_{n-2} - 2a_{n-3}$，$n \geq 3$，$a_0 = a_1 = 2$，$a_2 = 3$

Ans. (a) $1 - n + n^2$ (b) $\frac{1}{6}(-1)^n + \frac{3}{2} + \frac{1}{3}(2^n)$

4. 解$a_n = 5a_{n-1} - 6a_{n-2} + 4n$，$n \geq 2$

$a_0 = 9$，$a_1 = 14$

Ans. $2^n + 3^n + 2n + 7$

6.3 生成函數在遞迴關係解法上之應用

生成函數

生成函數又稱為**形式冪級數**（formal power series），習慣上，我們可不考慮它的斂散性。如同冪級數，生成函數也有加法、乘法與微分、積分等運算。例如：

$$f(x)=a_0+a_1x+a_2x^2+\cdots+a_nx^n+\cdots$$
$$g(x)=b_0+b_1x+b_2x^2+\cdots+b_nx^n+\cdots$$

則 $f(x)+g(x)=(a_0+b_0)+(a_1+b_1)x+(a_2+b_2)x^2+\cdots+(a_n+b_n)x^n+\cdots$及

$$f(x)g(x)=d_0+d_1x+d_2x^2+d_3x^3+\cdots\text{，其中}d_n=\sum_{k=0}^{n}a_kb_{n-k}$$
$$f'(x)=a_1+2a_2x+\cdots+na_nx^{n-1}+\cdots$$

我們現將二個最基本也是常用之公式表列如下：

1. $\boldsymbol{\frac{1}{1-bx}=1+bx+b^2x^2+b^3x^3+\cdots=\sum_{k=0}^{\infty}b^kx^k}$。

2. $\boldsymbol{\frac{1}{1+bx}=1-bx+b^2x^2-b^3x^3+\cdots=\sum_{k=0}^{\infty}(-1)^kb^kx^k}$。

定理A 設$G(x)=\sum_{n=0}^{\infty}a_nx^n=a_0+a_1x+a_2x^2+a_3x^3+\cdots$則：

$$\sum_{n=1}^{\infty}a_{n-1}x^n=xG(x)$$

$$\sum_{n=2}^{\infty}a_{n-2}x^n=x^2G(x)$$

證明

$$\sum_{n=1}^{\infty}a_{n-1}x^n=a_0x+a_1x^2+a_2x^3+a_3x^4+\cdots$$
$$=x(a_0+a_1x+a_2x^2+a_3x^3+\cdots)=xG(x)$$

同法可證$\sum_{n=2}^{\infty}a_{n-2}x^n=x^2G(x)$ ■

例1. 用生成函數解 $a_n=2a_{n-1}+1$，$a_0=0$

第一步：令$G(x)=\sum_{n=0}^{\infty}a_nx^n=\sum_{n=1}^{\infty}a_nx^n$（$\because a_0=0$）

第二步：$\because a_n=2a_{n-1}+1$，$a_nx^n=2a_{n-1}x^n+x^n$

得$\sum_{n=1}^{\infty}a_nx^n=2\sum_{n=1}^{\infty}a_{n-1}x^n+\sum_{n=1}^{\infty}x^n$；移項：

$$\sum_{n=1}^{\infty}a_nx^n-2\sum_{n=1}^{\infty}a_{n-1}x^n=\sum_{n=1}^{\infty}x^n$$

得$(a_0+a_1x+a_2x^2-\cdots)-2(a_0x+a_1x^2+\cdots)=\frac{x}{1-x}$

或　$G(x)-2xG(x)=\frac{x}{1-x}$

$\therefore G(x)=\frac{x}{(1-x)(1-2x)}=\frac{1}{1-2x}-\frac{1}{1-x}$

$=\sum_{n=0}^{\infty}(2x)^n-\sum_{n=0}^{\infty}(x)^n=\sum_{n=0}^{\infty}(2^n-1)x^n$

$\because G(x)$之x^n係數為2^n-1

$\therefore a_n=2^n-1$

例2. 用生成函數解$a_n=a_{n-1}+12a_{n-2}$，$a_0=1$，$a_1=2$

解

令$G(x)=a_0+a_1x+a_2x^2+\cdots$

以x^n乘$a_n-a_{n-1}-12a_{n-2}=0$之二邊得：

$a_nx^n-a_{n-1}x^n-12a_{n-2}x^n=0$

$\sum_{n=2}^{\infty}a_nx^n-\sum_{n=2}^{\infty}a_{n-1}x^n-12\sum_{n=2}^{\infty}a_{n-2}x^n=0$

$(a_2x^2+a_3x^3+\cdots)-(a_1x^2+a_2x^3+\cdots)-12(a_0x^2+a_1x^3+\cdots)=0$

即$(G(x)-1-2x)-x(a_1x+a_2x^2+\cdots)-12x^2(a_0+$

$a_1x+\cdots)$

$=(G(x)-1-2x)-x(G(x)-1)-12x^2G(x)=0$

$\therefore (1-x-12x^2)G(x)=1+x$

$$G(x)=\frac{1+x}{1-x-12x^2}=\frac{1+x}{(1+3x)(1-4x)}$$

$$=\frac{2}{7}\frac{1}{1+3x}+\frac{5}{7}\frac{1}{1-4x}$$

$$=\frac{2}{7}\left(\sum_{n=0}^{\infty}(-3x)^n\right)+\frac{5}{7}\left(\sum_{n=0}^{\infty}(4x)^n\right)$$

$$=\sum_{n=0}^{\infty}\left(\frac{2}{7}(-3)^n+\frac{5}{7}4^n\right)x^n$$

$\because G(x)$ 之x^n係數為$\frac{2}{7}(-3)^n+\frac{5}{7}4^n$

$\therefore a_n=\frac{2}{7}(-3)^n+\frac{5}{7}4^n$

例3. 用生成函數法解$a_n-5a_{n-1}+6a_{n-2}=0$，$a_0=0$，$a_1=1$

解

令$G(x)=a_0+a_1x+a_2x^2+\cdots$

以x^n乘$a_n-5a_{n-1}+6a_{n-2}=0$之二邊：

$a_nx^n-5a_{n-1}x^n+6a_{n-2}x^n=0$

$$\sum_{n=2}^{\infty}a_nx^n-5\sum_{n=2}^{\infty}a_{n-1}x^n+6\sum_{n=2}^{\infty}a_{n-2}x^n$$

$=(a_2x^2+a_3x^3+\cdots)-5(a_1x^2+a_2x^3+a_3x^4+\cdots)$

$\quad+6(a_0x^2+a_1x^3+a_2x^4+\cdots)$

$=(G(x)-x)-5x(G(x)-0)+6x^2G(x)=0$

$\therefore (1-5x+6x^2)G(x)=x$

或 $G(x)=\frac{x}{1-5x+6x^2}=\frac{-1}{1-2x}-\frac{1}{1-3x}$

$$= -\sum_{n=0}^{\infty}(2x)^n + \sum_{n=0}^{\infty}(3x)^n = \sum_{n=0}^{\infty}(-2^n + 3^n)x^n$$

$\because G(x)$ 之 x^n 係數為 -2^n+3^n

$\therefore a_n = 3^n - 2^n$

習題6.3

用生成函數法解：

1. $a_n = a_{n-1}$，$n \geq 1$，$a_0 = 3$（見習題6.2－2(a)）

   Ans. $a_n = 3$

2. $a_n - 2a_{n-1} - 3a_{n-2} = 0$，$a_0 = 0$，$a_1 = 1$

   Ans. $a_n = \frac{1}{4}(3)^n - \frac{1}{4}(-1)^n$

第7章

組合學

7.1 基本計數原理
7.2 基本排列，組合問題
7.3 二項式定理
7.4 非負整數解與生成函數在組合問題中之應用

7.1 基本計數原理

基本計數原理

組合理論（combinatorics）是討論**計數問題**（probem of counting），它的理論建構在第二章之排容原理，以及二個基本計數原理：**加法法則**（sum rule）與**乘法法則**（product rule）之上。

乘法法則：做一件事有k個步驟，其中第一步驟有n_1種方法，第二步驟有n_2種方法，…，第k步驟有n_k種方法，則做完整件事之方法有$n_1 \cdot n_2 \cdots n_k$種方法。

加法法則：完成A_1有n_1種方法，完成A_2有n_2種方法，完成A_k有n_k種方法，若A_1，$A_2 \cdots A_k$爲互斥（即A_1，$A_2 \cdots A_k$只做其中之一項）則完成方法有$n_1 + n_2 + \cdots + n_k$種。

用不嚴謹的說法是：加法法則是一氣呵成地完成，乘法法則是分段逐次完成，我們以幾個例子說明之：

例1. 某班有b個男生，g個女生，現在要推選班代表：

(a) 若從b個男生，g個女生中選一位，選法有幾種？

(b) 若從b個男生選一位班代表，g個女生中選一位副班代表，其選法有幾？

解

(a) 由加法法則有$b+g$種選法

(b) 由乘法法則有bg種選法

例2. 某大學數學系大一、二、三、四之男、女生統計表如下：

	大一	大二	大三	大四
男生	b_1	b_2	b_3	b_4
女生	g_1	g_2	g_3	g_4

(a) 從所有男生、女生中選一位系代表之方法有幾？

(b) 每個年級各選一名男生爲班代表及一名女生爲副班代表，其選法有幾？

(c) 每年級各選一名代表（不分性別）

解

(a) 由加法法則，其選法共有$b_1+b_2+b_3+b_4+g_1+g_2+g_3+g_4$

(b) 由乘法法則，其選法共有$(b_1g_1)+(b_2g_2)+(b_3g_3)+(b_4g_4)$

(c) 大一選一代表選法有(b_1+g_1)種，大二有(b_2+g_2)選法，大三有(b_3+g_3)選法，大四有(b_4+g_4)種選法，

由乘法法則，總共有$(b_1+g_1)(b_2+g_2)(b_3+g_3)(b_4+g_4)$種選法。

例3. 試依下圖決定A至C之走法有幾種？

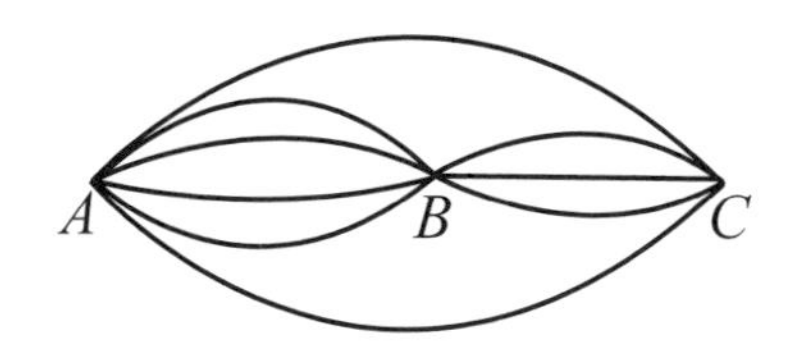

解

$$A\to C\text{可分}\begin{cases}\text{①}\ A\to B\to C\text{有12種}\\ \text{②}\ A\text{直接到}C\text{有2種}\end{cases}$$

$\therefore A\to C$有$12+2=14$種走法。

例4. 某君有2頂帽子、3件長袖上衣、2件短袖上衣、2件長褲、1件短褲、2雙皮鞋、1雙布鞋，某君外出時衣、褲、鞋都必需穿著整齊，但帽子可能戴也可能不戴，問有幾種外出穿著法？

解

此題相當於3頂帽子（把不戴帽子視做1頂“虛擬”帽子）、5件上衣、3件褲子、3雙鞋子之穿著方式，共有$3\times5\times3\times3=135$種。

例5. 一個**字串**（string）含有8個**字元**（bit），每個字元爲0或1，問開始字元是0或結束二個字元是01，問符合這種條件字串有幾？

解

$T_1=$ 第一個字元是0之8個字元的字串有$1\times2^7=128$種

$T_2=$結束二個字元是01之8個字元的字串有$2^6\times1\times1=64$種

$T_3=$ 第一個字元是0，結束二個字元是01之8個字元的字串有$1\times2^5\times1\times1=32$種

由排容原理，

$$\begin{aligned}|T_1\cup T_2|&=|T_1|+|T_2|-|T_1\cap T_2|\\&=|T_1|+|T_2|-|T_3|\\&=128+64-32=160\text{種}\end{aligned}$$

例6. 擲一骰子2次，問二次點數和大於等於9之情形有幾？

解

在本例，我們可用列表方式來協助求解。

x	3	4	4	5	5	5	6	6	6	6
y	6	5	6	4	5	6	3	4	5	6

∴ （3，6），（4，5），（4，6），（5，4），（5，5），（5，6），（6，3），（6，4），（6，5），（6，6）共10種，若不考慮擲出順序（例如視（3，6）與（6，3）為相同情形）時有6種。

例7. 用5元，10元，50元支付180元之支付方法有幾？規定5元，10元幣至少1張時，50元幣至少2張

解

(a) 設5元，10元，50元各需x，y，z張時，依題意$5x+10y+50z=180$ 或 $10z+2y+x=36$，$x\geq 1$， $y\geq 1$，$z\geq 2$

z	3	3	3	2	2	2	2	2	2	2	2
y	3	2	1	8	7	6	5	4	3	2	1
x	0	2	4	0	2	4	6	8	10	12	14
		√	√		√	√	√	√	√	√	√

∴共有9種支付方法

隨堂演練

擲一骰子2次，問二次點數和爲7之情形有幾？

Ans：6

例8. 甲乙丙3人每天中午都要聚餐，他們約好用抓鬮的方式決定該天中餐由誰「做鬼」支付，如果連續2天都是同1人就要重抓，已知第一天由乙做鬼，問第4天又由乙做鬼的情形有幾種？

解

這類問題用樹形圖較易理解

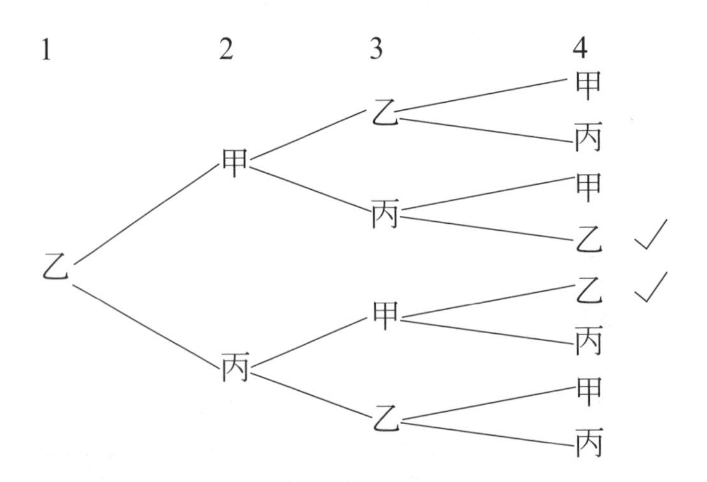

由樹形圖易知第一天由乙做鬼，第四天又由乙做鬼之情形有2種

例9. 問48之正因數個數

解

$48 = 2^4 \cdot 3$

∴48之正因數之個數相當於分別從5個紅號球（號球上分別寫2^0，2^1，2^2，2^3，2^4）與2個黑號球（號球上分別寫3^0，3^1）各抽若干個球，因抽紅號球有5種方法，黑號球有2種方法，依乘法法則共有$5\times2=10$種

即48之正因數個數有10種，（48之正因數有1，2，3，4，6，8，12，16，24，48共10個）

習題7.1

1. Prussia 中選一個子音與一個母音，有幾種選法？

Ans. 12

2. 由m個不同信封，n個不同之郵票各任取1種，問選法有幾？

Ans. mn

3.

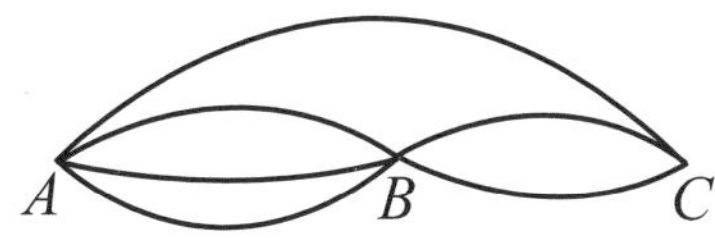

由A到C有幾種走法

Ans. 7

4. 將A，B，C，D分為二組，有幾種分法？

Ans. 7（提示：分一個組1人與每組2人分別計算）

5. 若有n條路可從山下走到山頂，問上下山一次有幾種走法？若上，下山不走同一條路之走法又有幾？

Ans. n^2，$n(n-1)$

6. 用1元，5元，10元幣支付32元之支付方法有幾？但各種幣至少有1張。

Ans. 6

7. 甲、乙二人作比腕力遊戲，規定先連勝2場或先勝3場者為贏，問這場遊戲最終有幾種結果？

Ans.　10　（提示：作樹形圖）

8. 函數 $f: A \to B$，若A有a個相異元素，B有b個相異元素，可定義多少個函數？其中多少個一對一函數？

Ans.　a^b；$b(b-1)\cdots(b-a+1)$

9. 560之正因數有幾個？

Ans.　20

7.2　基本排列，組合問題

本節我們將討論有關排列、組合之基本問題，我們知道排列與組合問題之差別在排列涉及"順序"而組合則不考慮"順序"

排列數

n個相異物有順序的排成一列稱為直線排列，在不致混淆情形下我們直接簡稱它為**排列**（permutation）。

n個相異元素全取排列之方法有n！種。

證明

一直線上有n個位置，將n個相異元素放入第一個位置之方法有n種，第一個元素排好後，剩下$n-1$個元素放入第2個位置之方法有$n-1$種，……以此類推，由乘法原理易知，n個相異元素全取排列共有$n(n-1)(n-2)\cdots 3\cdot 2\cdot 1=n!$種方法。■

從n個相異物中取出m個所作之排列數記做P^n_m，則$P^n_m = \underbrace{n(n-1)(n-2)\cdots[n-(m-1)]}_{m\text{個}}$。

例1. (a) 求P^4_2，P^5_3，它們的意義是什麼？(b) 若$P^{n+1}_3 = 10P^{n-1}_2$，求n

解

$P^4_2 = 4\cdot 3 = 12$；它表示4個相異物中任取2個直線排列之方法有12種

$P^5_3 = 5\cdot 4\cdot 3 = 60$；它表示5個相異物中任取3個直線排列之方法有60種

排容原理之應用

定理A是在**n個元素不限定規則下所作之全取直線排列**。例2，3是將第二章介紹過的排容原理應用在有限制條件的排列問題。

例2. n個人A_1，$A_2 \cdots A_n$做直線排列，若A_1，A_2必須相鄰之排法有幾？A_1，A_2不得相鄰之排法有幾？

解

(a) A_1，A_2必須相鄰之排法可將A_1，A_2視為同一人，比方說B，則原題相當於求B，A_3，$A_4 \cdots A_n$之全取排列，故有（$n-1$）!方法，但A_1，A_2相鄰有A_1A_2與A_2A_1兩種情況，故A_1，A_2必須相鄰有2（（$n-1$）！）種排法

(b) A_1，A_2不得相鄰，依排容原理，相當於（$A_1 \cdots A_n$全取排列數）－（A_1，A_2必須相鄰之排列數）

$\therefore n!-2(n-1)!=(n-2)\cdot(n-1)!$種排法

例3. 甲、乙、丙、丁、戊、己、庚、辛8人做直線排座。我們以不同之限制條件說明求直線排列個數之基本技巧。

1. 8人全取做直線排列：

第一個座位有8個人可以坐，故坐法有8種，當第一個座位坐定後，第二個座位可由剩下7個人中之某個人坐定，故第二個座位之坐法有7種⋯，到第8個人只剩最後一個座位，別無選擇，故只有1種坐法。

依乘法原理知，8個人坐直線排列有$8!=8\times7\times6\times5\cdots\times3\times2\times1=40320$種

2. 8人坐3個位置之直線排列：

依前述之分析方法，8人坐3個位置之直線排列有$8\times7\times6=336$種

以下我們將討論一些限制條件下之坐法：

3. 8人坐8個位置，但甲必須坐第三個位置：

		甲					

第一個座位有$8-1=7$種坐法，第二個座位有6種坐法，第三個座位有1種坐法，第四、五、六、七、八個座位分別有5，4，3，2，1種座法。

∴甲必須坐第三個位置之直線排列有$7\times6\times1\times5\times4\times3\times2\times1=5040$種。

4. 8人坐8個位置，但甲必須坐第三個位置且乙必須坐第四個位置：

甲坐第三個位置且乙坐第四個位置（如下圖）之直線

排法有$6!=6\times5\times4\times3\times2\times1=720$種

5. 8人坐8個位置，但甲坐第三個位置或乙坐第四個位置：

令A爲甲坐第三個位置之排列所成之集合，B爲乙坐第四個位置之排列所成之集合，則$A\cap B$爲甲坐第三個位置且乙坐第四個位置之排列所成之集合，由排容原理：

$|A\cup B|=|A|+|B|-|A\cap B|=7!+7!-6!=5040+5040-720=9360$種

6. 8人坐8個位置，但甲必須坐第三個位置且乙不得坐第四個位置：

令A爲甲坐第三個位置排列所成之集合，令B爲乙坐第四個位置排列所成之集合，由排容原理：

$|A\cap\overline{B}|=|A|-|A\cap B|=7!-6!=5040-720=4320$種

7. 8人坐8個位置，若甲乙丙必須相鄰其坐法有幾？

將甲乙丙3人視做1人，與其它5人作直線排列，其法有6!種，又甲乙丙3人坐法有3!種

∴乙丙丁必須相鄰之坐法有$6!\times3!=720\times6=4320$種。

隨堂演練

甲乙丙丁戊己庚7人坐7個位置，但甲不得坐第1位且乙不得坐第4位之坐法有幾種。

Ans.　3720

重複排列

由n件相異物件中，重複取出m件之排列稱爲重複排列，其排列數有n^m種。

例4. 求下列排列數：

(1) 3封相異的信件投入A，B，C，D 4個信箱之投法有幾？

(2) 紅、白、黑三色球各有許多個，分給A，B，C，每人1個，問分法有幾？

(3) 紅、白、黑三色球各有許多個，分給A，B，C，每人分到2個色球，問分法有幾？

解

(1)

1	2	3
↓	↓	↓
A	A	A
B	B	B
C	C	C
D	D	D

∴共有$4\times4\times4=4^3$種

有些讀者可能會考慮成下列情況而寫成$3\times3\times3\times3=3^4$種。

A	B	C	D
1	1	1	1
2	2	2	2
3	3	3	3

這表示信件1可同時出現在信箱A，B，C，D中，但這是不可能的。

(2)

A	B	C
紅	紅	紅
白	白	白
藍	藍	藍

A可有紅、白、藍3球中之一種，故其分法有3種，B，C也是一樣，因此每人分一個色球之分法有3^3種。

(3) A可有（紅球，紅球），（紅球，白球），（紅球，黑球），（白球，白球），（白球，黑球），（黑球，黑球）六種給法，B，C也同樣都有6種給法，故共有$6\times6\times6=6^3$種給法。

環狀排列

將n個相異物沿一圓周排列，且若只考慮這n個相異物之左右相鄰關係，而不考慮它們的實際位置，這種排法稱爲**環狀排列**（circular permutation）。

n個相異物全取之環狀排列數為 $(n-1)!$ 或 $\frac{1}{n}\cdot n!$（即 $\frac{1}{n}\cdot P^n_n$）。

（我們以 $n=4$ 說明之，讀者可試推廣到 $n=k$ 之情況）

我們考慮4個相異物全取之直線排列共有4!種，但這些排列中，$\begin{cases} a_1, a_2, a_3, a_4 \\ a_2, a_3, a_4, a_1 \\ a_3, a_4, a_1, a_2 \\ a_4, a_1, a_2, a_3 \end{cases}$ 之 a_1，a_2，a_3，a_4 環狀排列下，各元素 a_i，$i=1$，2，3，4均保有相同之相對位置，可視為同一種環狀排列，故4個相異物之全取環狀排列 $=\frac{1}{4}$ 全取直線排列，即 $\frac{1}{4}P^4_4=\frac{1}{4}\cdot 4!=3!$。

自n個相異物中取m個作環狀排列之排列數為 $\frac{1}{m}P^n_m$。

例5. 以甲，乙，丙，丁，戊，己6人圍圓桌而坐為例，說明環狀排列個數之求法。

(一) 6人全部參加：

(1) 6人任意圍坐：有 $(6-1)!=5!=120$ 種坐法。

(2) 甲乙必須相鄰：把甲、乙當作1人，與其餘4人共5人圍圓桌而坐有 $(5-1)!=4!$ 種坐法，甲、乙又可互換有2!種坐法，故甲、乙相鄰有 $4!\cdot 2!=48$ 種坐法。

(3) 甲乙丙必須相對相鄰，仿（2），把甲、乙、丙當作1人與其餘3人圍圓桌而坐，有（4－1）！·3! = 3! ·3! = 36種坐法

(二) 6人中有4人參加：

(1) 任意4人圍圓桌而坐：有$\frac{1}{4}P_4^6 = 90$種坐法

(2) 甲不許參加：此相當是5人中選4人圍圓桌而坐，故有$\frac{1}{4}P_4^5 = 30$種坐法。

組合數

由n個相異物中取出m個爲一組，不論取出之先後順序，則有$\binom{n}{m}$種選法（$\binom{n}{m}$也有人寫成C_m^n。），其中

$$n, m \in Z^+ \text{時} \binom{n}{m} = \frac{n!}{m!(n-m)!}，n \geq m$$

本書之組合公式$\binom{n}{m}$ $n \geq m \geq 0$，若$n < m$則規定$\binom{n}{m} = 0$及

$$\binom{-n}{m} = \frac{-n(-n-1)(-n-2)\cdots(-n-m+1)}{m!}$$

顯然：

1. $\binom{n}{0} = \frac{n!}{0!(n-0)!} = \frac{n!}{0!n!} = 1$。

2. $\binom{n}{n-m} = \frac{n!}{(n-m)![n-(n-m)]!}$

$$=\frac{n!}{(n-m)!\,m!}=\binom{n}{m}\text{。}$$

例6. 求(a) $\binom{7}{2}$ (b) $\binom{31}{29}$ (c) $\binom{n}{11}=\binom{n}{8}$ 時 $\binom{n}{17}=$？

解

(1) $\binom{7}{2}=\frac{7!}{2!(7-2)!}=\frac{7!}{2!5!}=\frac{7\times6\times5!}{2\times5!}=21$

(2) $\binom{31}{29}=\frac{31!}{29!2!}=\frac{31\times30\times29!}{29!\times2}=465$

(3) $\because \binom{n}{m}=\binom{n}{n-m}$

$\binom{n}{11}=\binom{n}{8}$ $\quad\therefore n=19$

故 $\binom{n}{17}=\binom{19}{17}=\frac{19\times18}{2}=171$

隨堂演練

(1) 若 $\binom{n}{8}=\binom{n}{15}$ 求$n=$？

(2) 若 $\binom{9}{n-4}=\binom{9}{5}$ 求$n=$？

提示：(1) 23 (2) 8

例7. 自5位男生4位女生中任意選若干人組成一小組：

(1) 小組共有4人，其中3人爲男生，1人爲女生，其選法有幾種？

(2) 小組共有4人，選其中3男生，1女生做直線排列，問其排法有幾種？

(3) 小組共有4人，選其中3男生，1女生做直線排列，但女生排在第一位，其排法有幾種？

解

(1) $\binom{5}{3}\binom{4}{1}=10\times4=40$

(2) 先選4人有 $\binom{5}{3}\binom{4}{1}=40$種方法，然後再將這4人作直線排列有4! = 24種排法，依乘法原理共有

$\binom{5}{3}\binom{4}{1}4!=40\times24=960$種排法。

(3) 3男1女之直線排列中女生排第一位之排法有3! = 6種。

$\therefore$ 依乘法原理有 $\binom{5}{3}\binom{4}{1}3!=40\times6=240$種。

隨堂演練

甲班有20人，乙班有15人，丙班有30人，從甲、乙、丙三班分別取4，3，2人作排列其方法有____種（寫出式子即可）。

Ans: $\binom{20}{4}\binom{15}{3}\binom{30}{2}\cdot9!$

不盡相異物件之直線排列

將n個元素，其中第1型有n_1個相同元素，第2型有n_2個相同元素，…第k型有n_k個相同元素，若$n_1+n_2+\cdots+n_k=n$則此n個元素全取排列數為$\frac{n!}{n_1!n_2!\cdots n_k!}$。

我們將n個元素作直線排列：

1. 第1型之n_1個元素在n個位置上之配置法有$\binom{n}{n_1}$種。
2. 完成第1型之n_1個元素之配置後，第2型之n_2個元素在其餘$n-n_1$個位置上有$\binom{n-n_1}{n_2}$種配置法。

以此類推，由乘法法則得此n個元素之全取排列之排列數為

$$\binom{n}{n_1}\binom{n-n_1}{n_2}\binom{n-n_1-n_2}{n_3}\cdots\binom{n-n_1-n_2\cdots-n_{k-1}}{n_k}$$

$$=\frac{n!}{n_1!(n-n_1)!}\frac{(n-n_1)!}{n_2!(n-n_1-n_2)!}\cdots\frac{(n-n_1-n_2\cdots-n_{k-1})!}{n_k!0!}$$

$$=\frac{n!}{n_1!n_2!\cdots n_k!}$$ ■

例8. MISSISSIPPI中，有1個M，4個I，4個S，2個P，求(1) 此11個字母全取排列，(2) 若P不能在首位亦不在尾位之排列數。

解

(1) $\dfrac{11!}{1!4!4!2!}=34650$

(2) P排在首位時之排法有

$$\frac{10!}{1!4!4!1!}=6300$$

同法P排在尾位時之排法有

$$\frac{10!}{1!4!4!1!}=6300$$

一個P排在首位，另一個P排在尾位之排法有

$$\frac{9!}{1!4!4!}=630$$

∴依排容原理知，P不能排在首位亦不能排在尾位之排法有

$$\frac{11!}{1!4!4!2!}-\left(\frac{10!}{1!4!4!1!}+\frac{10!}{1!4!4!1!}-\frac{9!}{1!4!4!}\right)$$
$$=34650-(6300+6300-630)=22680$$

例9. 將4支相同的鋼筆，3本相同的辭典送給學生，每人至多一項，則依下列人數求給獎之方法　(1) 7人，(2) 10人

解

(1) 7人：有$\dfrac{7!}{4!3!}=35$種方法

(2) 10人：相當於4支鋼筆，3本辭典，3個無獎分給10人，

故其排法有$\dfrac{(4+3+3)!}{4!3!3!}=\dfrac{10!}{4!3!3!}=4200$種方法

例10. 求右列棋式街道之P至Q捷徑式走法有幾種？(1) 沒有限制，(2) 須經過R點。

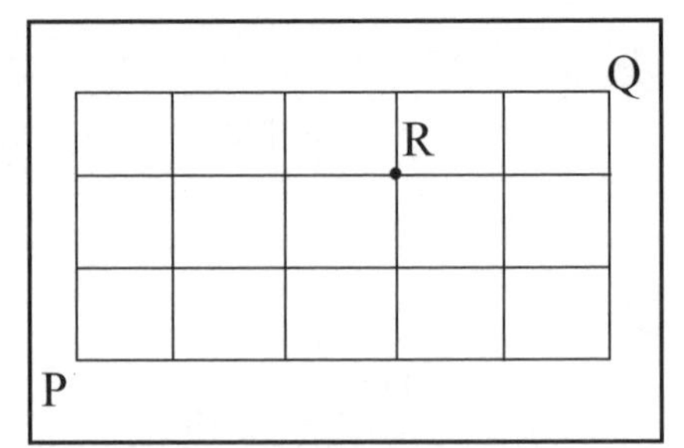

解

(1) 由P至Q之捷徑走法有

$$\frac{(5+3)!}{5!3!}=\frac{8!}{5!3!}=56\text{種}$$

捷徑式走法是指只有“→”或“↑”兩種走法

(2) 由P至R，再由R至Q之捷徑走法：

① P至R有3個“↑”及2個“→”

$\therefore$走法有$\frac{(3+2)!}{3!2!}=10$種

② R至Q有1個“↑”及2個“→”

$\therefore$走法有$\frac{(2+1)!}{2!1!}=3$種

$\therefore$由P至R再至Q之走法，依乘法原理有$10\times3=30$種走法

習題7.2

1. 求(a) P_2^3 (b) P_3^6 (c) $\binom{5}{2}$ (d) $\binom{10}{8}$

Ans. (a) 6 (b) 120 (c) 10 (d) 45

2. 用0～4之五個數字可形成多少個四位數？數字可重覆出現。

Ans. 4×5^3

3. 某車站有n盞信號燈，每盞燈可打出紅、白、藍三種號燈，問n盞燈可打出多少種信號？

Ans. 3^n

4. 若臺北市之汽車牌照是6個數字（十萬位數可爲0）後再加上1個或2個英文字母，問臺北市最多可發多少牌照？

Ans. $(26+26^2)\times 10^6$

5. 從6位男生4位女生選出5人之委員會（只需列組合式）

(a) 共有幾種選法　　(b) 若男女均至少有2人之選法

(c) 女生至少2人之選法有幾？

Ans. (a) $\binom{10}{5}$ (b) $\binom{6}{3}\binom{4}{2}+\binom{6}{2}\binom{4}{3}$

(c) $\binom{6}{3}\binom{4}{2}+\binom{6}{2}\binom{4}{3}+\binom{6}{1}\binom{4}{4}$

6. 從一付牌中抽5張，求下列可能之組合數，用組合符號表示即可。

(a) 有4張A

(b) 2張方塊，1張黑桃，1張紅心，1張梅花

(c) 4張同一花色，1張其他花色（如4張黑桃，1張方塊）

(d) 5張全是同一花

Ans. (a) $\binom{4}{4}\binom{48}{1}$ (b) $\binom{13}{2}\binom{13}{1}\binom{13}{1}\binom{13}{1}$

(c) $4\binom{13}{4}\binom{39}{1}$ (d) $4\binom{13}{5}$

7.3 二項式定理

讀者在微積分或高中數學中已學過二項式定理，本節即以此為基礎，將問題略為活化，以做為本章下節生成函數之學習基礎。

Pascal 定理

定理A（Pascal定理）：$\binom{n}{m}=\binom{n-1}{m}+\binom{n-1}{m-1}$，$n\geq m$

證明

$$\binom{n-1}{m}+\binom{n-1}{m-1}$$

$$=\frac{(n-1)!}{m!(n-m-1)!}+\frac{(n-1)!}{(m-1)!(n-m)!}$$

$$=\frac{(n-m)(n-1)!}{m!(n-m)!}+\frac{m(n-1)!}{m!(n-m)!}$$

$$=\frac{(n-1)![(n-m)+m]}{m!(n-m)!}=\frac{n!}{m!(n-m)!}=\binom{n}{m}$$ ■

別證

考慮n個相異元素中之特殊元素"S"，而將n個相異元素中分S與S以外其它$n-1$個相異元素兩個集合：

(1) 自n個相異元素中取m個之組合數為$\binom{n}{m}$，它是下列二互斥事件之和：

① m個相異元素不含"S"：即從除S外之$n-1$個其它元素中取m個元素，其組合數為$\binom{n-1}{m}\binom{1}{0}=\binom{n-1}{m}$。

② n個相異元素含"S"：即取1個S並從$n-1$個其它元素中取$m-1$個元素，其組合數為$\binom{1}{1}\binom{n-1}{m-1}=\binom{n-1}{m-1}$，$\therefore\binom{n}{m}=\binom{n-1}{m}+\binom{n-1}{m-1}$。■

上述定理之別證即通稱之**組合論證法**（combinatiorial argument），通常依題意假設一個組合問題之"情境"，再用組合論觀點解它，其解法有別於代數法。我們再舉一個例子說明組合論證法。

例1. 用組合觀點證

(1) $\binom{n+1}{r}=\binom{n}{r}+\binom{n}{r-1}$

(2) $\binom{n+2}{r}=\binom{n}{r}+2\binom{n}{r-1}+\binom{n}{r-2}$

解

(1) 考慮從n個白球及1個黑球中抽出r個球，若不計色彩其抽法有 $\binom{n+1}{r}$ 種，它相當於下列兩種取法之和：

(i) 從n個白球中取出r個白球且從1個黑球中取0個黑球，其法有 $\binom{n}{r}\binom{1}{0}=\binom{n}{r}$ 種，

(ii) 從n個白球中取$r-1$個白球且從1個黑球中取1個黑球，其法有 $\binom{n}{r-1}\binom{1}{1}=\binom{n}{r-1}$ 種

$$\therefore \binom{n+1}{r}=\binom{n}{r}+\binom{n}{r-1}$$

(2) 考慮從n個白球及2個黑球中抽出r個球，若不計色彩其抽法有 $\binom{n+2}{r}$ 種

它相當於下列三種取法之和：

(i) 從n 個白球中取出 r 個白球且從2個黑球中取出 0 個，其法有

$$\binom{n}{r}\binom{2}{0}=\binom{n}{r}$$

(ii) 從n個白球中取出$r-1$個且從2個黑球中取出1個，其法有

$$\binom{n}{r-1}\binom{2}{1}=2\binom{n}{r-1}$$

(iii) 從n個白球中取出$r-2$個且從2個黑球中取出2個，其法有

$$\binom{n}{r-2}\binom{2}{2}=\binom{n}{r-2}$$

$$\therefore \binom{n+2}{r}=\binom{n}{r}+2\binom{n}{r-1}+\binom{n}{r-2}$$

定理 B

（二項式定理）$(1+x)^n=\binom{n}{0}+\binom{n}{1}x+\binom{n}{2}x^2+\cdots+\binom{n}{n}x^n$，$n\in Z^+$

證明

應用數學歸納法：

1. $n=1$時，左式$=(1+x)=\binom{n}{0}+\binom{n}{1}x=$右式

2. $n=k$時，設$(1+x)^k=\binom{k}{0}+\binom{k}{1}x+\cdots+\binom{k}{k}x^k$成立。

3. $n=k+1$時，$(1+x)^{k+1}=(1+x)(1+x)^k$

$$=(1+x)\left(\binom{k}{0}+\binom{k}{1}x+\cdots+\binom{k}{k}x^k\right)$$

$$=\left(\binom{k}{0}+\binom{k}{1}x+\cdots+\binom{k}{k}x^k\right)+\left(\binom{k}{0}x+\binom{k}{1}x^2+\binom{k}{k-1}x^k+\binom{k}{k}x^{k+1}\right)$$

$$=\binom{k}{0}+\left(\binom{k}{1}+\binom{k}{0}\right)x+\left(\binom{k}{2}+\binom{k}{1}\right)x^2$$

$$+\cdots+\left(\binom{k}{k}+\binom{k}{k-1}\right)x^k+\binom{k}{k}x^{k+1}$$

$$=\binom{k+1}{0}+\binom{k+1}{1}x+\binom{k+1}{2}x^2$$

$$+\cdots+\binom{k+1}{k}x^k+\binom{k+1}{k+1}x^{k+1}$$

(1) $\binom{k}{0}=\binom{k+1}{0}$
(2) $\binom{k}{k}=\binom{k+1}{k+1}$

∴當n為任一正整數時，$(1+x)^n=$

$\binom{n}{0}+\binom{n}{1}x+\binom{n}{2}x^2+\cdots+\binom{n}{n}x^n$均成立 ■

在上述定理證明中，我們用到Pascal定理（即定理A）：

$$\binom{n}{k}=\binom{n-1}{k}+\binom{n-1}{k-1}$$

如果我們代一些特殊值入二項式定理

$$(1+x)^n=\binom{n}{0}+\binom{n}{1}x+\binom{n}{2}x^2+\cdots+\binom{n}{n}x^n$$

可得一些熟悉的結果：

(1) 代$x=1$得 $\binom{n}{0}+\binom{n}{1}+\binom{n}{2}+\cdots+\binom{n}{n}=2^n$

(2) 代$x=-1$得 $\binom{n}{0}-\binom{n}{1}+\binom{n}{2}+\cdots+(-1)^n\binom{n}{n}=0$

(3) 代$x=-\frac{1}{2}$得 $\binom{n}{0}-\frac{1}{2}\binom{n}{1}+\frac{1}{2^2}\binom{n}{2}+\cdots+$

$(-1)^n\frac{1}{2^n}\binom{n}{n}=\frac{1}{2^n}$

定理C $(a+b)^n=\sum_{k=0}^{n}\binom{n}{k}a^{n-k}b^k$，$a$，$b\in R$，$n\in Z^+$

$(a+b)^n$之$a^{n-k}b^k$項之係數是相當於$n-k$個a與k個b之重複排列數$\frac{n!}{(n-k)!k!}$但$\frac{n!}{(n-k)!k!}=\binom{n}{k}$

$\therefore (a+b)^n=\sum_{k=0}^{n}\binom{n}{k}a^{n-k}b^k$ ■

由定理B知$(x+y)^n$之第$k+1$項爲$\binom{n}{k}x^{n-k}y^k$，因$\binom{n}{k}=\binom{n}{n-k}$，所以$(x+y)^n$之任一項$x^{n-k}y^k$之係數爲$\binom{n}{n-k}$**或**$\binom{n}{k}$，**若$a+b\neq n$，則$x^ay^b$便不爲$(x+y)^n$之一項。**

例2. 求(1) $(x+y)^9$之展開式中x^3y^6項之係數與x^2y^4項之係數爲何？

(2) $(2x+5y)^9$之x^3y^6之係數爲何？

解

(1) x^3y^6之係數爲$\binom{9}{6}=\frac{9!}{6!3!}=84$

$(x+y)^9$中不含x^2y^4，故x^2y^4之係數爲0

(2) 令$u=2x$，$v=5y$則$(2x+5y)^9=(u+v)^9$其u^3v^6係數爲

$\binom{9}{6}=84$

$\therefore (2x+5y)^9$之x^3y^6係數 $= 84(2)^3(5)^6$

例3. 求 $\left(2x+\dfrac{1}{x^2}\right)^8$之 (1) x^2項係數，(2)常數項係數。

解

(1) $\because \left(2x+\dfrac{1}{x^2}\right)^8$之第$r+1$項 $\binom{8}{r}(2x)^{8-r}\left(\dfrac{1}{x^2}\right)^r$之係數爲$\binom{8}{r}(2)^{8-r}$

又 $x^{8-r}\cdot\left(\dfrac{1}{x^2}\right)^r = x^{8-r}\cdot x^{-2r} = x^{8-3r} = x^2$

$\therefore r = 2$

故 $\binom{8}{r}2^{8-r}\Big|_{r=2} = \binom{8}{2}2^{8-2} = 1792$是爲所求

(2) 設 $\left(2x+\dfrac{1}{x^2}\right)^8$之第$r+1$項爲常數項即$x^0$項，則

$\binom{8}{r}(2x)^{8-r}\left(\dfrac{1}{x^2}\right)^r$

$x^{8-r}\left(\dfrac{1}{x^2}\right)^r = x^0$，$r = \dfrac{8}{3} \notin Z$

$\therefore$不存在常數項

隨堂演練

驗證 $\left(x-\dfrac{1}{x^2}\right)^{12}$之常數項係數爲495

二項恆等式

本節之另一重點在二項恒等式之推導，它可用代數或組合觀點來解，代數解法較機械化，組合觀點雖具有組合上的意義，但不見得都很容易行得通。

例4. 利用二項式定理證明：

(1) $\sum_{k=1}^{n} k\binom{n}{k} = n2^{n-1}$

(2) $\binom{n}{0} + \frac{1}{2}\binom{n}{1} + \frac{1}{3}\binom{n}{2} + \cdots + \frac{1}{n+1}\binom{n}{n} = \frac{2^{n+1}-1}{n+1}$

解

$$(1+x)^n = \binom{n}{0} + \binom{n}{1}x + \binom{n}{2}x^2 + \cdots + \binom{n}{n}x^n \quad ★$$

(1) 在式★兩邊同時對x微分得：

$$n(1+x)^{n-1} = \binom{n}{1} + \binom{n}{2}(2x) + \cdots + \binom{n}{n}(nx^{n-1})$$

令$x=1$則

$$n2^{n-1} = \binom{n}{1} + 2\binom{n}{2} + \cdots + n\binom{n}{n} = \sum_{k=1}^{n} k\binom{n}{k}$$

(2) 在式★兩邊同時對x積分：

$$\int_0^1 (1+x)^n dx = \int_0^1 \left[\binom{n}{0} + x\binom{n}{1} + x^2\binom{n}{2} + \cdots + x^n\binom{n}{n}\right]dx$$

$$\therefore \left.\frac{(1+x)^{n+1}}{n+1}\right]_0^1 = x\binom{n}{0}+\frac{x^2}{2}\binom{n}{1}+\frac{x^3}{3}\binom{n}{2}+\cdots$$

$$\left.+\frac{x^{n+1}}{n+1}\binom{n}{n}\right]_0^1$$

得 $\binom{n}{0}+\frac{1}{2}\binom{n}{1}+\frac{1}{3}\binom{n}{2}+\cdots+\frac{1}{n+1}\binom{n}{n}$

$=\frac{2^{n+1}-1}{n+1}$

例5. 用組合論證法導出 $\binom{n}{0}+\binom{n}{1}+\binom{n}{2}+\cdots+\binom{n}{n}=2^n$

解

我們先前運用代數法導出 $\binom{n}{0}+\binom{n}{1}+\binom{n}{2}+\cdots+\binom{n}{n}=2^n$，現在用組合論證法來推導 $\binom{n}{0}+\binom{n}{1}+\cdots+\binom{n}{n}=2^n$：

考慮集合$A=\{a_1，a_2\cdots a_n\}$，則其冪集合有2^n個部份集合，含k個元素之部份集合有 $\binom{n}{k}$ 個。

$\therefore \sum_{k=0}^{n}\binom{n}{k}=2^n$

例6. 用組合論證法證$\sum_{k=0}^{n}\binom{n}{k}^2=\binom{2n}{n}$

解

$$\sum_{k=0}^{n}\binom{n}{k}^2=\sum_{k=0}^{n}\binom{n}{k}\binom{n}{n-k}$$

現考慮從n個紅球與n個藍球中取出n個球之方法有$\binom{2n}{n}$種，取法是藍色球取k個，紅色球取$n-k$個，依乘法法則，這種取法有$\binom{n}{k}\binom{n}{n-k}$種，$k=0$，1，2⋯$n$，依加法法則有$\sum_{k=0}^{n}\binom{n}{k}\binom{n}{n-k}$種，

$$\therefore\sum_{k=0}^{n}\binom{n}{k}^2=\sum_{k=0}^{n}\binom{n}{k}\binom{n}{n-k}=\binom{2n}{n}$$

本題代數解法如下：

1. $(1+x)^n(1+x)^n=(1+x)^{2n}$之$x^n$係數爲$\binom{2n}{n}$ ⋯⋯⋯⋯⋯⋯ (1)

2. $(1+x)^n(1+x)^n$ 之x^n項爲$\sum_{k=0}^{n}\binom{n}{k}x^k\cdot\binom{n}{n-k}x^{n-k}$

$$=\sum_{k=0}^{n}\binom{n}{k}\binom{n}{n-k}x^n=\sum_{k=0}^{n}\binom{n}{k}\binom{n}{k}x^n$$

$\therefore x^n$係數爲$\sum_{k=0}^{n}\binom{n}{k}^2$ ⋯⋯⋯⋯⋯⋯⋯⋯⋯⋯⋯⋯ (2)

由(1), (2)得

$$\sum_{k=0}^{n}\binom{n}{k}^2=\binom{2n}{n}$$

多項式定理

定理D $(x_1+x_2+\cdots+x_t)^n=\sum P(n;q_1, q_2\cdots q_t)\,x_1^{q_1}x_2^{q_2}\cdots x_t^{q_t}$，$q_1+q_2+\cdots+q_t=n$，$P(n;q_1, q_2\cdots q_t)=\dfrac{n!}{q_1!q_2!\cdots q_t!}$

證明

$x_1^{q_1}x_2^{q_2}\cdots x_t^{q_t}$之係數相當於$q_1$個$x_1$，$q_2$個$x_2\cdots q_t$個$x_t$所做的重複排列數，又$q_1+q_2+\cdots+q_t=n$

$\therefore\dfrac{n!}{q_1!q_2!\cdots q_t!}$是爲所求。 ■

例7. 求(1) $(x+y+z)^{12}$之$x^2y^6z^4$之係數，又此展開式之各項係數和爲何？

(2) $(x+2y+3z)^{12}$之$x^2y^6z^4$之係數。

解

(1) $(x+y+z)^{12}$之$x^2y^6z^4$之係數爲$P(12;2, 6, 4)=\dfrac{12!}{2!6!4!}$；

令$x=y=z=1$得$(x+y+z)^{12}$之各項係數和爲3^{12}

(2) $P(12;2, 6, 4)\cdot 1^2(2)^6(3)^4=\dfrac{12!}{2!6!4!}2^6\cdot 3^4$

隨堂演練

驗證$(x+y+q+w)^8$之$x^2y^3qw^2$之係數爲1680。

習題7.3

1. 用下列步驟證明$\sum_{k=0}^{n}\binom{n}{k}^2=\binom{2n}{n}$：

   (a) $(1+x)^n\left(1+\frac{1}{x}\right)^n=\frac{(1+x)^{2n}}{x^n}$

   (b) $(1+x)^n\left(1+\frac{1}{x}\right)^n$之常數項爲$\sum_{k=0}^{n}\binom{n}{k}^2$

   ∴由(a)，(b)導出$\sum_{k=0}^{n}\binom{n}{k}^2=\binom{2n}{n}$

2. 求下列各子題指定項之係數 (a) $\left(2x+\frac{1}{x}\right)^6$之$x^2$係數，(b) $\left(x^2-\frac{2}{x}\right)^8$之$x^{-5}$係數，(c) $\left(2x^2+\frac{1}{x}\right)^5$之$x^4$係數。

   Ans. (1) 240 (2) －1024 (3) 80

3. 求$\binom{n}{0}-\frac{1}{2}\binom{n}{1}+\frac{1}{2^2}\binom{n}{2}+\cdots+\left(\frac{-1}{2}\right)^n\binom{n}{n}$

   Ans. $\left(\frac{1}{2^n}\right)$

4. 求$(1+x)+(1+x)^2+(1+x)^3+\cdots+(1+x)^n$之$x^k$係數

   Ans. $\binom{n+1}{k+1}$；$n\geq k\geq 1$

5. 利用$(1+x)^{n+1}=(1+x)(1+x)^n=(1+x)\left[\binom{n}{0}+\binom{n}{1}x+\binom{n}{2}x^2+\cdots+\binom{n}{n}x^n\right]$試證

   $\binom{n+1}{k}=\binom{n}{k-1}+\binom{n}{k}$

7.4 非負整數解與生成函數在組合問題中之應用

本節將介紹二個組合論中較高等之課題，非負整數解與生成函數在組合問題之應用。

非負整數解在組合問題之應用

<引例> 自含有紅白藍三種色球的袋中，每次抽6個色球，假如各種色球有充分多時，問抽法有幾種？

像引例，**由*n*種相異物品，每種皆不少於*m*件，從中每次任選*m*個物品爲一組，若各組之每一種相同的物品可以重複選取，這種組合問題就特稱重複組合**。

我們再回到引例，假設有三個袋子，分別裝紅球、白球與藍球，各抽出若干球，但總數爲6個色球。（紅球以*R*表之；白球以*W*表之；藍球以*B*表之；），讀者可發現，每個情況都包括6個★，這表示6個色球；及2個短直線，表示對3個相異袋子的區隔之重複排列，而這種重複排列與$x_1+x_2+x_3=6$，$x_i \geq 0$，（x_1：紅球數，x_2：白球數，x_3：藍球數）之非負整數個數有關，例如：

紅球1個、白球2個、藍球3個

★|★★|★★★，這相當於6個★與2個直線1之重複排列

∴排列數爲

$$\frac{(6+2)!}{6!2!}=\binom{8}{2}=28\text{ 種}$$

將引例結果一般化可得下列定理：

定理A $x_1+x_2+\cdots+x_m=n$之非負整數解個數有$\binom{m+n-1}{n}$個，m，$n\in Z^+$。

證明 將n種相異的物品，分別放入m個相異的袋子中，然後用$m-1$條短線加以區隔。所以自n種相異的物品中，每次任選m個物品的重複組合數等於將m個星號與$n-1$條短線混合後，共有$m+(n-1)=m+n-1$個物品，任意作直線排列，故排列數$\frac{(m+n-1)!}{m!(n-1)!}=\binom{m+n-1}{m}$ ■

例1. 依下列條件求$x+y+z+t=10$之非負整數解個數：

(1) $x\geq 0$，$y\geq 0$，$z\geq 0$，$t\geq 0$，

(2) $x\geq 1$，$y\geq 1$，$z\geq 1$，$t\geq 1$。

(3) $x\geq -1$，$y\geq 1$，$z\geq 0$，$t\geq 3$

解

(1) $x+y+z+t=10$，$x\geq 0$，$y\geq 0$，$z\geq 0$，$t\geq 0$之非負整數解個數為$\binom{10+4-1}{10}=\binom{13}{10}$

(2) 令$x'=x-1$，$y'=y-1$，$z'=z-1$，$t'=t-1$，則x'，y'，z'，$t'\geq 0$及$x=1+x'$，$y=1+y'$，$z=1+z'$，$t=1+t'$

代入$x+y+z+t=10$得

$(1+x')+(1+y')+(1+z')+(1+t')=10$

即$x'+y'+z'+t'=6$

$\therefore$非負整數解個數為 $\binom{6+4-1}{6}=\binom{9}{6}$

(3) 令$x'=x+1$，$y'=y-1$，$z'=z$，$t'=t-3$，則x'，y'，z'，$t'\geq 0$及$x=x'-1$，$y=y'+1$，$z=z'$，$t=t'+3$，代入$x+y+z+t=10$得：

$(x'-1)+(y'+1)+z'+(t'+3)=10$，或$x'+y'+z'+t'=7$

$\therefore$非負整數解個數為 $\binom{7+4-1}{7}=\binom{10}{7}$

例2. 求$x+y+z\leq 4$之非負整數解個數。

解

$x+y+z\leq 4$之非負整數解個數為

$x+y+z=0$，$x+y+z=1$，$x+y+z=2$，$x+y+z=3$與$x+y+z=4$之非負整數解個數和

$$\therefore \binom{3+0-1}{0}+\binom{3+1-1}{1}+\binom{3+2-1}{2}+\binom{3+3-1}{3}+\binom{3+4-1}{4}$$

$=1+3+6+10+15$

$=35$

一個更技巧的解法是設一個變數t，t為非負整數，則$x+y+z+t=4$之非負整數解之個數為 $\binom{4+4-1}{4}=\binom{7}{4}$

$=35$

隨堂演練

求$x+y+z+u+v\leq 14$之非負整數解個數。

Ans：$\binom{19}{14}$

例3. (1) 5個相同之球放入3個不同之盒子中有幾種放法？
(2) 5個相同之球放入3個相同之盒子中有幾種放法？
(3) 5個不同之球放入3個不同之盒子中有幾種放法？

解

(1) $x_1+x_2+x_3=5$

$$\therefore \binom{3+5-1}{5}=\binom{7}{5}=21$$

(2) 此相當於將5個球分成3堆，其分法有（5，0，0），（4，1，0），（3，1，1），（3，2，0），（2，1，2）共5種。

(3) $3^5=243$種。

讀者應分辨出例3解法之原因。

例4. 將3個相同之紅球，2個相同之白球分給3個人其分法有幾種？

解

將3個相同之紅球分給3個人之分法是：

$x+y+z=3$

$\therefore$有$\binom{3+3-1}{3}=10$種分法

將2個相同之白球分給3個人之分法是：

$x+y+z=2$

$\therefore$有 $\binom{3+2-1}{2}=6$種分法

因此3個相同之紅球，2個相同之白球分給3個人之分法有

$10\times 6=60$種。

生成函數

定義 設$\{a_r\}_{r=0}^{\infty}=\{a_0, a_1, \cdots, a_r\cdots\}$是一數列，則函數

$$f(x)=\sum_{r=0}^{\infty}a_r x^r=a_0+a_1x+\cdots+a_r x^r+\cdots$$

稱爲數列$\{a_r\}_{r=0}^{\infty}$之(普通)**生成函數**（ordinary generating function）或**組合生成函數**（generating function for combination）。

定義 設$\{a_r\}_{r=0}^{\infty}=\{a_0, a_1, \cdots, a_r\cdots\}$是一數列，則函數

$$f(x)=\sum_{r=0}^{\infty}\frac{a_r}{r!}x^r=a_0+a_1x+\frac{a_2}{2!}x^2+\cdots+\frac{a_r}{r!}x^r+\cdots$$

稱爲$\{a_r\}_{r=0}^{\infty}$之**指數生成函數**（exponential generating function）或**排列生成函數**（generating function for permutation）。

我們將用生成函數導出幾個排列組合公式順便了解用生成函數解排列組合之技巧。

由n類相異的物件中，每類至少r個，若從其中每次選取r個物件（r可為0）為一組且每組之r個物件可不盡相異，則組合數為 $\binom{n+r-1}{r}$

考慮**生成函數**$g(x)=1+x+x^2+\cdots$，則本題相當於求$(1+x+x^2+\cdots)^n$之x^r係數：

$$(1+x+x^2+\cdots)^n=\left(\frac{1}{1-x}\right)^n=\sum_{r=0}^{\infty}\binom{-n}{r}(-x)^r \quad (1)$$

但 $\binom{-n}{r}=\dfrac{-n(-n-1)\cdots(-n-r+1)}{r!}$

$$=(-1)^r\frac{n(n+1)\cdots(n+r-1)}{r!}$$

$$=(-1)^r\binom{n+r-1}{r} \quad (2)$$

代(2)入(1)得

$$\left(\frac{1}{1-x}\right)^n=\sum_{r=0}^{\infty}(-1)^r\binom{n+r-1}{r}(-x)^r$$

$$=\sum_{r=0}^{\infty}\binom{n+r-1}{r}x^r$$

$\therefore \binom{n+r-1}{r}$是爲所求。 ■

上述結果恰爲$x_1+x_2+\cdots+x_n=r$之非負整數解之個數。

$(1+x+x^2+\cdots)^n$之x^k係數爲$\binom{n+k-1}{k}$

例5. 求(1) $(1+x+x^2+\cdots)^{10}$之x^6係數

(2) $(x^5+x^6+x^7+\cdots)^{10}$之$x^k$係數，$k\geq 50$

解

(1) $(1+x+x^2+\cdots)^{10}$之x^6係數爲$\binom{10+6-1}{6}=\binom{15}{6}$

(2) $(x^5+x^6+x^7+\cdots)^{10}=[x^5(1+x+x^2+\cdots)]^{10}=x^{50}(1+x+x^2+\cdots)^{10}$

$\therefore (x^5+x^6+x^7+\cdots)^{10}$之$x^k$係數相當於求$(1+x+x^2+\cdots)^{10}$之$x^{k-50}$之係數$\binom{10+(k-50)-1}{k-50}=\binom{k-41}{k-50}$即爲所求。

例6. 求$\frac{x^3-5x}{(1-x)^4}$中x^{12}之係數。

解

$$\frac{x^3-5x}{(1-x)^4}=x^3(1+x+x^2+\cdots)^4-5x(1+x+x^2+\cdots)^4$$

(1) $x^3(1+x+x^2+\cdots)^4$中x^{12}的係數相當於$(1+x+\cdots)^4$

中x^9之係數，即 $\binom{9+4-1}{9}=\binom{12}{9}$

(2) $x(1+x+x^2+\cdots)^4$中x^{12}的係數相當於$(1+x+\cdots)^4$中

x^{11}之係數，即 $\binom{11+4-1}{11}=\binom{14}{11}$

$\therefore x^{12}$係數為 $\binom{12}{9}-5\binom{14}{11}$

限制條件下非負整數解

生成函數可用作求非負整數解問題，例如，要求$e_1+e_2+e_3=r$之非負整數解個數，首先要找到e_1、e_2及e_3限制條件下之生成函數$A(x)$、$B(x)$及$C(x)$，則$A(x)B(x)C(x)$之x^r係數即為所求。

例7. （承例1(1)）用生成函數解$x+y+z+t=10$，$x\geq 0$，$y\geq 0$，$z\geq 0$，$t\geq 0$之非負整數解個數。

解

x之限制條件為$x\geq 0$∴x之生成函數$A(u)=u^0+u+u^2+\cdots$ $=1+u+u^2+\cdots$同理y，z，t之生成函數$B(u)=C(u)=1+u+u^2+\cdots$

∴ $x+y+z+t=10$，$x\geq 0$，$y\geq 0$，$z\geq 0$，$t\geq 0$之非負整數解個數相當於求$(1+u+u^2+\cdots)^4$之u^{10}的係數 $\binom{4+10-1}{10}$

$=\binom{13}{10}$

例8. （承例1(2)）用生成函數解$x+y+z+t=10$，$x\geq 1$，$y\geq 1$，$z\geq 1$，$t\geq 1$之非負整數解個數。

解

x之限制條件為$x\geq 1$，$\therefore x$之生成函數$A(u)=u+u^2+u^3+\cdots$。

同理y，z，t之生成函數亦均為$B(u)=C(u)=D(u)=u+u^2+\cdots$。

$\therefore$ $x+y+z+t=10$，$x\geq 1$，$y\geq 1$，$z\geq 1$，$t\geq 1$，之非負整數解個數相當於求

$(u+u^2+\cdots)^4$之u^{10}係數

$(u+u^2+\cdots)^4=u^4(1+u+u^2+\cdots)^4$

所以我們只要求出$(1+u+u^2+\cdots)^4$之u^6係數即可：

$\therefore \binom{4+6-1}{6}=\binom{9}{6}$是為所求

例9. （承例1(3)）用生成函數解$x+y+z+t=10$，$x\geq -1$，$y\geq 1$，$z\geq 0$，$t\geq 3$之非負整數解個數。

解

$\because$ x之限制條件為$x\geq -1$ $\therefore x$之生成函數$A(u)=u^{-1}+u^0+u^1+\cdots$

同理y之生成函數$B(u)=u+u^2+\cdots$；z之生成函數$C(u)=u^0+u+u^2+\cdots$；t之生成函數$D(u)=u^3+u^4+\cdots$

$\therefore$ $x+y+z+t=10$，$x\geq -1$，$y\geq 1$，$z\geq 0$，$t\geq 3$之非負整數解個數相當於求$(u^{-1}+1+u+\cdots)(u+u^2+\cdots)(1+u+u^2+\cdots)(u^3+u^4+\cdots)$之$u^{10}$係數。

$(u^{-1}+1+u+\cdots)\ (u+u^2+\cdots)\ (1+u+u^2+\cdots)\ (u^3+u^4+\cdots)$

$= \frac{1}{u}(1+u+u^2+\cdots)\,u(1+u+\cdots)\ (1+u+u^2+\cdots)\ u^3(1+u+\cdots)$

$= u^3(1+u+u^2+\cdots)^4$

因此，我們只要求 $(1+u+u^2+\cdots)^4$ 之 u^7 的係數即可：

上式之 u^7 係數爲 $\binom{4+7-1}{7}$ ∴ $\binom{10}{7}$ 是爲所求。

生成函數在組合論上之應用

例10. 將8個相同之籃球分給 A、B、C 3人，規定：A 至少要有1個，B 至少要2個，C 至少要3個，其分法有幾？

解

A 對應之生成函數爲 $(x+x^2+\cdots)$

B 對應之生成函數爲 $(x^2+x^3+\cdots)$

C 對應之生成函數爲 $(x^3+x^4+\cdots)$

∴本題之生成函數爲 $(x+x^2+\cdots)\ (x^2+x^3+\cdots)\ (x^3+x^4+\cdots)=x^6(1+x+\cdots+)^3$ 之 x^8 係數，即求 $(1+x^2+\cdots)^3$ 之 x^2 係數：

$$\binom{3+2-1}{2}=\binom{4}{2}=6$$

別解

解 $x+y+z=8$，$x\geq 1$，$y\geq 2$，$z\geq 3$，取 $u=x-1$，$v=y-2$，$w=z-3$ 代入 $x+y+z=8$，得 $(u+1)+(v+2)+(w+3)=8$

$\therefore u+v+w=2$，故 $\binom{3+2-1}{2}=6$

例11. 擲一骰子12次，求點數和爲20之擲法有幾？

解

骰子之每面分別標示1，2…6，本題對應之生成函數爲$(x+x^2+\cdots x^6)^{12}$，現要求的是x^{20}係數：

$$(x+x^2+\cdots+x^6)^{12}=x^{12}(1+x+\cdots+x^5)^{12}=x^{12}\left(\frac{1-x^6}{1-x}\right)^{12}$$

$\therefore \left(\frac{1-x^6}{1-x}\right)^{12}$之$x^8$係數即爲所求：

$$\left(\frac{1-x^6}{1-x}\right)^{12}=\left(1-\binom{12}{1}x^6+\binom{12}{2}x^{12}-\binom{12}{3}x^{18}+\cdots\right)(1+x+x^2+\cdots)^{12} \quad (1)$$

$\therefore$(1)之x^8係數

$=1((1+x+x^2+\cdots)^{12}$之x^8係數$)-\binom{12}{1}((1+x+x^2+\cdots)^{12}$之$x^2$係數$)$

$$=1\binom{12+8-1}{8}-\binom{12}{1}\binom{12+2-1}{2}$$

$$=\binom{19}{8}-12\binom{13}{2}$$

例12. 自含1紅球，4白球，2綠球之袋中任抽5球可有幾種組合數？

解

紅球可抽出個數爲0，1$\therefore$對應之生成函數爲$A(x)=1+x$，白球可抽出個數分別爲0，1，2，3，4$\therefore$對應之生成函數爲$B(x)=1+x+x^2+x^3+x^4$，同理綠球對應之生成函數

$C(x)=1+x+x^2$

∴ 本題之生成函數為 $(1+x)(1+x+x^2+x^3+x^4)(1+x+x^2)$，現要求 x^5 係數：

$$(1+x)(1+x+x^2+x^3+x^4)(1+x+x^2)$$
$$=(1+x)(1+x+x^2)(1+x+x^2+x^3+x^4)$$
$$=(1+2x+2x^2+x^3)(1+x+x^2+x^3+x^4) \text{ 之 } x^5 \text{ 係數為 } 5$$

∴可能組合數為5

指數生成函數

$$(1+x)^n=\binom{n}{0}+\binom{n}{1}x+\binom{n}{2}x^2+\cdots+\binom{n}{n}x^n$$
$$=1+P^n_1 x+P^n_2\cdot\frac{x^2}{2!}\cdots+P^n_n\cdot\frac{x^n}{n!}$$

根據此一展開式，我們可得到一個基本想法，P^n_k 可從 $e^x=1+x+\frac{x^2}{2!}+\frac{x^3}{3!}+\cdots$ 之展開式獲得，我們稱 $e^x=1+x+\frac{x^2}{2!}+\frac{x^3}{3!}+\cdots$ 為序列 $\left[1, 1, \frac{1}{2!}, \frac{1}{3!}, \cdots\right]$ 之指數生成函數。

指數生成函數通常是用作解排列問題，其技巧大致與一般生成函數相同，但在求出**指數生成函數所得之 x^k 係數後，必須再乘上 k ! 才是 P^n_k**。

例13. 將1個紅球2個白球3個黑球任取4個之排法有幾？

解

本題之指數生成函數為

$$g(x)=(1+x)\left(1+x+\frac{x^2}{2!}\right)\left(1+x+\frac{x^2}{2!}+\frac{x^3}{3!}\right)$$

$$=\left(1+x+\frac{x^2}{2}+x+x^2+\frac{x^3}{2}\right)\left(1+x+\frac{x^2}{2}+\frac{x^3}{6}\right)$$

$$=\left(1+2x+\frac{3}{2}x^2+\frac{x^3}{2}\right)\left(1+x+\frac{x^2}{2}+\frac{x^3}{6}\right)$$

$g(x)$ 之 x^4 項為 $(2x)\left(\frac{x^3}{6}\right)+\left(\frac{3}{2}x^2\right)\left(\frac{x^2}{2}\right)+\frac{x^3}{2}\cdot x=\frac{19}{12}x^4$ 得 $g(x)$ 之 x^4 係數為 $\frac{19}{12}$

∴1個紅球2個白球3個黑球任取4個之排法有 $\frac{19}{12}\times 4!=38$

隨堂演練

3個紅球2個白球任取4個排列，驗證排列數為10。

（提示：$g(x)=(1+x)\left(1+x+\frac{x^2}{2!}+\frac{x^3}{3!}\right)\left(1+x+\frac{x^2}{2!}\right)$ 之 x^4 係數再乘4！）

例14. 試證 n 個相異物中任取 r 個之重複排列數為 n^r

解

考慮排列之生成函數

$$\left(1+x+\frac{x^2}{2!}+\cdots\right)^n=e^{nx}=\sum_{r=0}^{\infty}\frac{n^r}{r!}x^r$$

∴n 個相異物中任取 r 個之重複排列數 $=\frac{n^r}{r!}\cdot r!=n^r$

例15. 1，2，3，4，可形成多少個r位數？但1，2均至少出現一次。

解

考慮排列之生成函數

$$\underbrace{\left(x+\frac{x^2}{2!}+\frac{x^3}{3!}+\cdots\right)}_{1之生成函數}\underbrace{\left(x+\frac{x^2}{2!}+\frac{x^3}{3!}+\cdots\right)}_{2之生成函數}\underbrace{\left(1+x+\frac{x^2}{2!}+\frac{x^3}{3!}+\cdots\right)}_{3之生成函數}\underbrace{\left(1+x+\frac{x^2}{2!}+\frac{x^3}{3!}+\cdots\right)}_{4之生成函數}$$

$$=(e^x-1)^2(e^x)^2=e^{4x}-2e^{3x}+e^{2x}$$

$$=\left(1+(4x)+\frac{(4x)^2}{2!}+\cdots+\frac{(4x)^r}{r!}+\cdots\right)$$
$$-2\left(1+(3x)+\frac{(3x)^2}{2!}+\cdots+\frac{(3x)^r}{r!}+\cdots\right)$$
$$+\left(1+(2x)+\frac{(2x)^2}{2!}+\cdots+\frac{(2x)^r}{r!}+\cdots\right)$$

$\therefore x^r$之係數為$\frac{1}{r!}(4^r-2\cdot 3^r+2^r)$

得1，2，3，4形成之r位數中1，2均至少出現1次者有

$\frac{1}{r!}(4^r-2\cdot 3^r+2^r)\cdot r!=4^r-2\cdot 3^r+2^r$個

例16. 由0，1，2，3，4組成之r位元的字串，若字串中有偶數個0，奇數個1，問這種字串有幾？

解

我們建立排列生成函數

$$\underbrace{\left(1+\frac{x^2}{2!}+\frac{x^4}{4!}+\frac{x^6}{6!}+\cdots\right)}_{0\text{之生成函數}}\ \underbrace{\left(x+\frac{x^3}{3!}+\frac{x^5}{5!}+\cdots\right)}_{1\text{之生成函數}}$$

$$\underbrace{\left(1+x+\frac{x^2}{2!}+\frac{x^3}{3!}+\cdots\right)^3}_{2，3，4\text{之生成函數}}$$

$$=\frac{1}{2}\left(e^x-e^{-x}\right)\cdot\frac{1}{2}\left(e^x+e^{-x}\right)\cdot e^{3x}$$

$$=\frac{1}{4}\left(e^{2x}-e^{-2x}\right)\cdot e^{3x}=\frac{1}{4}\left(e^{5x}-e^x\right)$$

$$=\frac{1}{4}\sum_{r=0}^{\infty}\left(\frac{(5x)^r}{r!}-\frac{x^r}{r!}\right)=\frac{1}{4}\sum_{r=0}^{\infty}\frac{(5^r-1)}{r!}x^r$$

$\therefore x^r$項之係數爲$\frac{1}{4}\left(\frac{5^r-1}{r!}\right)$

因此$\frac{1}{4}\left(\frac{5^r-1}{r!}\right)\cdot r!=\frac{1}{4}(5^r-1)$是爲所求。

習題7.4

1. 從含3個黑球，2個白球的袋中取出4球，問有幾種排列方式？

   Ans. 10

2. 擲4粒骰子求點數和爲20有多少種情況？

   Ans. 35

3. opinion這個字中每次取4個字母，求其(a)組合數與(b)排列數。

   Ans. (a)13 (b)150

4. $x+y+z+t=10$

(a) 有多少組正整數解？

(b) 有多少組非負整數解？

(c) $x+y+z+t\leq 10$有多少組非負整數解？

Ans. (a) $\binom{9}{6}$ (b) $\binom{13}{10}$ (c) $\binom{14}{10}$

5. 自n個相異物中任取r個，但每個物件必須至少選取g次，則取組合數爲何？

Ans. $\binom{r-ng+n-1}{r-ng}$

6. 求$(x^3+x^4+x^5+\cdots)^3$之x^{10}係數。

Ans. 3

7. 求$(1+x^5+x^{10}+x^{15}+\cdots)^3$之$x^{10}$係數

Ans. 6

8. 從AAABB中任取4個之排列數。

Ans. 10

9. CONSONANT中任取3個字母之(a)組合數與(b)排列數。

Ans. (a)31，(b)151.

第 8 章

圖學

8.1 圖之基本要素
8.2 一些特殊圖
8.3 Euler圖與Hamilton圖
8.4 樹
8.5 最小生成樹及其演算法

圖形理論（*Graph theory*）在數學領域中是一支獨立課程，其理論之發源至少可追溯自Euler時代，如今它在離散數學建模上扮演重要角色，尤其是資訊網絡、管理科學、甚至物理、化學上都有應用。它在理論上較爲艱難，因此，本章只作一入門淺介。

8.1 圖之基本要素

圖之頂點與邊

圖G是一個有序之素對（V，E），記做$G=(V, E)$，其中

(1) V之元素稱爲**頂點**（vertices），$V\neq\phi$

(2) E是$V\times V$之子集合，E之元素稱爲**邊**（edges）。$V(G)$與$E(G)$分別表示圖G之頂點集與邊集。含有p個頂點與q個邊之圖以$G(p, q)$表之，頂點之個數$|V(G)|=p$稱爲G之**次數**（degree）。$V(G)$，$E(G)$均爲有限集合時稱G爲有限圖，否則爲無限圖。

兩個特殊的圖：

1°$(p, 0)$圖：$q=0$即沒有邊的圖，稱爲**空圖**（empty graph）

以ϕ表之。

2°僅有一個頂點的圖稱爲**平凡圖**（trivial graph）

例1.

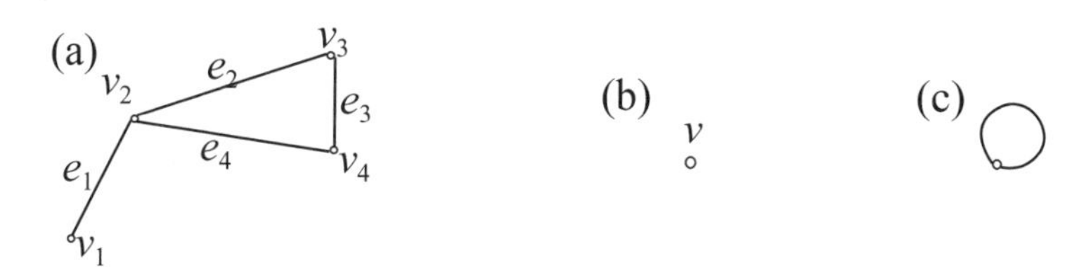

(a) G（4，4）含4個頂點4個邊　　(b)空圖　　(c)平凡圖

隨堂演練

請繪出G（2，3）（答案不只一種）

爲簡便計，連結頂點v_i，v_j之邊以(v_i, v_j)表之。

連結二個頂點的邊數稱爲邊的重數，重數大於1者稱爲多重邊，邊的兩個頂點合而爲一時稱爲**迴路**（loop）即（v_i，v_i）爲一迴路，$v_i \in V(G)$。每個迴路之頂點數爲2。

例2.

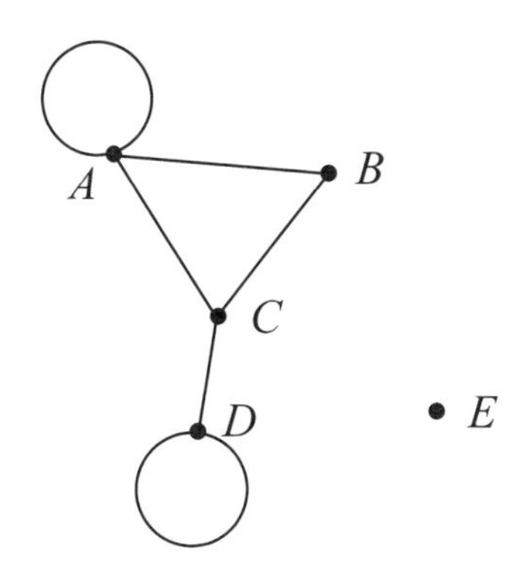

則 $\deg(A)=2+1+1=4$，$\deg(B)=2$，$\deg(C)=3$

$\deg(D)=1+2=3$，$\deg(E)=0$

隨堂演練

在例2之(C)，求 G 之次數即 $|V(G)|$

提示：4

例3. 試繪出滿足下列條件之圖形

$G(V)=\{v_1, v_2, v_3, v_4\}$，$G(E)=\{(v_1, v_2), (v_1, v_3), (v_2, v_3), (v_2, v_4), (v_3, v_4)\}$

解

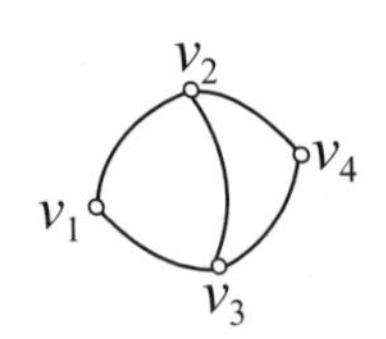

(v_1, v_2) 表示連結二頂點 v_1，v_2 的邊，若 G 為無向圖則 (v_1, v_2) 與 (v_2, v_1) 均表示同一條邊，若 G 是有向圖則 (v_1, v_2) 與 (v_2, v_1) 是不同的邊。

v_1，$v_2\in V$，若 $(v_1, v_2)\in E(G)$，則稱 v_1，v_2 為**相鄰**（adjacent）。換言之，v_i，v_j 相鄰表示 v_i，v_j **這兩個頂點有共同的邊**。

例4.

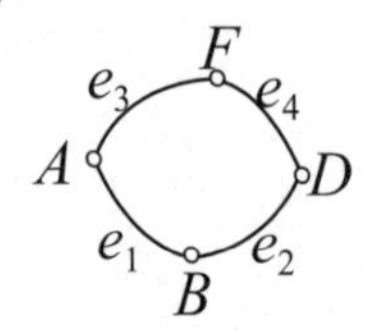

（B，F）$\notin E$（G）$\therefore B$，F不相鄰。

（D，F）$\in E$（G），（（D，F）即爲e_4）$\therefore D$，F相鄰。

若一頂點v爲邊e之頂點則稱v與e（或e與v）**相接**（incident）。

相鄰：頂點對頂點
相接：頂點對邊

A與F均爲e_3之頂點，故A，F均與e_3相接。

F與A均不爲e_2之頂點，故F與A均不與e_2相接。

例5.

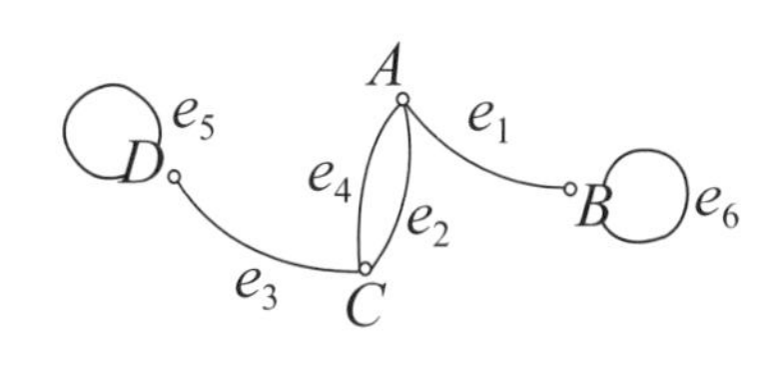

左圖之e_5，e_6即爲迴路。

左圖之e_4，e_2之頂點均爲A，C，我們稱e_4，e_2爲**平行邊**（parallel edges）平行邊也稱**重邊**（multiple edges）。

圖G中，以v爲頂點之邊數稱爲頂點v之**次數**（degree），以deg（v）表示。deg（v）爲偶數時稱v爲偶頂點，deg（v）爲奇數時稱v爲奇頂點。若**deg（v_i）= 1則稱v_i爲懸掛點**，與**懸掛點相連**的**邊稱爲懸掛邊**。

例6.

在右圖：deg（v_1）= 3

deg（v_2）= deg（v_3）= deg（v_6）

= deg（v_7）= 1　$\therefore v_2$，v_3，v_6，v_7爲奇頂點亦爲懸掛點，

deg（v_4）= 2，v_4爲偶頂點

deg（v_5）= 3，v_5爲奇頂點

又$\deg(v_1)+\deg(v_2)+\cdots+\deg(v_7)=3+1+1+\cdots+1+1=14$

例6有7個邊，$\sum_{i=1}^{7}\deg(v_i)=14=2\times$邊數，其一般化結果如下述定理：

$G(V,E)$中$\sum_{i=1}^{n}\deg(v_i)=2|E(G)|$（亦即，在圖$G$中，所有頂點之次數和恰爲其邊數和的2倍）。

證明

因爲我們計算$\sum_{i=1}^{n}\deg(v_i)$時，每個邊數均被計算2次

$\therefore\sum_{i=1}^{n}\deg(v_i)=2|E(G)|$ ■

此定理又稱爲握手定理。

$G(V,E)$有偶數（包括0）個奇頂點。

令$V_1=G(V,E)$中之奇頂點所成之集合

$V_2=G(V,E)$中之偶頂點所成之集合

則$\sum_{V}\deg(v)=\sum_{V_1}\deg(v)+\underbrace{\sum_{V_2}\deg(v)}_{\text{偶數}}=\underbrace{2|E(G)|}_{\text{偶數}}$

$\therefore\sum_{V_1}\deg(v)$必爲偶數，

即$|V_1|$為偶數。 ■

例7. 說明何以在舞會中必有偶數位人和別人跳過奇數次舞

解

將參加舞會的人都視為一個頂點，若二個人跳過舞便用一條邊將這二個頂點連結在一起，因此和別人跳過奇數次舞的人可視為奇頂點，由握手定理知，在舞會中和別人跳過奇數次舞的人數必為偶數。

圖之矩陣表示

圖G之矩陣表示方式有二種：

(一) **相鄰矩陣**（adjacency matrix）—這是顯現二個頂點是否相鄰；

(二) **接合矩陣**（incidence matrix）—這是顯現頂點及其鄰邊的關係。

相鄰矩陣

相鄰矩陣A是個方陣，$A=[\alpha_{ij}]_{nxn}$，$\alpha_{ij}=1$時表示第i個頂點與第j個頂點間有邊相鄰，$\alpha_{ij}=0$則表示它們間無邊相鄰，它的運算與關係矩陣不同之處在於：**關係矩陣用到布林代數，而相鄰矩陣則是一般之矩陣乘法**。

例8.

例8之相鄰矩陣為

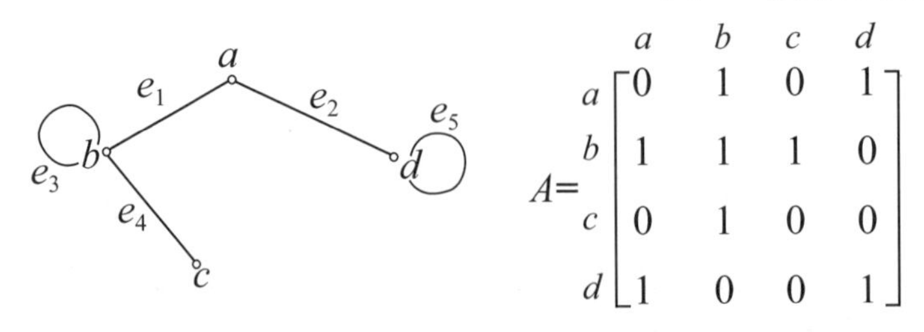

無向圖之相鄰矩陣是一對稱陣（以主對角線為軸兩側元素相同），由**無向圖可讓我們看出二個頂點間是否有邊相鄰，是否有迴路，但我們無法看出它是否有平行邊**。

由**相鄰矩陣各列（或各行）元素加總後可得到各該頂點之次數**。

隨堂演練

由例8，驗證由圖G之各列（行）元素加總後可得各該頂點之次數。

承例8

$$A^2=\begin{bmatrix}0&1&0&1\\1&1&1&0\\0&1&0&0\\1&0&0&1\end{bmatrix}\begin{bmatrix}0&1&0&1\\1&1&1&0\\0&1&0&0\\1&0&0&1\end{bmatrix}=\begin{array}{c}\\a\\b\\c\\d\end{array}\begin{array}{c}\begin{matrix}a&b&c&d\end{matrix}\\\begin{bmatrix}2&1&1&1\\1&3&1&1\\1&1&1&0\\1&1&0&2\end{bmatrix}\end{array}$$

令人感興趣的是：**A^2之主對角線上之元素恰是各頂點之次數**。同時**第i列之列和或第i行之行和即為頂點i之次數**。

接合矩陣

接合矩陣之列爲頂點，行爲邊，若A爲接合矩陣，點v_i與邊e_j相鄰，則$a_{ij}=1$，否則$a_{ij}=0$，透過矩陣，我們可看出圖G是否有平行邊與迴路。

例9.

求例8之接合矩陣。

解

$$\begin{array}{c} \\ a \\ b \\ c \\ d \end{array}\begin{array}{c} \begin{array}{ccccc} e_1 & e_2 & e_3 & e_4 & e_5 \end{array} \\ \begin{bmatrix} 1 & 1 & 0 & 0 & 0 \\ 1 & 0 & 1 & 1 & 0 \\ 0 & 0 & 0 & 1 & 0 \\ 0 & 1 & 0 & 0 & 1 \end{bmatrix} \end{array}$$

接合矩陣第j列之列和恰好是頂點j之次數。

接合矩陣在判斷二個圖形是否同構上很有用，我們將在下節再述。

隨堂演練

由例9之接合矩陣確認：

接合矩陣中第j列之列如恰好是頂點j相連接之邊數

路徑與迴路

邊序列（edge sequence）{（v_0，v_1），（v_1，v_2），（v_2，v_3）⋯（v_{n-1}，v_n）}常以$\{v_0，v_1，v_2，v_3，\cdots v_{n-1}，v_n\}$表之。邊敘

列經過n個邊，因此我們稱此為長度n之邊敘列，或稱長度為n之**通路**（walk），若通路中之每個頂點都不同時，稱此通路為**路徑**（path）

習題8.1

1. 根據下圖回答：

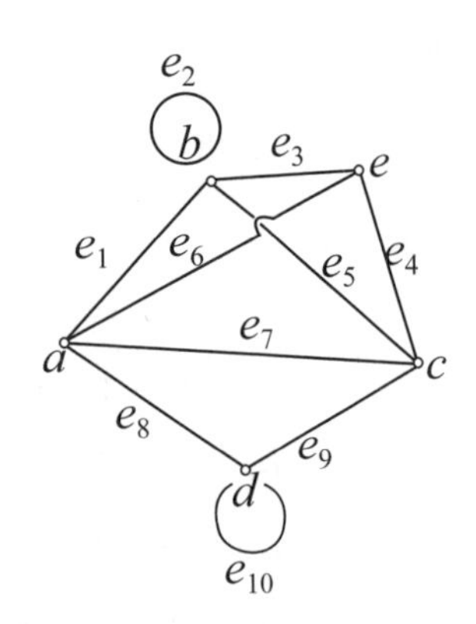

(a) $V =$ ___?___

(b) $E =$ ___?___

(c) 圖G之次數______

(d) 圖G稱為______圖(p，q)圖$p = ?$ $q = ?$

(e) 它有______條迴路

(f) deg(a) = ______

(g) deg(b) = ______

(h) 圖G有______個奇頂點______個偶頂點

(j) 建立相鄰矩陣

(k) 建立接合矩陣

Ans. (a) $\{a, b, \cdots e\}$　(b) $\{e_1, e_2 \cdots e_{10}\}$　(c)5

(d)（5，10）　(e)2　(f)4　(g)5　(h)2個奇頂，3個偶奇點

2. 繪滿足下列頂點之次數的圖G

(a) 2，2，2，3，3

(b) 2，2，3，3，3，5

(c) 3，3，2，2

Ans. (b)不可能

3. 試依下列條件繪圖

(a) 全部均為奇頂點

(b) 全部均為偶頂點

(c) 2個偶頂點3個奇頂點

提示 (c) 不可能

4. 根據下列相鄰矩陣繪圖.

$$\begin{array}{c} \\ a \\ b \\ c \\ d \\ e \end{array}\begin{array}{c} \begin{array}{ccccc} a & b & c & d & e \end{array} \\ \begin{bmatrix} 0 & 1 & 1 & 0 & 0 \\ 1 & 0 & 0 & 1 & 0 \\ 1 & 0 & 1 & 1 & 0 \\ 0 & 0 & 1 & 1 & 0 \\ 0 & 1 & 0 & 0 & 1 \end{bmatrix} \end{array}$$

5. 若一無向圖G有16條邊，3個頂點之次數爲4，其餘頂點之次數小於3，問圖G至少有幾個頂點

Ans. 10

6. G（V，E）爲（m，n）之簡單圖，Δ（G）是G頂點中最大者，δ（G）是G頂點中次數最小者，試證：

$\delta(\mathrm{G}) \leq \dfrac{2m}{n} \leq \Delta(G)$

8.2 一些特殊圖

本節討論一些特殊圖，我們就從簡單圖開始。

簡單圖

定義 圖$G=G(V，E)$若無多重邊（平行邊）且無迴路就稱G為**簡單圖**（simple graph）

例如：（如下圖）G_1有迴路，G_2有多重邊，所以都不是簡單圖，只有G_3無迴路或多重邊，故均為一簡單圖。

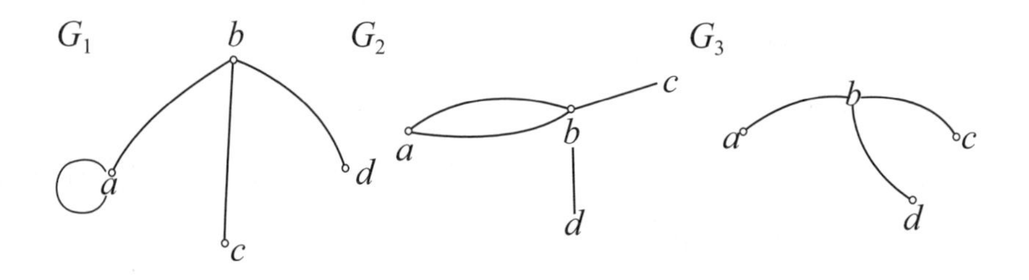

例1. $G=G(V，E)$為一n階簡單圖，$\Delta(G)$表頂點中之最大次數，試證$\Delta(G)\leq n-1$

解

由簡單圖定義，當一個頂點與其他$n-1$個頂點均為相鄰時次數最大，若v_i與其他頂點均相鄰則$\deg(v_i)=n-1$ $\therefore$ $\Delta(G)\leq n-1$。

★例2. $G=G(V，E)$為一簡單圖，若$|G(V)|\geq 2$，試證至少有二個頂點之次數相同

解

$G=G(V，E)$為簡單圖，$|V|=n$ $\therefore 0\leq\deg(v_i)\leq n-1$

(1) G不含懸掛點時，則此n個相頂點之可能次數為1，2⋯，$n-1$，共$n-1$種可能，根據鴿籠原理，n隻鴿子（頂點）放入$n-1$個籠子必至少有2隻鴿子在一個籠子（即n個頂點必至少有2點次數相同。）

(2) G含k個懸掛點時，則$0 \le \deg(v_i) \le n-k-1$故有$n-k$個非懸掛點，它們的次數可能為1，2⋯，$n-k-1$，根據鴿籠原理，至少有2個頂點之次數相同。

連通性

圖G中二個頂點u，v間是否連通是圖學中很重要的課題如果u，v間有一條通路，則稱u，v是連通的，若圖G中任意二個頂點都是連通時便稱G為**連通圖**（connected graph）。圖G為非連通圖時，也稱為分離圖。

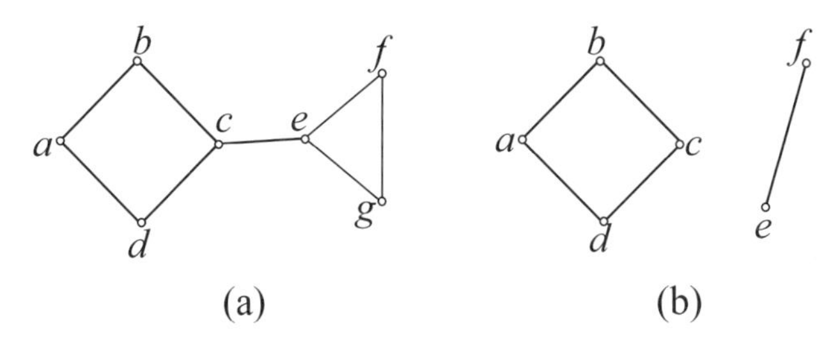

(a) (b)

圖(a)是連通圖，圖(b)是非連通圖。

例3. 某個國際會議中有A，B，C，D，E，F參加，A 只會中、日，英文，B 只會說日、法文，C 只會說中、法文，D 只會說法文，E 只會說日文，F 只會說中文，試問他們任意二人是否可直接或透過其它與會者之幫忙翻譯來交談？

解

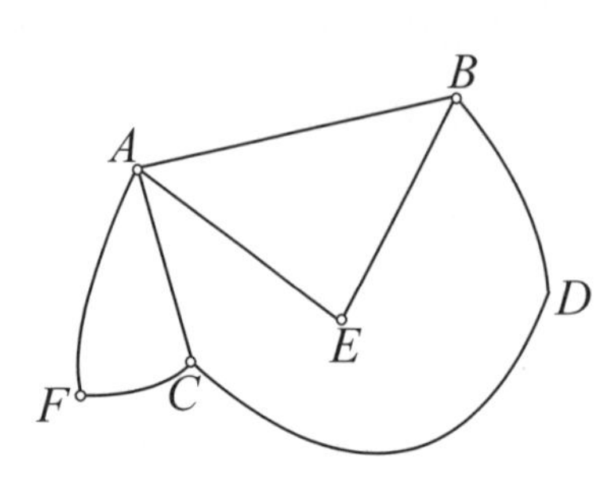

A 說中、日、英文，B 說日、法文，則A，B可用日文直接交談，故A，B相鄰，以此類推其餘。

B說日、法文。F說中文，他們2人自然無法直接交談，但B可透過D、C之翻譯而與F交談。

由圖可知他們任意二人可直接或透過其它與會者翻譯來交談。

圖$G = G(V, E)$爲一連通圖，則

(1) 去掉V中一些頂點使得G變爲不連通之最少點數稱爲點連通度以$k(G)$表之

(2) 去掉E中一些邊使得G變爲不連通之最少邊數稱爲邊連通度以$\lambda(G)$表之

顯然 $\lambda(G)$ 或 $k(G)$ 越大者連通度越強

例4. 問G_1，G_2二連通圖之$k(G)$與$\lambda(G)$

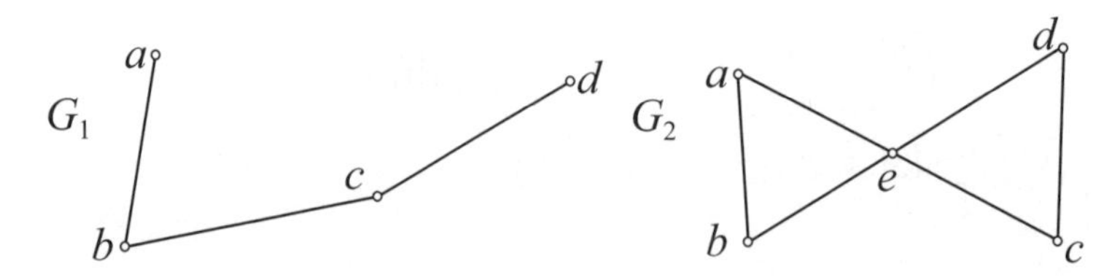

解

(a) 在G_1，只需去掉b或c之任一點，則G_1便不連通∴ $k(G_1) = 1$，G_1中去掉任一邊，G_1也不連通∴$\lambda(G_1) = 1$

(b) 在G_2去掉點e則G_2便不連通∴k（G_2）= 1，而在G_2要去掉路徑be與ae則G_2便不連通∴λ（G_2）= 2

例5. 求下列連通圖之λ（G）與k（G）

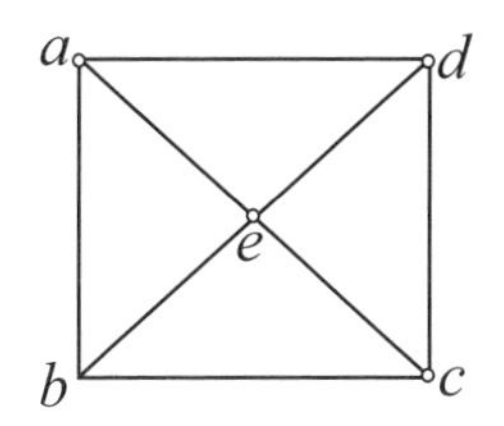

解

G要去掉3個頂點（如b，e，d或a，c，e）G才會不連通∴k（G）= 3，而G要去3個邊（如be，ab，bc）G才會不連通∴λ（G）= 3

平面圖

定義 圖G為一**無向圖**（planar graph），若G之邊除頂點外無任何**交點**（crossovers），則稱G為平面圖否則為**非平面圖**（non-planar graph）。

我們如果將無向圖畫在平面上，若除了頂點外沒有任何交點，或者是有交點，但經改變畫法(記住，圖學討論是以關係為著眼點，其幾何特性如長度、曲度等並不強調)，如圖a與b，使得原來有邊相交變成不相交，以上二種圖稱為平面圖。但有的圖不論如何改變畫法都無法使原來之邊相交變成不相交，如圖c，我們稱這類圖為非平面圖。

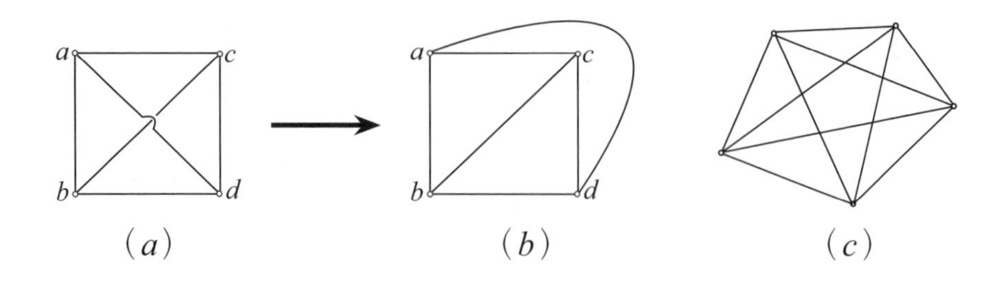

平面圖有一些重要之應用，包括積體電路之布線。

例6.

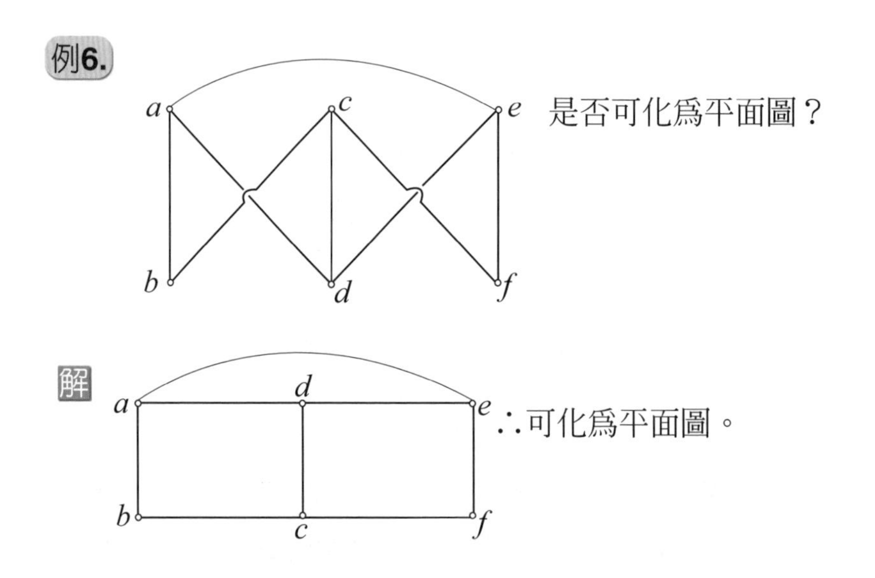

是否可化爲平面圖？

解 ∴可化爲平面圖。

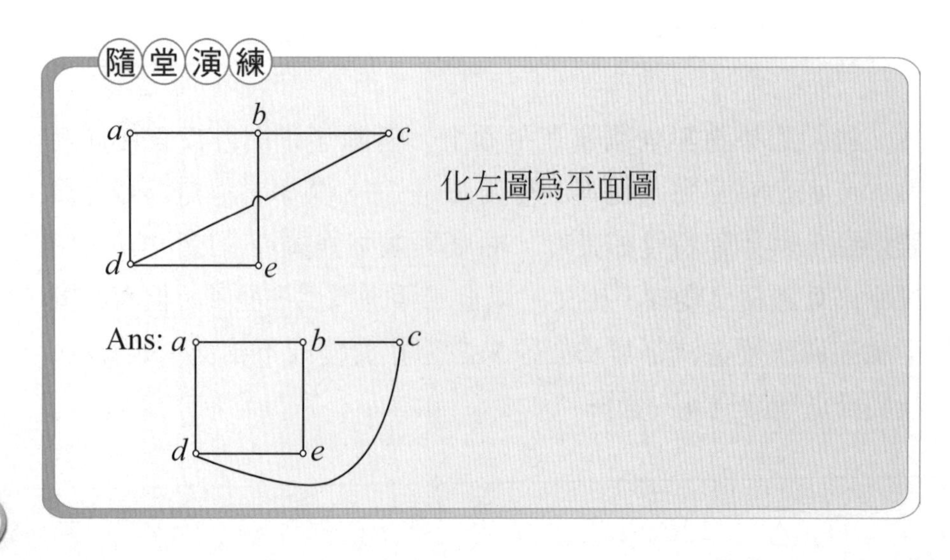

化左圖爲平面圖

正則圖

正則圖（regular graph）是每個頂點均有相同次數的圖。若每個頂點的次數均爲k時，稱爲k正則圖，0正則圖爲沒有邊的圖。

例7.

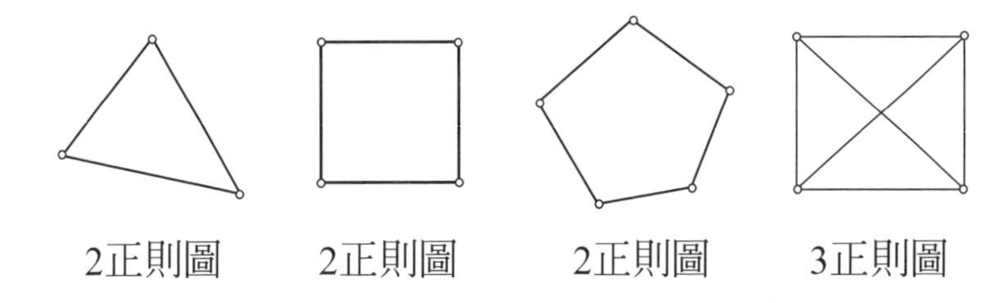

2正則圖　　2正則圖　　2正則圖　　3正則圖

完全圖

定義 圖G（V，E）之$|V| = n$，若G（V，E）之每一個頂點與其它頂點均恰有1個邊相接，則稱此圖G（V，E）爲**完全圖**（complete graph）。G（V，E）爲**n個頂點之完全圖**（complete graph on n vertices）以K_n表之。

依定義，**完全圖不能有迴路與平行邊**

例8.

列舉K_1至K_5之完全圖。

解

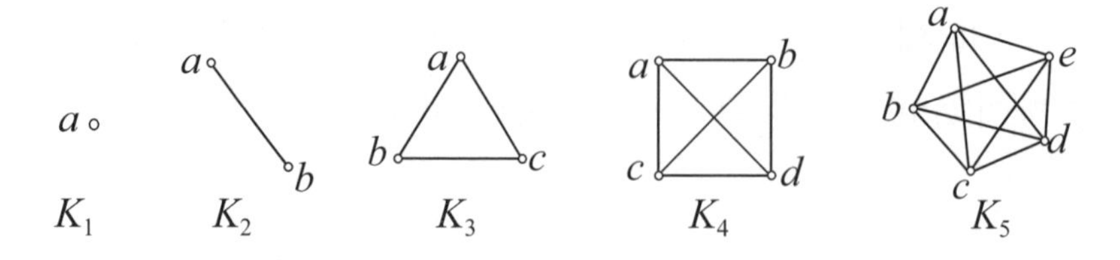

K_4亦可有下列之表現法：

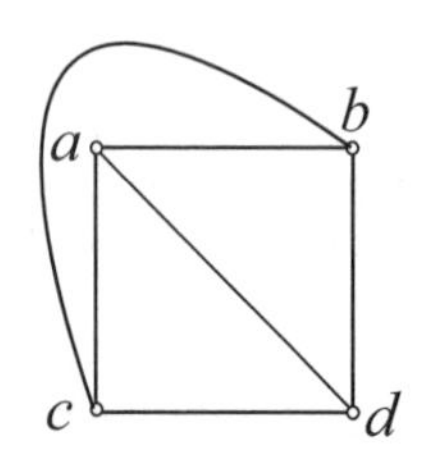

例9.

試求K_n之邊數。

解

K_n有n個頂點，每個頂點間均恰有1個邊（即無迴路平行邊）

$\therefore K_n$有$\binom{n}{2}=\frac{n(n-1)}{2}$ 條邊

圖形理論之證明通常是很特殊的，我們以例9為例說明之。

例10.

試證K_n之每個頂點之次數為$n-1$。

解

應用數學歸納法：

(1) $n=1$時：K_1為單一頂點，沒有邊，即$1-1=0$個邊，故

$n=1$時成立。

(2) $n=p$時：設K_p之n個頂點的每一頂點次數均爲$p-1$即
deg（v_i）$=p-1$，$i=1$，$2\cdots p$

(3) $n=p+1$時：K_p之每個頂點之deg（v_i）$=p-1$，K_{p+1}與
K_p相較下多了一個頂點，爲了滿足完全圖之條件，這
個新加入頂點必須與其它所有頂點都有邊相鄰，而必
須有p個邊

∴當n爲任一正整數，K_n之每個頂點之次數均爲$n-1$。

例11.

若$G=G$（V，E）爲不含迴路、平行邊之連通圖，試證$|E|$
$\leq \frac{n(n-1)}{2}$

解

完全圖所有頂點均爲兩兩相鄰，因此K_n之邊數爲$\binom{n}{2}$，又
n個頂點之不含迴路，平行邊之連通圖之邊數必少於K_n之

邊數$|E|$

$\therefore |E| \leq \binom{n}{2} = \frac{n(n-1)}{2}$　（利用例9之結果）

補圖

圖$G=$（V，E）之**補圖**（complementary graph）記做$\overline{G}$，
$\overline{G} \triangleq$（V，$\overline{E}$），它表示圖G與補圖$\overline{G}$有相同之頂點，**若且惟若G之二相異頂點不鄰接則在$\overline{G}$中此二相異頂點爲相鄰接**。

例12. 求圖G之補圖$\overline{G}$

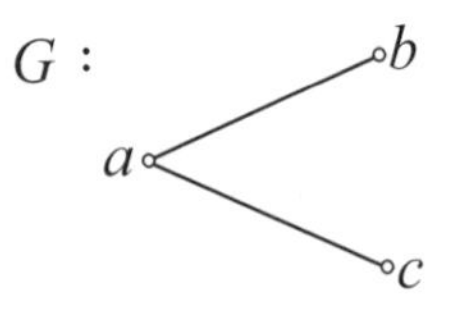

解

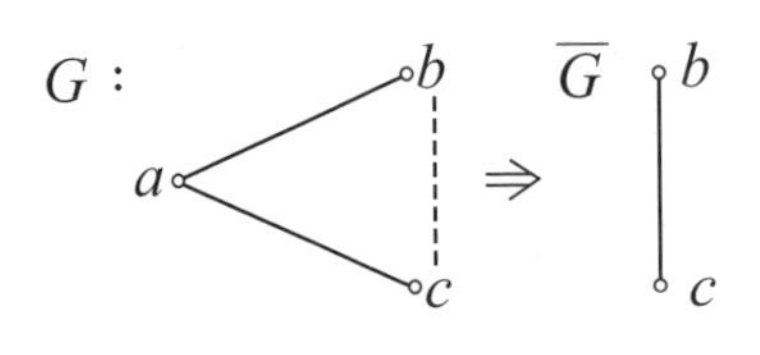

在求補圖時，可先繪出G之完全圖，然後清除完全圖中G裡已有的邊即可得到補圖。

例13. 求圖G之補圖$\overline{G}$

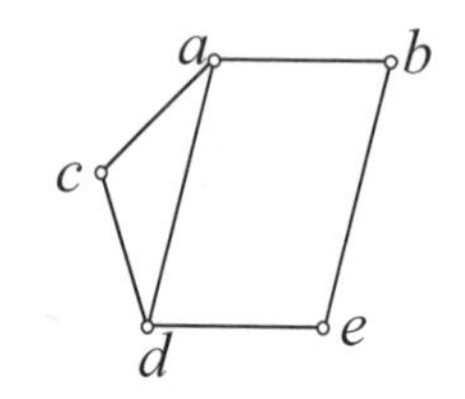

解

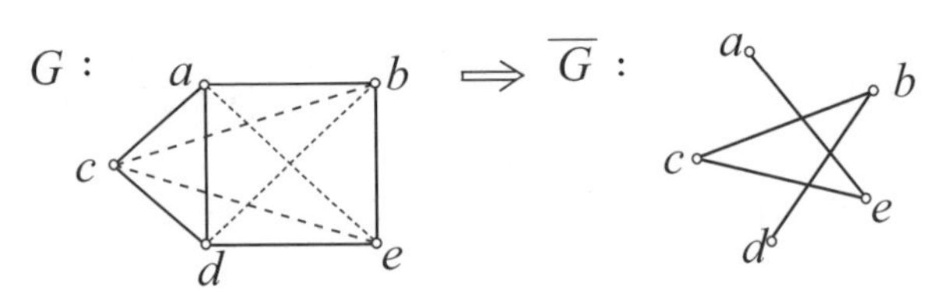

雙分圖

定義 若一圖G（V，E），其中$V=V_1\cup V_2$，$V_1\cap V_2=\phi$（即V_1，V_2爲互斥），使得每一邊的一頂點在V_1，另一頂點在V_2，則稱G爲**雙分圖**（bipartite）

若一雙分圖中，V_1之每一點均與V_2之每一點有邊相連，則稱此雙分圖爲**完全雙分圖**（complete bipartite graph），設$|V_1|=m$，$|V_2|=n$時之完全雙分圖以$K_{m,n}$表示。

例14.

試繪$K_{2,3}$，$K_{3,3}$。

解

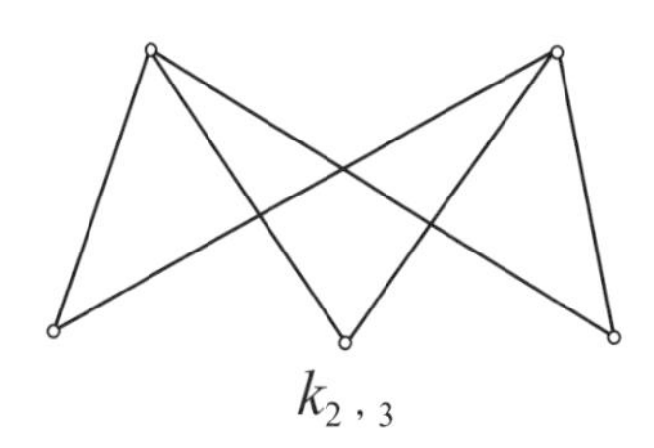

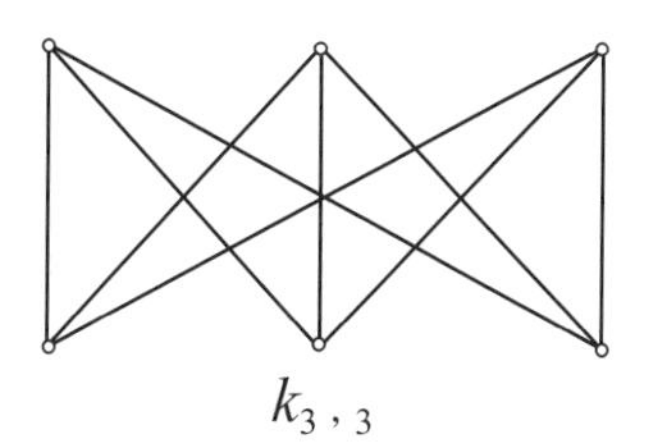

隨堂演練

試繪$K_{3,4}$

Euler 公式

（Euler 公式）圖G為一連通平面圖，若G有v個頂點，e條邊與f個面則$v-e+f=2$

Euler 公式可由數學歸納法證出，讀者有興趣可參考圖學專業書籍。

Euler 公式涉及圖之3個要素，頂點、邊與面，頂點與邊都已介紹過，因此我們對面再加以說明。

所謂面是由邊所圍成之封閉區域，或平面上除有限區域外之無限區域。

例15. 以下列連通平面圖，分別說明 Euler 公式。

(a) (b) (c)

解

(a) 頂點數$v=3$，邊數$e=3$，面數$f=2$

$\therefore v-e+f=2$

(b) 頂點數$v=5$，邊數$e=6$，面數$f=3$

$\therefore v-e+f=2$

(c) 頂點數$v=6$，邊數$e=8$，面數$f=4$

$\therefore v-e+f=2$

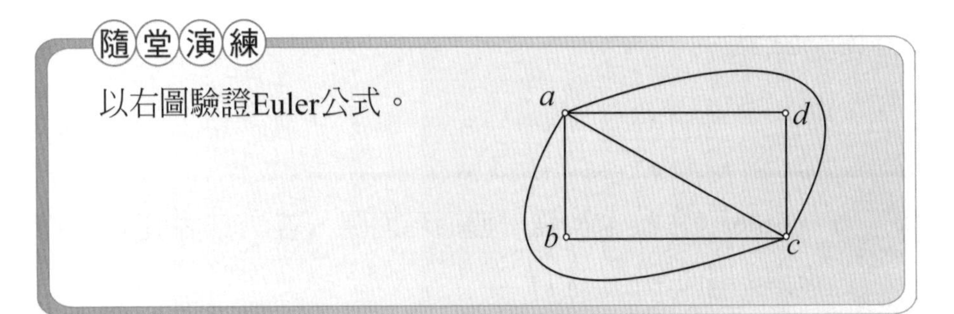

習題8.2

1. 判斷下列何者爲平面圖

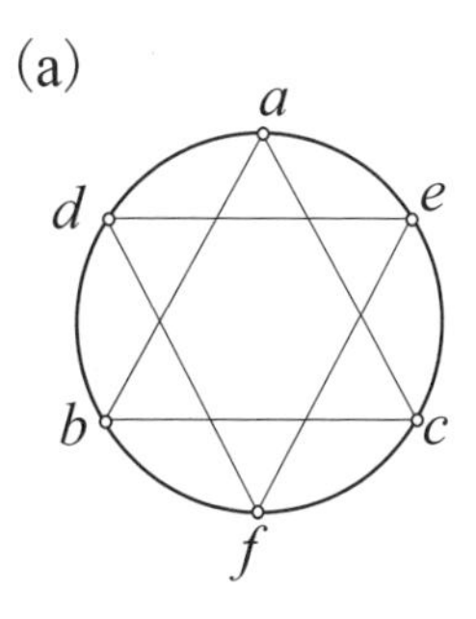

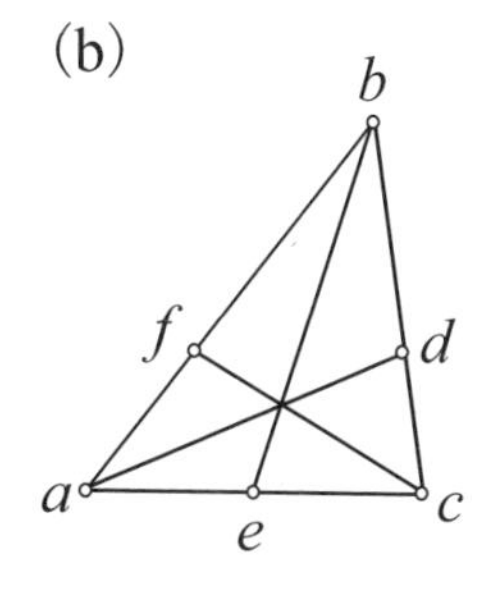

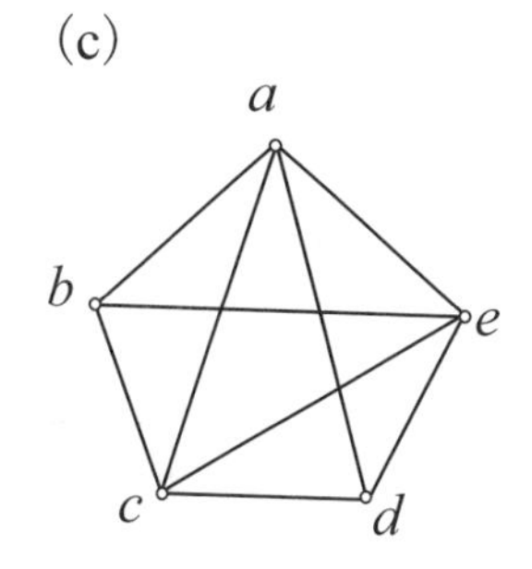

Ans. (a)，(c) 爲平面圖(b) 不是平面圖

2. 以下列圖來驗證 Euler 公式

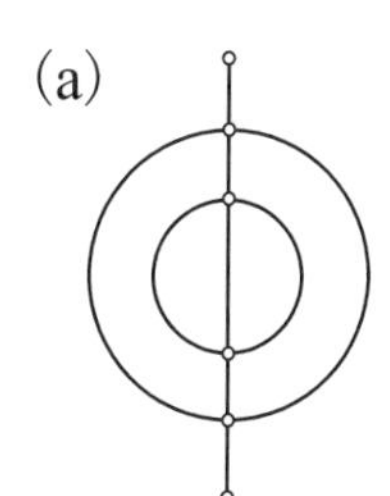

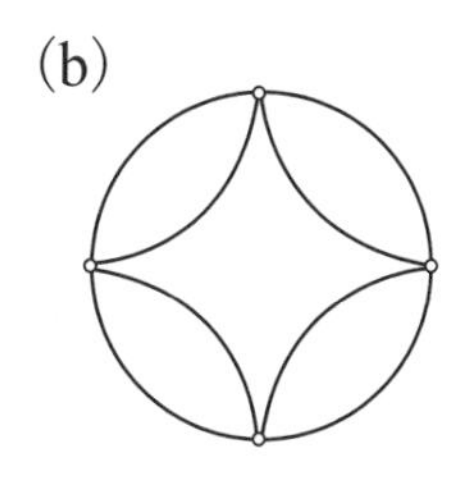

3. $G=G$（V，E）爲一簡單圖，若G有n個頂點$n+1$條邊，試證G至少有一頂點之次數大於或等於3

4. 舉一個正則圖是完全圖的例子，並舉一個正則圖不是完全圖的例子

8.3 Euler圖與Hamilton圖

Euler圖

定義 圖$G(V，E)$中若存在一條**經過G之每一邊一次且僅有一次之路徑**，則稱此路徑爲 ***Euler* 路徑**（*Euler path*），*Euler*路徑爲一迴路者稱爲***Euler*迴路**（Euler circuit）。若圖G有*Euler*路徑，則稱圖G爲**可通過**（traversable），亦即可“一筆劃”。

不論G爲*Euler*路徑或*Euler*迴路，都表示G具有連繪性，也就是俗稱之一筆劃。

大約在1736年，*Euler*對所謂一筆劃，即一圖形內是否有*Euler* 路徑，已有下列重要結果：

1. 若圖G有*Euler*路徑時，它一定是可通過的，亦即圖上任意二點都有邊相連。（其逆未必存在）
2. 若**圖G中恰有2個奇頂點時，則它含有*Euler*路徑**。如果我**們由其中一奇頂點爲起點，那麼必以另一奇頂點爲終點。**
3. 如果**圖G有奇頂點但奇頂點數不爲2則G必不爲*Euler*圖**。
4. 若一圖形中**都是偶頂點，則它有*Euler*迴路，即由其中任一頂點作起點，終點亦爲該點**。因爲*Euler*迴路必爲*Euler*路徑，因此頂點均爲偶次之圖G必有*Euler*迴路，*Euler*路徑及可通過。

例1.

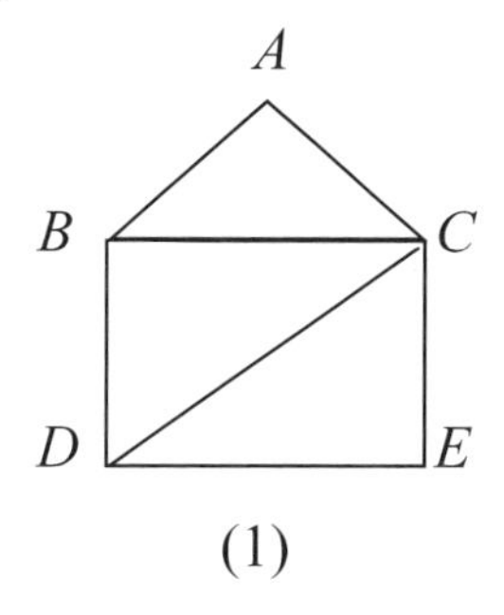

(1)

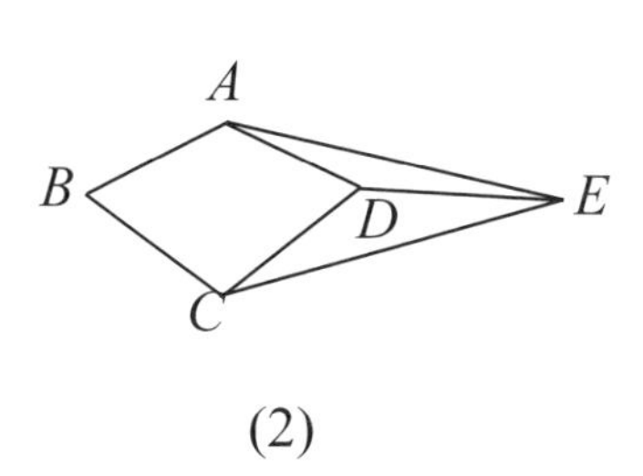

(2)

上列二圖何者有*Euler*迴路？*Euler*路徑？一筆劃？

解

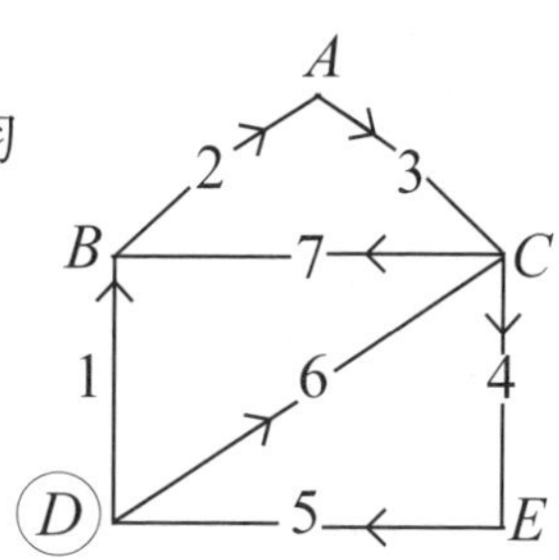

(1) ① 圖(1) 中B，D為二奇頂點，餘均為偶頂點

∴ G有*Euler*路徑，其經過頂點之序列為$D–B–A–C–E–D–C–B$

故G無*Euler*迴路

② 它可一筆劃

(2) ① 圖(2) A，C，D均為奇頂點，

∴ G既無*Euler*路徑亦無*Euler*迴路

② 不可一筆劃

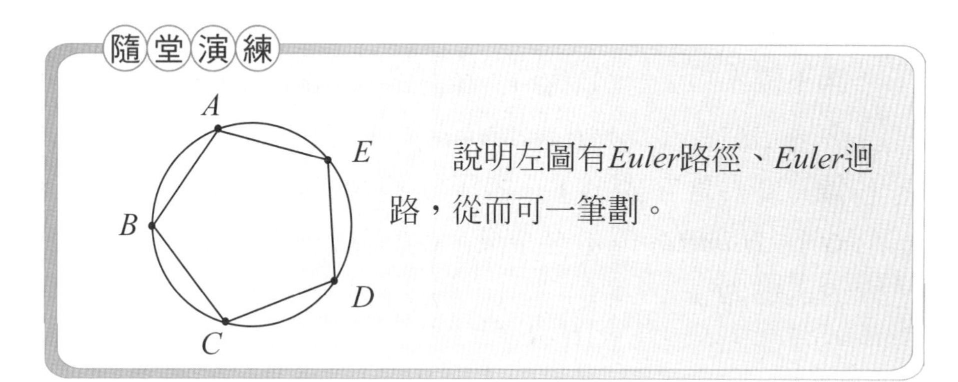

隨堂演練

說明左圖有*Euler*路徑、*Euler*迴路，從而可一筆劃。

例2.

是否為*Euler*圖？

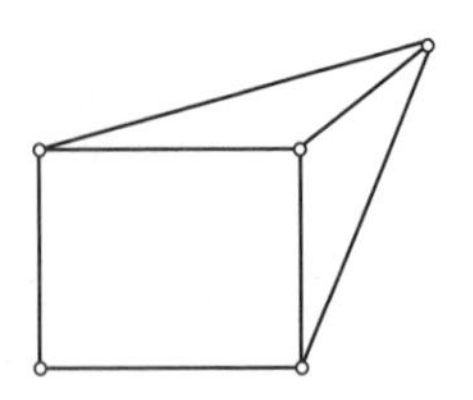

解

∵ 有四個頂點為奇頂點，故非*Euler*圖

Hamilton 圖

定義 圖G（V，E）中若存在一條**經過G之每一頂點一次且僅一次之路徑**則稱此路徑為*Hamilton*路徑（Hamiltonian path），*Hamiton*迴路（Hamiltonian circuit）是除了第一個頂點外，經過每一個頂點恰好一次之迴路。

Hamilton 迴路之判斷不若*Euler*迴路那麼有規則可循，因此我們舉了一些例子供讀者體認。一個圖G，有*Hamilton*路徑或迴路時，我們稱G為*Hamiltonian*。

例3.

由下圖（1），我們找到一條迴路$a–b–d–e–c–a$通過圖G_1之每一頂點。∴ G_1為*Hamiltonian*。

圖（2）是在圖（1）加了一些邊，造成K_5仍不損其G_1為 *Hamiltonian* 之結果，G_2有 *Hamilton* 迴路，仍為*Hamiltonian*。

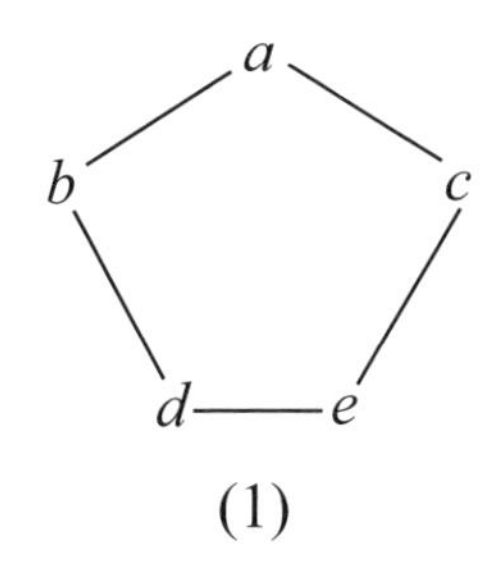

(1)

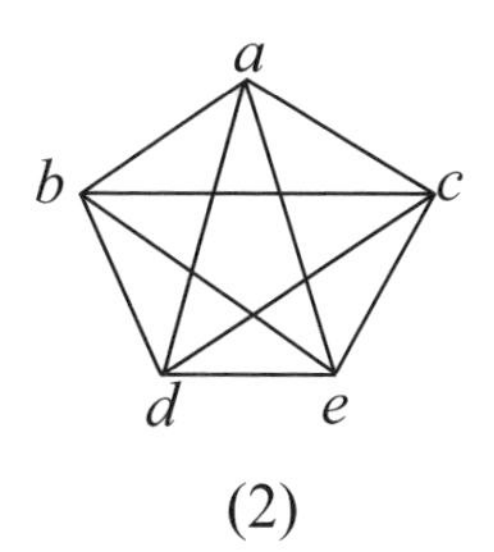

(2)

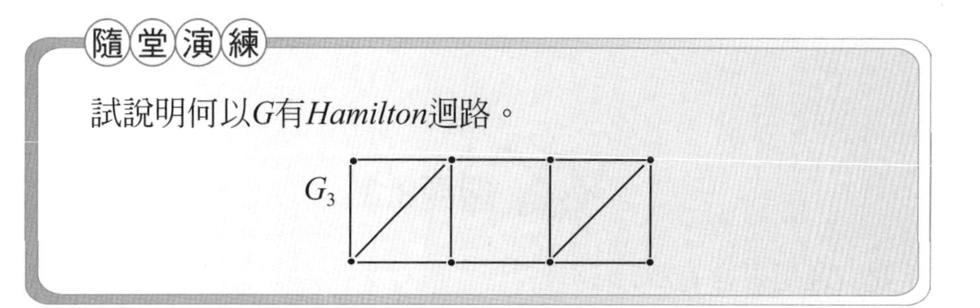

隨堂演練

試說明何以G有*Hamilton*迴路。

G_3

例4.

根據下圖，判斷是否為*Hamiltonian*?

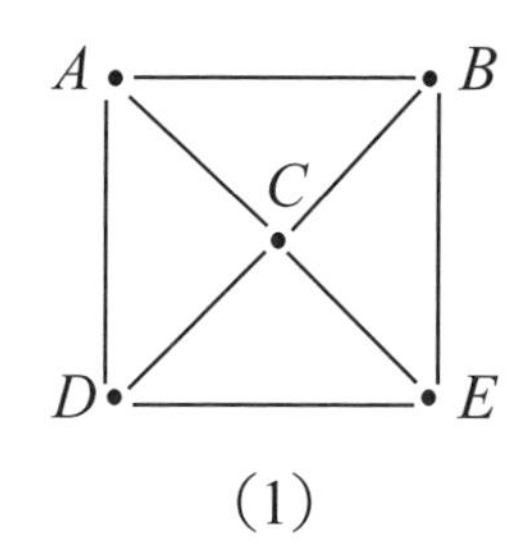

(1)

解

(1) *Hamilton*迴路：$A–B–C–E–D–A$，路徑順序如右。

A B C D E

例5.

問右圖是否為*Hamiltonian*？

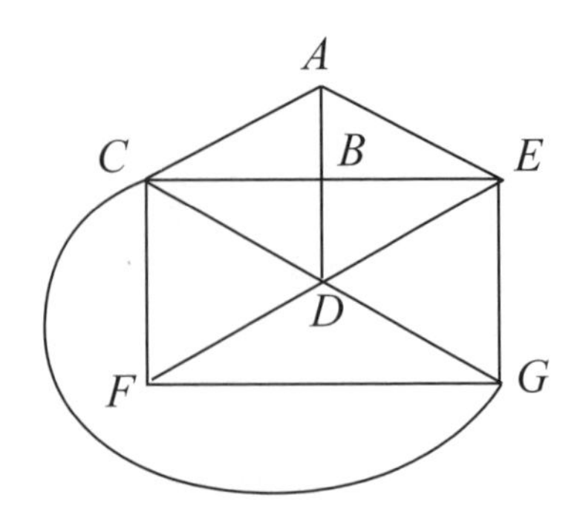

解

存在*Hamilton*迴路：

$F–C–A–B–E–D–G–F$。

習題8.3

1. 問右圖是否含有*Euler*路徑？
2. 問下圖是否可一筆劃？

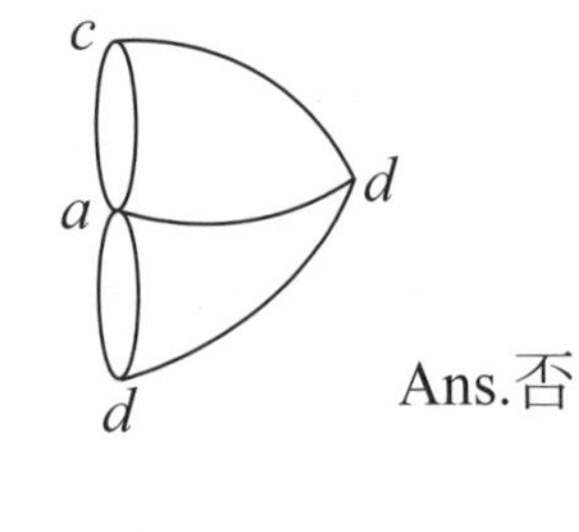

Ans.否

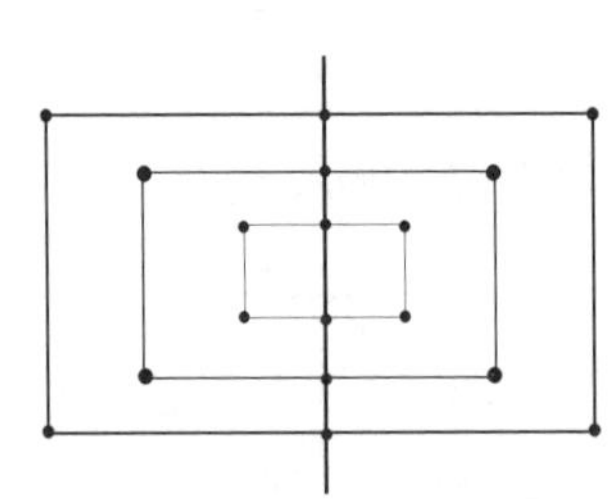

Ans. 可

3. *G*為一連通圖，給出*G*有*Euler*迴路，但無*Hamilton*迴路的例子
4. 下圖是否有Euler路徑？

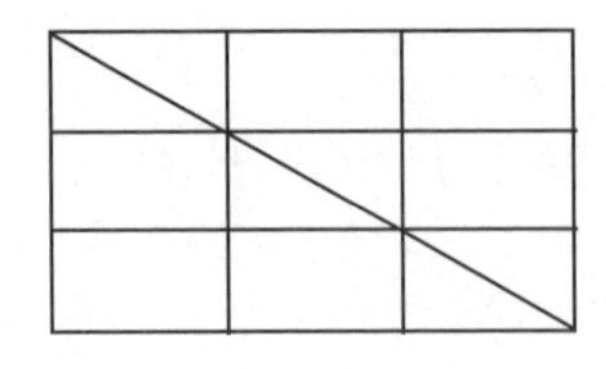

Ans.否

5. 承上題，請加適當之重邊後使之成為*Euler*圖

6. 問下圖是否爲*Hamiltonian*?

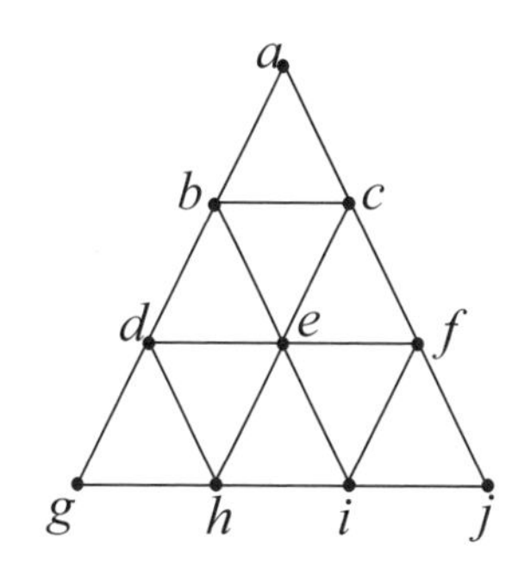

Ans. 是

7.

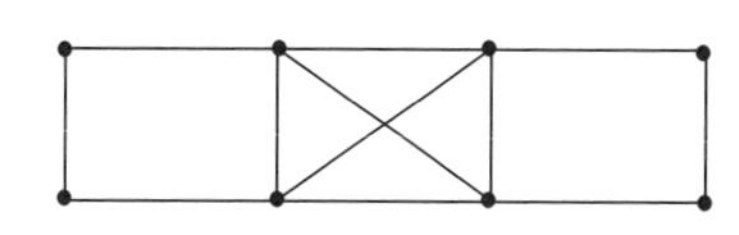

左圖是Euler圖？

是Hamilton圖？

Ans. 是Euler圖，是Hamilton圖

8.4 樹

若圖G中任意兩點都是連通且沒有任何迴路，則稱爲樹（tree），通常以T表示。不考慮方向的樹稱爲**無向樹**（undirected tree）否則爲**有向樹**（directed tree）

樹中之頂點爲**特定**（designated）時，我們稱該點爲**根**（root），有根的樹稱爲**有根樹**（rooted tree）。

進入頂點a之邊數爲a之**入數**（indegree），由a到其他頂點之邊數爲a之**出數**（outdegree）。出數爲0之頂點稱爲**樹葉**（leaf），樹葉外之其他頂點爲**分枝**（branch nodes），入數爲0者爲**根**（root）。

從根到頂點v所經之邊數是頂點v之**階**（level或height）。

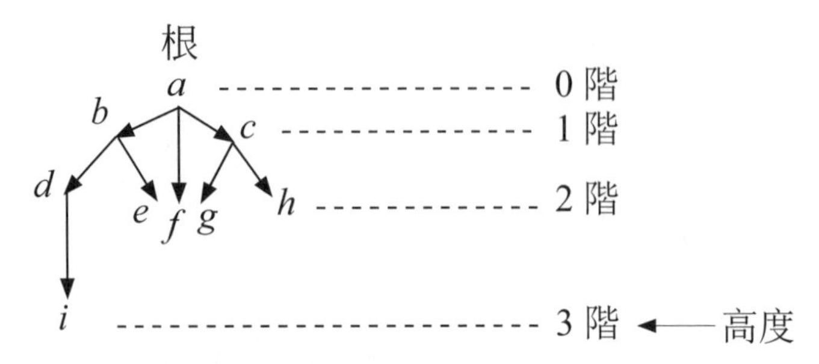

(1) 上面之樹的根爲a，共有3階。

(2) 在1階之頂點有b，c。

有2階之頂點有d，e，f，g，h。

(3) 頂點b之入數爲1。

(4) 本樹有9個頂點，8個邊。

事實上，一個樹之頂點數$|V|$與邊數$|E|$有$|V| = 1 + |E|$之關係，如下列定理所述：

定理A $G(V，E)$爲一連通圖，若G爲一樹，則$|V| = 1 + |E|$。

例2.

驗證下圖之$|V| = 1 + |E|$。

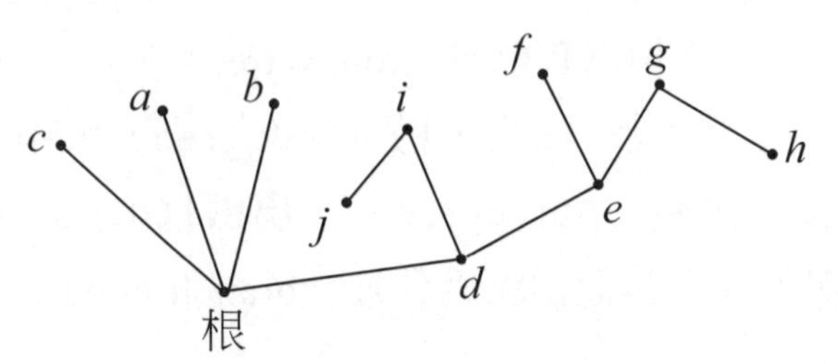

解

上圖之$|V|=11$，$|E|=10$ $\therefore |V|=|E|+1$

G爲一個有根樹，若有邊$a\to b$，則a稱爲b之**父**（father）或**父母**（parent），b爲a之**子**（son）或**子女**（child），若點a有$a\to b$，$a\to c$之二個邊，則b、c互爲**兄弟**（brother），a爲b、c之父母，若從頂點a有一條邊可下通到頂點c，則a是c之**祖先**（ancestor），c爲a之**後代**（descendant）。讀者可把上述關係試想成族譜。例1中，b爲d、e之父母，d、e互爲兄弟，i爲d之子女。

二元樹

若一有根樹之每一頂點之出數均小於等於2，則稱此有根樹爲一個**二元樹**（*binary tree*）。

由定義可知：

每個頂點最多有2個節點，也就是說每個頂點之節點之個數只可能是0，1，2個。在頂點之下左方的節點稱爲**左子節點**（left child），下右方的節點稱爲**右子節點**（right child），若頂點下只有一個節點時，你可稱它爲左節點或右子節點（只能選一個稱呼）。

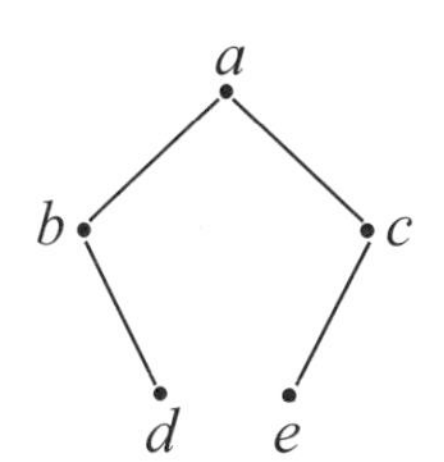

在左圖，頂點b是頂點a之左子節點，頂點c是頂點a之右子節點。

頂點e是頂點c之左子節點。頂點d是頂點b之右子節點。

階數爲n之二元樹，若有2^n-1個頂點，特稱此二元樹爲**滿二元樹**（*full binary tree*）。

簡單地說，**滿二元樹是每個頂點要麼沒有子節點，要麼有2個節點**。

例3.

下左圖爲一階數爲2之滿二元樹，但下右圖不爲滿之二元樹。

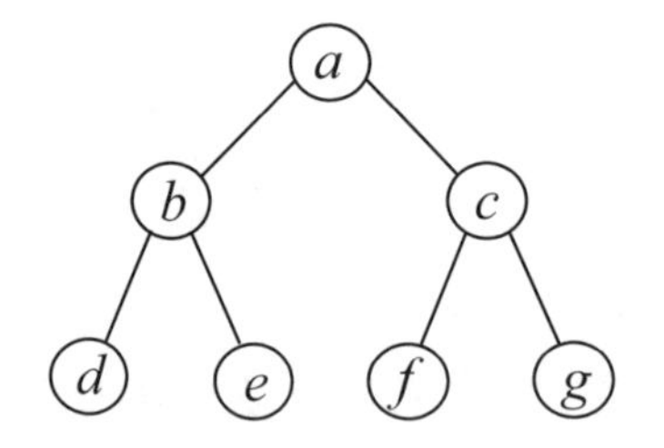

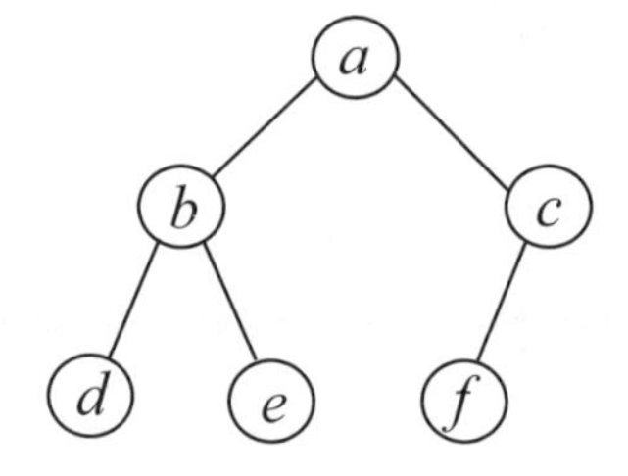

例4.

T爲一之二元樹，有100個頂點，問它的階數最多是多少？

1
2
99
100
99 階

解

因爲二元樹每一個頂點之出數≤ 2，最大階數爲發生在右圖之情況

$\therefore$ 最大階數爲99。

二元樹之化法

任一樹均可化成二元樹，它的步驟是：

第一步：將屬於同一父母之同一階的頂點以虛線連起來。

第二步：將父母至第一頂點連結外；並去掉同一父母至其他頂點之線段。

第三步：連結同一父母間一階之頂點。

例5.

將下列之樹化成二元樹

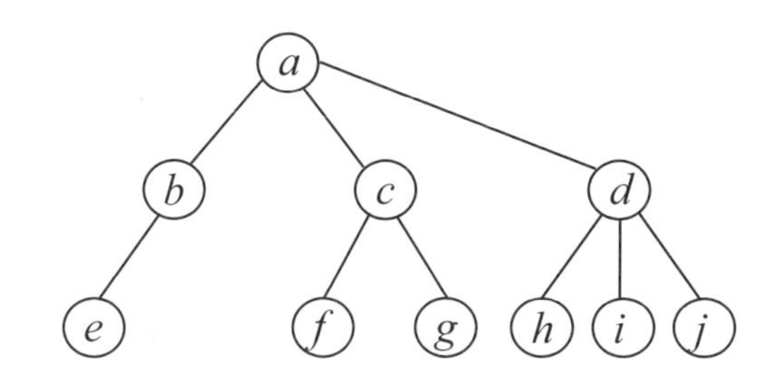

解

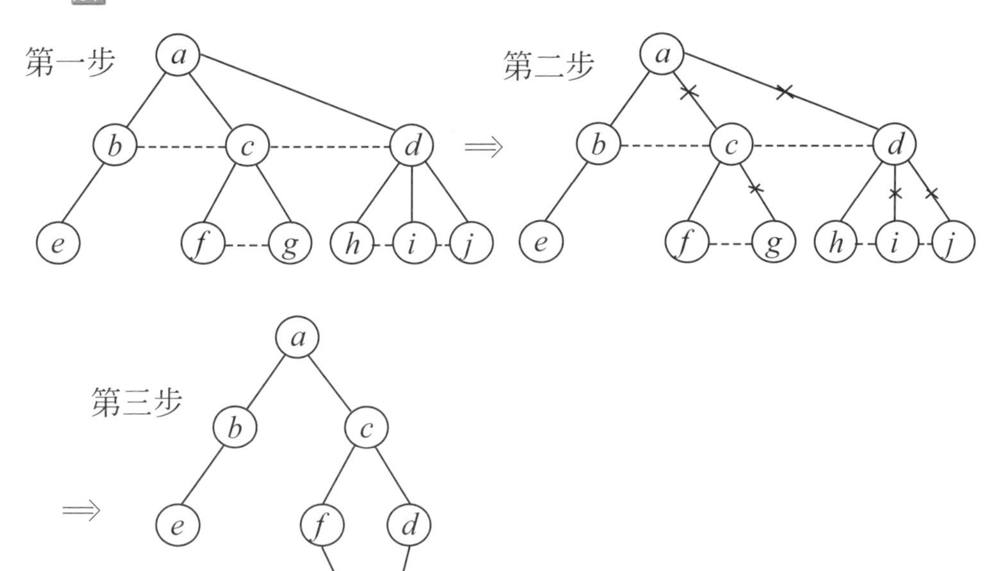

例6.

將右圖化成二元樹

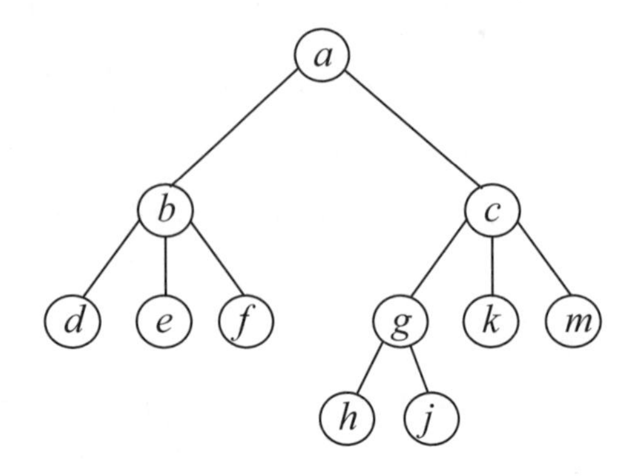

解

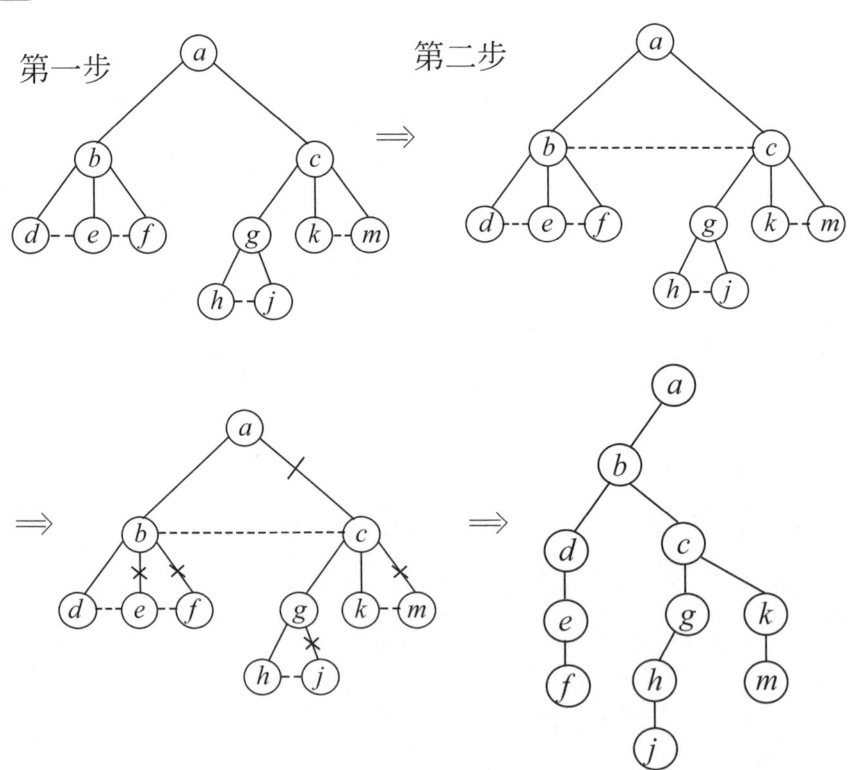

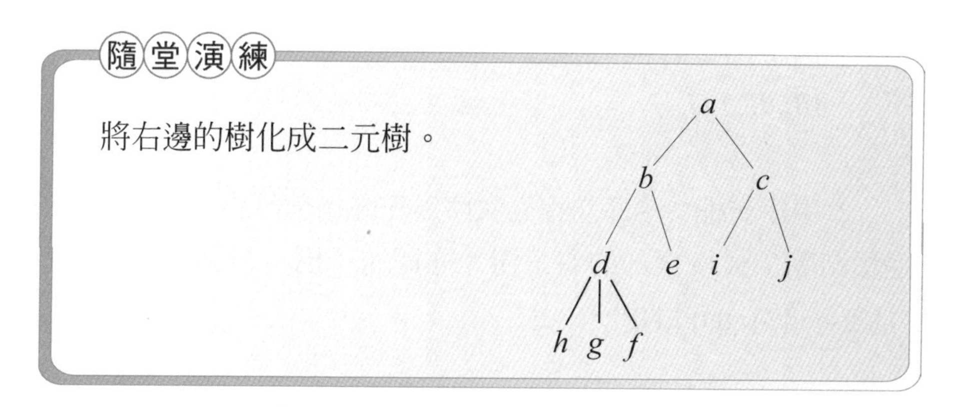

隨堂演練

將右邊的樹化成二元樹。

樹之應用一樹之訪程

樹之訪程（tree traversals）在資料結構中，是一個重要之課題，它是研究如何有系統地經過樹（通常是二元樹）之每一頂點，而且每一個頂點只能經過一次。常用之訪程有**前序訪程**（preorder traversal）、**中序訪程**（inorder traversal）及**後序訪程**（postorder traversal）三種。**這裡之前序、中序、後序是指訪程中處理根之順序**，即前序先處理根，中序是第2個處理根，後序是最後處理根。

1. 前序訪程：前序訪程之路徑由根節點開始，經過全部的左子樹，最後經過全部的右子樹，直到所有子樹都被經過爲止，亦即**根結點→左子樹→右子樹**（node-left-right; NLR）的次序。

例7.

以前序訪程方式問其順序爲何？

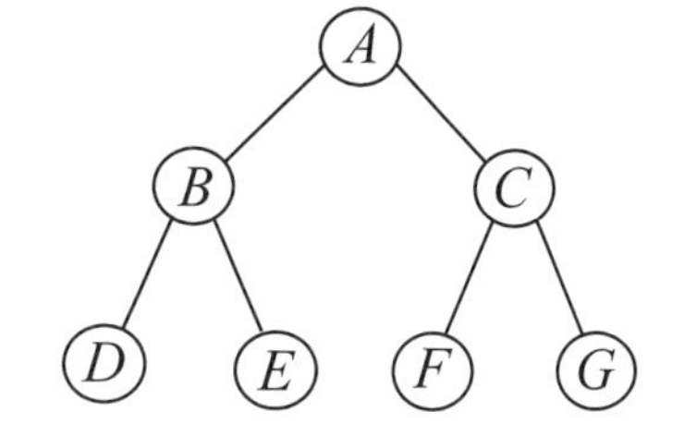

解

依前序訪程其順序爲

ABDECFG

2. 中序訪程：中序訪程之次序爲先經過全部的左子樹；再經過根結點；最後全部的右子樹，亦即左子樹→根結點→右子樹（left-node-right; LNR）

例8.

承例7，以中序訪程方式，問其順序爲何？

解

依中序訪程

(1) 我們由樹之根點v_1，往下找到A之左子樹（根爲v_2），因此再往向找到v_3，v_3沒有左子樹，因此v_3當作中序訪程之起點，然後再回到左子樹之根v_2，往下到右子樹經過之順序爲$v_5 \to v_4$，至此我們已完成第一遍之訪程$v_3 \to v_2 \to v_5 \to v_4$即$A$之左子樹

(2) 現在要經過根v_1

(3) 右子樹走法與(1)相似，即$v_8 \to v_7 \to v_9 \to v_6$

因此，中序訪程爲*BDEAFGC*

3. 後序訪程：

後序訪程的次序爲：首先經過全部的左子樹：再經過右子樹；最後是根節點，即次序爲：左→右→**根結點**（node-right-left; LRN）。

例9.

承例7，以後序訪程方式，問其訪程爲何？

解

(1) 先經過全部之左子樹：$D \rightarrow E \rightarrow B$

(2) 次經過全部之右子樹：$C \rightarrow F \rightarrow G$

(3) 最後經過根A

∴後序訪程爲$DEBCFGA$

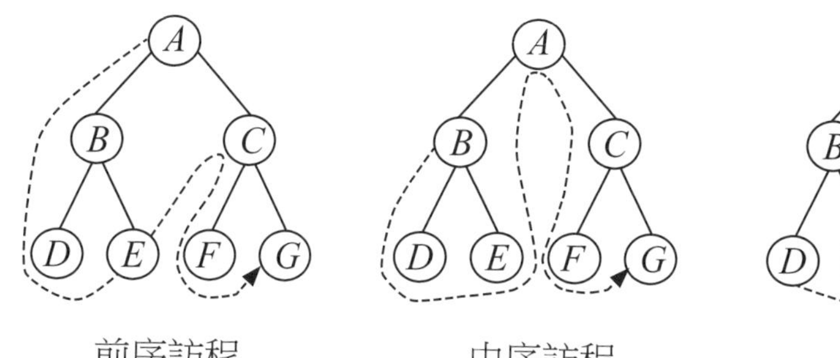

例10.

問以前序訪程、中序訪程、後序訪程之次序

解

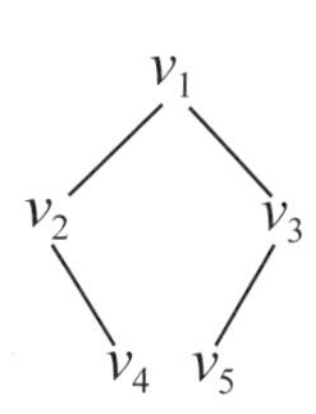

(1) 前序訪程：$v_1 \rightarrow v_2 \rightarrow v_4 \rightarrow v_3 \rightarrow v_5$

(2) 中序訪程：$v_4 \rightarrow v_2 \rightarrow v_1 \rightarrow v_5 \rightarrow v_3$

(3) 後序訪程：$v_4 \rightarrow v_2 \rightarrow v_5 \rightarrow v_3 \rightarrow v_1$

習題8.4

1. (a) 根是？

(b) 哪些頂點是樹葉？

(c) d之父是什麼？

(d) c之後代是什麼？

(e) i之兄弟是什麼？

(f) g所在之階數是什麼？

(g) 哪些頂點之階數為3？

(h) 樹之階數？

Ans. (a) a (b) i，j，e，k，j (c) b (d) i，j (e) j (f) 2

(g) i，j，k (h)4

2. 化下列樹為二元樹。

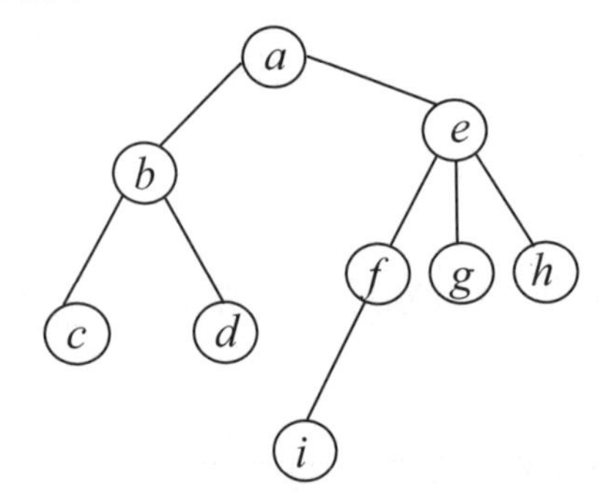

3. 試求出前序訪程、中序訪程與後序訪程。

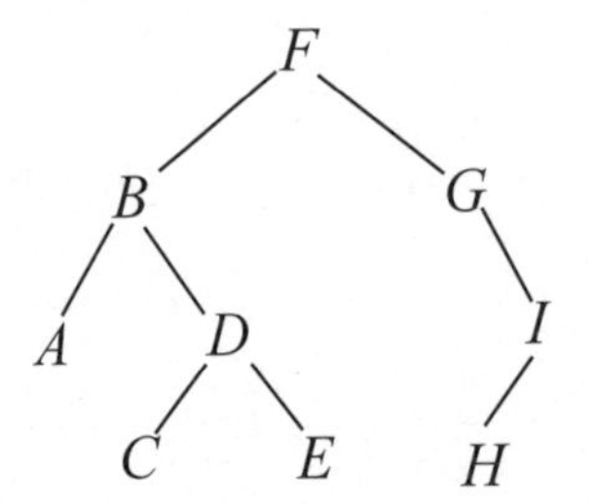

Ans. 前序訪程：$FBADCEGIH$

中序訪程：$ABCDEFGHI$

後序訪程：$ACEDBHIGF$

8.5 最小生成樹及其演算法

前言

最小生成樹其實是最小權重生成樹的簡稱。以有線電視電纜的架設爲例，若電纜只能沿著街道佈線，則以街道爲邊，路口爲頂點，因不同邊之長度不同，鋪設成本不同，其中必然有一路徑使佈線成本最低。這就是**最小生成樹**（Minimum spanning tree; MST）問題。

最小生成樹定義

定義 無向圖$G=(V,E)$中，(u,v)代表連接頂點u與頂點v的邊（即$(u,v)\in E$），而$w(u,v)$代表邊$(u,0)$的權重（weight），若存在T爲E的子集合（即$T\subseteq E$）且無迴路，使得

$$w(T)=\sum_{(u,v)\in T} w(u,v)$$

為最小，則此T爲G的最小生成樹。

最小生成樹之演算法

Prim演算法與Kruskal演算法是用來尋找最小生成樹的二種經典演算法，這兩種演算法都屬**貪婪演算法**（greedy algorithm）。

Prim演算法

1. 將所有頂點分成(1)集合A：所有最小生成樹中的點所成之集合；(2)集合B：待加入最小生成樹之點所成之集合。
2. 任取一個頂點加入集合A，然後在B中找一個頂點v_j，使得（v，v_j）之權值為最小。在此步驟下，將v_j加入集合A，並在集合B中刪掉v_j。
3. 重複步驟2直到所有點都放入集合A中為止。

例1. 用Prim演算求下列最小生成樹

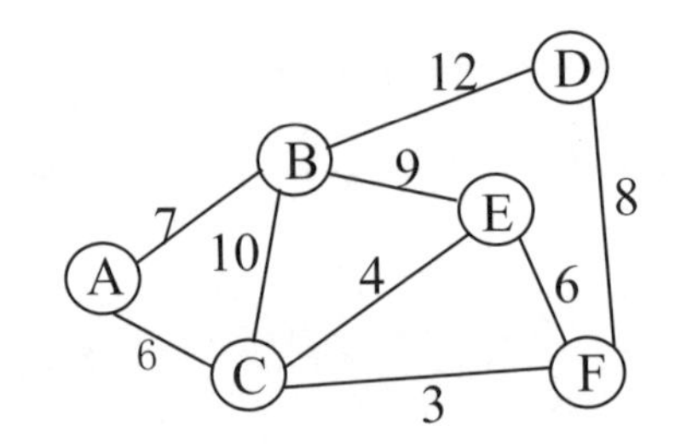

解

步驟	圖示	集合A	集合B
1		C	A B E F

步驟	圖示	集合A	集合B
2	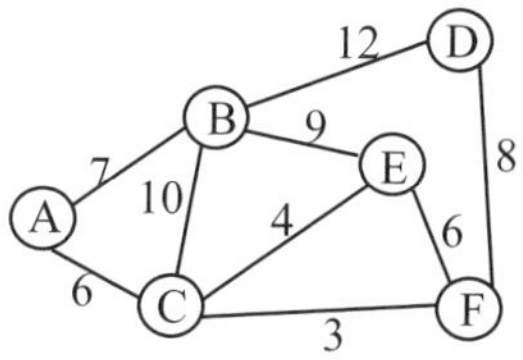	C F	A B E D
3	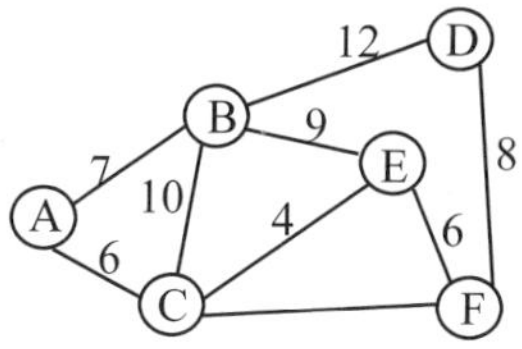	C F E	A B D F
4	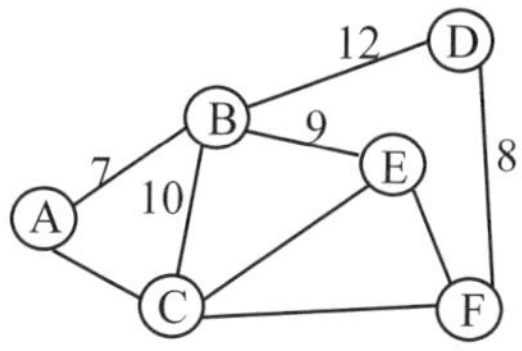	C F E A	B D F
5	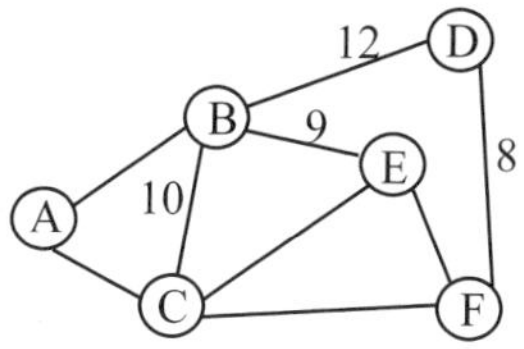	C F E A B	D
6	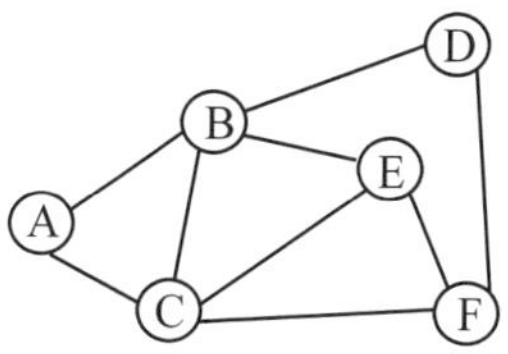	C F E A B D	—

因此，我們得最小生成樹，其成本 = $w(A, B) + w(A, C) + w(C, E) + w(C, F) + w(D, F) = 7+6+4+3+8 = 28$

例2. 承例1.，若我們選D爲起始點

解

步驟	圖示	集合A	集合B
1	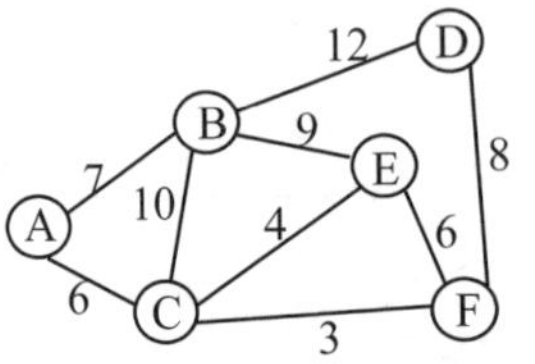	D	B F
2	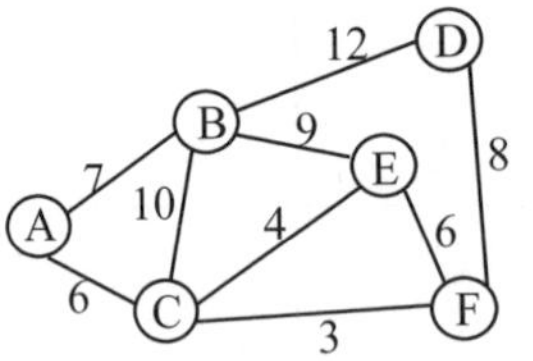	D F	B E C
3	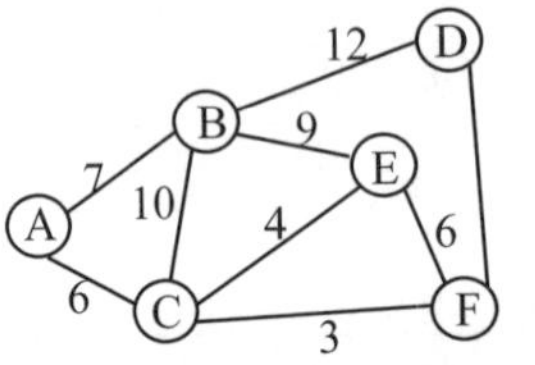	D F C E	B A
4	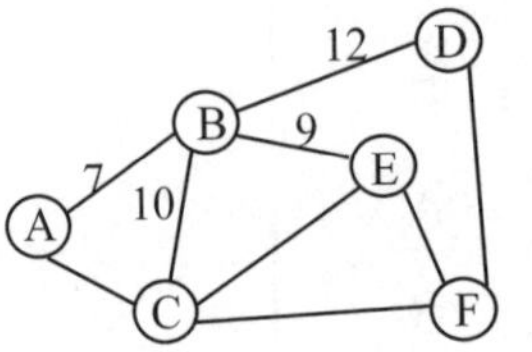	D F C E A	B

步驟	圖示	集合A	集合B
5	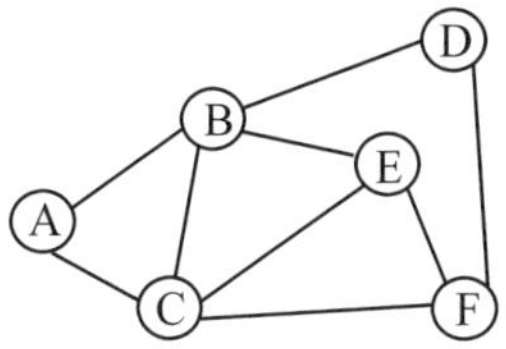	D F C E A B	－

∴我們得到最小生成樹，其成本為w（A，B）＋w（A，C）＋w（C，E）＋w（C，F）＋w（D，F）＝7＋6＋4＋3＋8＝28

Kruskal演算法

1. 新建圖G，G中擁有原圖中相同的節點，同時去邊
2. 將原圖中所有的邊按權值從小到大排序
3. 從權值最小的邊開始，如果這條邊連接的兩個節點於圖G中不在同一個連通分量中，則添加這條邊到圖G中
4. 重複3，直至圖G中所有的節點都在同一個連通分量中

例3. 用 Kruskal演算法重做例1

解

步驟	圖示	步驟	圖示
1	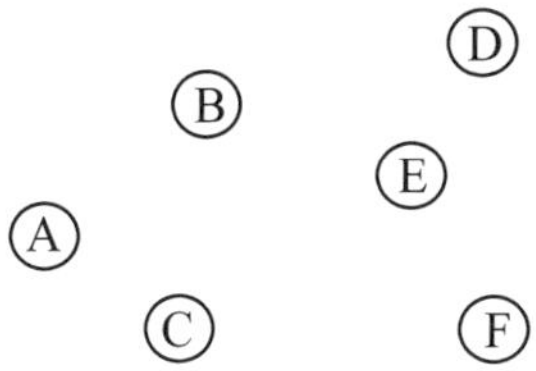	2.	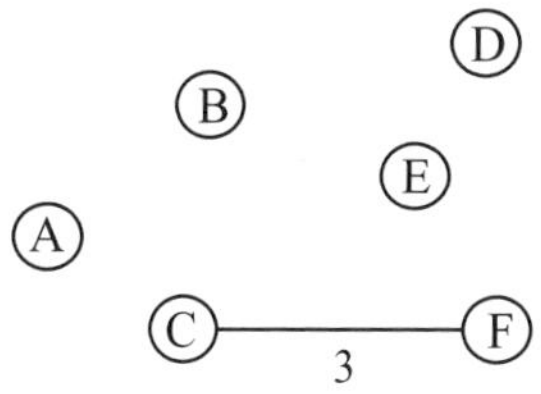

步驟	圖示	步驟	圖示
3	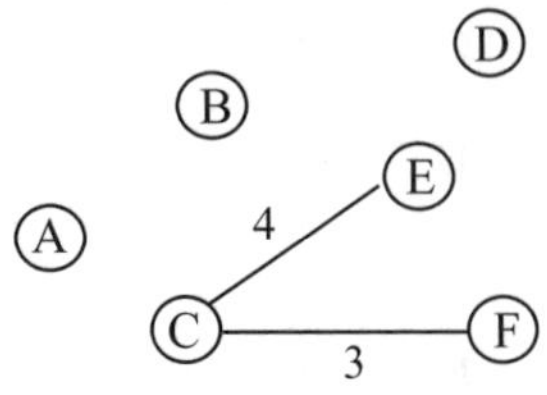 D B E 4 A C F 3	4	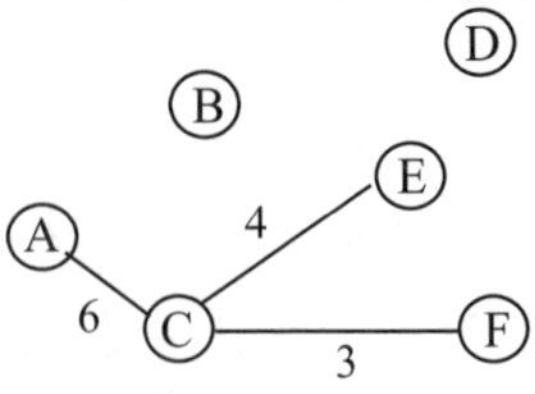 D B E 4 A 6 C F 3
5	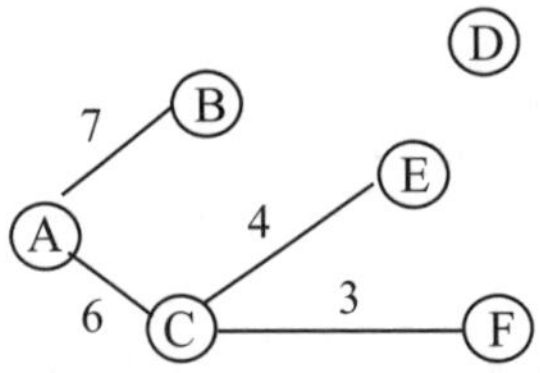 D 7 B E 4 A 3 6 C F	6	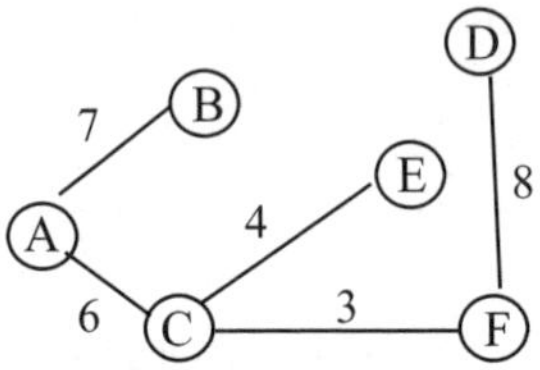 D 7 B E 8 4 A 3 6 C F

∴ 最小生成樹如step 5，最小成本為$7+6+4+3+8=28$。

習題8.5

用Prim與Kruskal演算法，分別求出下列各題之最小生成樹及對應成本

1.

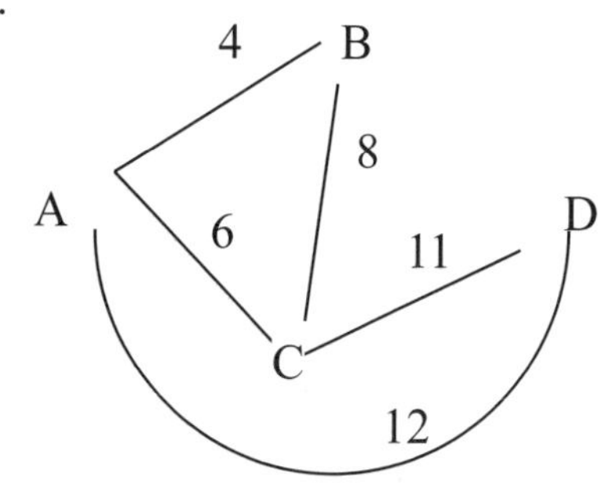

Ans. 21

2.

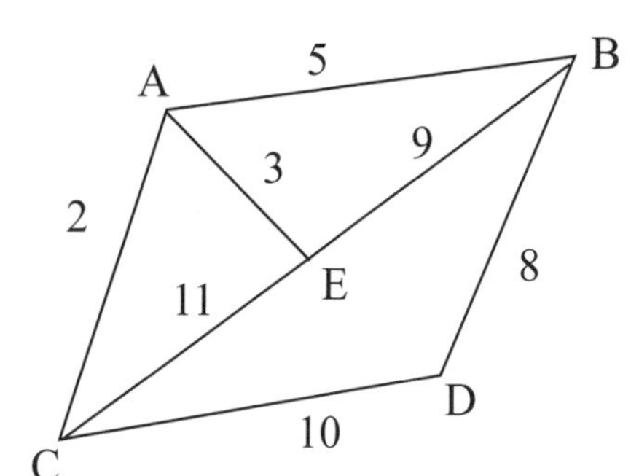

Ans. 18

部分問題解答

1.1

6. (a) $\neg(\neg p \vee \neg q) \vee \neg(\neg p \vee q) \equiv (p \wedge q) \vee (p \wedge \neg q)$

$\equiv p \wedge (q \vee \neg q) = p \wedge T \equiv p$

(b) $q \vee \neg((\neg p \vee q) \wedge p) \equiv q \vee (\neg(\neg p \vee q) \vee \neg p)$

$\equiv q \vee ((p \wedge \neg q) \vee \neg p) \equiv q \vee ((p \vee \neg p) \vee (q \vee \neg p))$

$\equiv q \vee (T \vee (q \vee \neg p)) \equiv q \vee T \equiv T$

7. (a)

p	T	$p \oplus T$	$\neg p$
T	T	F	F
F	T	T	T

$\therefore p \oplus T \equiv \neg p$

(b)

p	q	r	$(p \oplus q) \oplus r$	$p \oplus (q \oplus r)$
T	T	T	F T	T F
T	T	F	F F	F T
T	F	T	T F	F T
T	F	F	T T	T F
F	T	T	T F	F F
F	T	F	T T	T T
F	F	T	F T	T T
F	F	F	F F	F F

$\therefore (p \oplus q) \oplus r \equiv p \oplus (q \oplus r)$

8.

p	q	$p \vee (p \wedge q)$	
T	T	T	T
T	F	T	F
F	T	F	F
F	F	F	F

$\therefore p \vee (p \wedge q) \equiv p$

1.2

2. (d)

p	q	$(\neg p$	$\to q)$	$\to$	$(p \to q)$
T	T	F	T	T	T
T	F	F	T	F	F
F	T	T	T	T	T
F	F	T	F	T	T

3. (a) $(p \to q) \to q \equiv \neg(\neg p \vee q) \vee q \equiv (p \wedge \neg q) \vee q$

$\equiv (p \vee q) \wedge (\neg q \vee q) \equiv (p \vee q) \wedge T \equiv p \vee q$

(c) $(p \to r) \wedge (q \to r) \equiv (\neg p \vee r) \wedge (\neg q \vee r)$

$\equiv (\neg p \wedge \neg q) \vee r \equiv \neg(p \vee q) \vee r \equiv (p \vee q) \to r$

5. (a) $\neg(p \leftrightarrow \mathrm{q}) \equiv \neg((p \to q) \wedge (q \to p)) \equiv \neg((\neg p \vee q))$

$\wedge (\neg q \vee p))$

$\equiv \neg(\neg p \vee q) \vee \neg(\neg q \vee p) \equiv (p \wedge \neg q) \vee (q \wedge \neg p)$

$\equiv (p \wedge \neg q) \vee (\neg p \wedge q)$

(b) $p \to (p \to q) \equiv \neg p \vee (p \to q) \equiv \neg p \vee (\neg p \vee q)$

$\equiv \neg p \vee q \equiv \neg p \vee \neg(\neg q) \equiv \neg q \to \neg p$

(c) $p \to (q \to r) \equiv \neg p \vee (q \to r) \equiv \neg p \vee (\neg q \vee r)$

$\equiv r \vee (\neg p \vee \neg q) \equiv r \vee \neg(p \wedge q) \equiv (p \wedge q) \rightarrow r$

7. 設 r 爲 S 在 $0 < x < 1$ 之極小值，但 $0 < \frac{r}{2} < r$ 此與 r 爲 $0 < x < 1$ 之極小值矛盾，$\therefore S$ 沒有極小值

1.3

3. (a) $E(3) \vee p(2)$：3 爲偶數或 2 爲質數：眞

   (b) $\forall x\,(D(6, x) \rightarrow E(x))$：對所有正整數，若能被 6 整除，則 x 爲偶數：眞

   (c) $\forall x\,(\neg E(x) \rightarrow \neg D(2, x)) \equiv \forall x\,(D(2, x) \rightarrow E(x))$
   所有以 2 爲因數之整數必爲偶數：眞

1.4

1.

(1) p	（前提）
(2) $\neg p \vee r$	（前提）
(3) r	（$E4$）
(4) q	（前提）
(5) $q \rightarrow s$	（前提）
(6) s	（$E1$）
$\therefore r \wedge s$	（(3), (6), E6）

2.

(1) $\neg s$	（前提）
(2) $\neg r \vee s$	（前提）
(3) $\neg r$	（$E4$）
(4) $(t \wedge \neg q) \rightarrow r$	（前提）
(5) $\neg(t \wedge \neg q)$	（(3)(4)E2）
(6) $\neg t \vee q$	（(5) 等價）
(7) t	（前提）
$\therefore q$	（E4）

3.

(1) $r \rightarrow \neg q$	（前提）
(2) $s \rightarrow \neg q$	（前提）
(3) $r \vee s$	（前提）
(4) $r \vee s \rightarrow \neg q$	（1, 2 $E9$）
(5) $\neg q$	（3, 4 $E1$）
(6) $p \rightarrow q$	（前提）
$\therefore \neg p$	（5, 6, $E2$）

4. a：音樂會，b：交通擁擠，c：我們提前出門，因此，前提有 $a \to b$，$c \to \neg b$，c：推論如下：

(1) c　（前提）

(2) $c \to \neg b$　（前提）

(3) $\neg b$　（E2）

(4) $a \to b$　（前提）

$\therefore \neg a$　（E2）

5. a：鍛煉身體，b：游泳，c：打麻將，因此前提有 $a \to b$，$\neg c \to a$，$\neg b$，推論如下：

(1) $\neg c \to a$　（前提）

(2) $a \to b$　（前提）

(3) $\neg c \to b$　（E3）

(4) $\neg b$　（前提）

$\therefore c$　（E2）

6. (1) $\neg r \vee s$　（前提）

(2) $\neg s$　（前提）

(3) $\neg r$　（E4）

(4) $p \wedge q \to r$　（前提）

$\therefore \neg(p \wedge q) \equiv \neg p \vee \neg q$　（E2，等價）

1.5

2. $n=2$，左式 $=1+\frac{1}{4}=\frac{5}{4}$，右式 $=2-\frac{1}{2}=\frac{3}{2}>\frac{5}{4}$　$\therefore n=2$ 時成立

$n=k$ 時，設 $1+\frac{1}{4}+\frac{1}{9}+\cdots+\frac{1}{k^2}<2-\frac{1}{k}$ 成立

$n=k+1$：

$$1+\frac{1}{4}+\cdots+\frac{1}{k^2}+\frac{1}{(k+1)^2}<2-\frac{1}{k}+\frac{1}{(k+1)^2}=2+\frac{-k^2-k-1}{k(k+1)^2}$$

$$=2+\frac{-k(k+1)}{k(k+1)^2}-\frac{1}{k(k+1)^2}<2-\frac{1}{k+1}$$

3. $n=4$ 時，左式 $=11$，右式 $=2^4=16>11$ $\therefore n=4$ 時成立

$n=k$ 時，設 $2k+3\leq 2^k$ 成立。

$n=k+1$ 時 $2(k+1)+3=2k+3+2=2^k+2<2^k+2^k=2\cdot 2^k=2^{k+1}$

4. $n=4$ 時，左式 $=2^4<4!=$ 右式

$n=k$ 時設 $2^k<k!$ 成立。

$n=k+1$ 時 $2^{k+1}=2\cdot(k!)<(k+1)(k!)=(k+1)!$

8. $n=1$ 時 左式 $=8^2-7\cdot 1+41=98=2\times 49$ 爲 49 之倍數。

$n=k$ 時 設 $8^{k+1}-7k+41=49p$，$p\in Z^+$

$n=k+1$ 時

$8^{(k+1)+1}-7(k+1)+41=8(8^{k+1})-7(k+1)+41$

$=8(8^{k+1}-7k+41)-49k-294$

$=8\times 49p-49(k+6)$

$\therefore 8^{n+1}-7n+41$ 爲 49 之倍數。

2.1

3. $\phi_1\subseteq\phi_2$，$\phi_2\subseteq\phi_1$，$\therefore \phi_1=\phi_2$
8. 例如：$A=\{a\}$，$B=\{\{a\},a\}$

2.2

2. (a) (b)

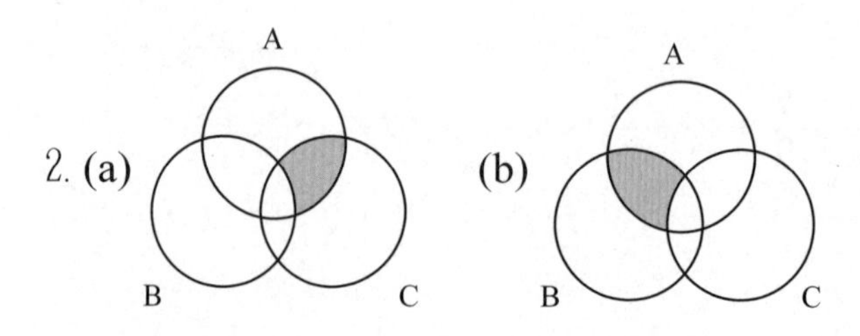

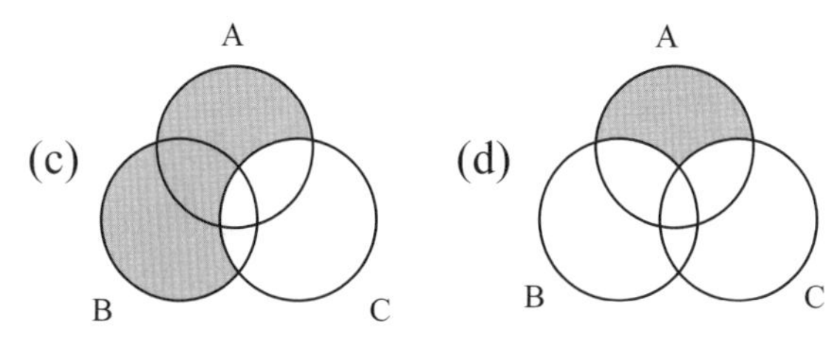

3. (a) $A-(B\cap C)=A\cap\overline{(B\cap C)}=A\cap(\overline{B}\cup\overline{C})=(A\cap\overline{B})\cup(A\cap\overline{C})$

$=(A-B)\cup(A-C)$

(b) $(A-B)-C=(A\cap\overline{B})\cap\overline{C}=A\cap(\overline{B}\cap\overline{C})=A\cap(\overline{B\cup C})$

$=A-(B\cup C)$

(c) $(A-B)\cap(C-D)=(A\cap\overline{B})\cap(C\cap\overline{D})$

$=(A\cap C)\cap(\overline{B}\cap\overline{D})=(A\cap C)\cap(\overline{B\cup D})$

$=(A\cap C)-(B\cup D)$

5. (a) 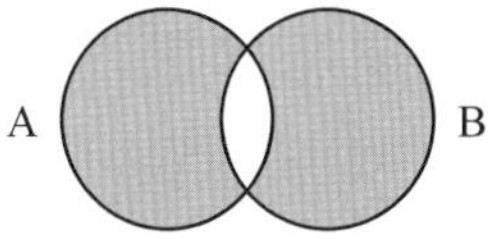 A B

(b) $A\oplus B=(A\cup B)-(A\cap B)=(B\cup A)-(B\cap A)=B\oplus A$

2.3

1. (a) $|A\cup B|=|A|+|B|-|A\cap B|=|A|+|B|$

$\therefore |A\cap B|=0\Rightarrow A\cap B=\phi$

(b) $|A-B|=|A\cap\overline{B}|=|A|-|A\cap B|=|A|-|B|$

$\therefore |A\cap B|=|B|\Rightarrow B\subseteq A$

(c) 若 $\min(|A|,|B|)=|A|$

則 $|B|\geq|A|\Rightarrow A\subseteq B$

若 $\min(|A|,|B|)=|B|$

則 $|A|\geq|B|\Rightarrow B\subseteq A$

2.

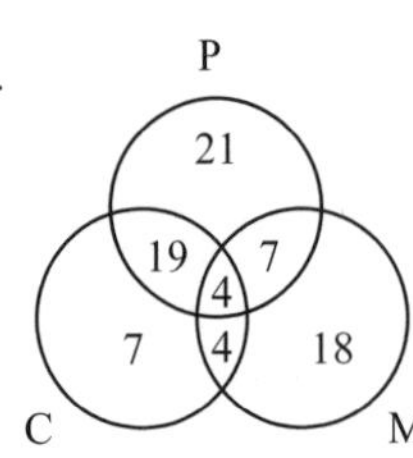

∴對此三科沒興趣的有

$100-21-19-4-7-4-18-7=20$

3.1

2.

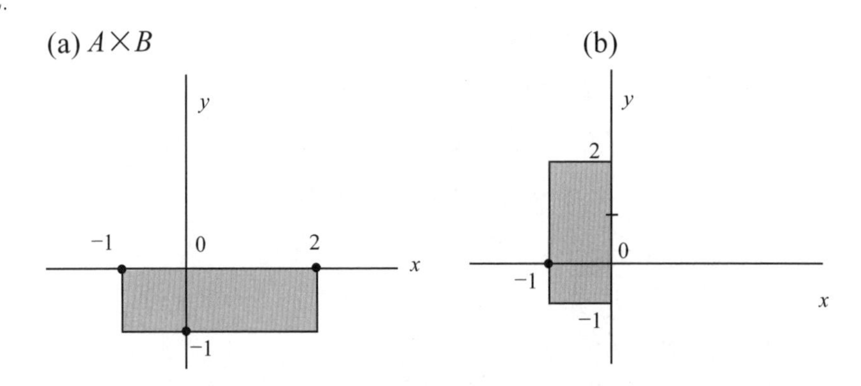

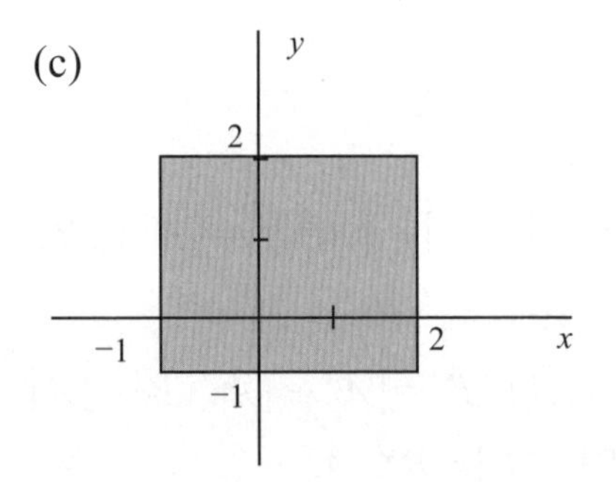

3. $(x,y)\in A\times(B\cup C)$

$\Leftrightarrow x\in A$ 且 $y\in B\cup C$

$\Leftrightarrow x\in A$ 且（$y\in B$ 或 $y\in C$）

$\Leftrightarrow$（$x\in A$ 且 $y\in B$）或（$x\in A$ 且 $y\in C$）

$\Leftrightarrow$（x, y）$\in(A\times B)$ 或（x, y）$\in(A\times C)$

$\Leftrightarrow$（x, y）$\in(A\times B)\cup(A\times C)$

4. $(x,y)\in A\times B \Leftrightarrow x\in A$ 且 $y\in B \Rightarrow x\in C$ 且 $y\in D$

$\Rightarrow (x,y)\in C\times D$

5. 充分性，即 $u=x$，$v=y$ 時，$(x, y)=(u, v)$：

$(x, y)=\{\{x\}, \{x, y\}\}=\{\{u\}, \{u, v\}\}=(u, v)$

必要性，即 $\{\{u\}, \{u, v\}\}=\{\{x\}, \{x, y\}\} \Rightarrow u=x, v=y$：

① $u=v$ 時

$\{\{u\}, \{u, v\}\}=\{\{u\}, \{u, u\}\}=\{\{x\}, \{x, x\}\}$ 則 $\{u\}=\{x\} \Rightarrow u=x$

又 $\{u, u\}=\{x, y\} \Rightarrow u=x, u=v=y$

$\therefore u=v$ 時 $\{\{u\}, \{u, v\}\}=\{\{x\}, \{x, y\}\} \Rightarrow u=x, v=y$

② $u\neq v$ 時

$\{\{u\}, \{u, v\}\}=\{\{x\}, \{x, y\}\}$

$\{u\}=\{x\} \Rightarrow u=x$

$\{u, v\}=\{x, y\} \Rightarrow \{x, v\}=\{x, y\} \Rightarrow v=y$

3.2

3. (a) $(x,y)\in (R_1\cap R_2)^{-1} \Leftrightarrow (y,x)\in R_1\cap R_2 \Leftrightarrow (y,x)\in R_1$ 且 $(y,x)\in R_2$

$\Leftrightarrow (x,y)\in R_1^{-1}$ 且 $(x,y)\in R_2^{-1}$

$\Leftrightarrow (x,y)\in R_1^{-1}\cap R_2^{-1}$

(b) $(x,y)\in (R_1-R_2)^{-1}$

$\Leftrightarrow (y,x)\in R_1-R_2 \Leftrightarrow (y,x)\in R_1$ 且 $(y,x)\notin R_2$

$\Leftrightarrow (x,y)\in R_1^{-1}$ 且 $(x,y)\notin R_2^{-1} \Leftrightarrow (x,y)\in R_1^{-1}-R_2^{-1}$

5. (1) R 滿足反反身性 $\Rightarrow I_A\cap R=\phi$：

$(a,a)\in I_A,\quad (a,a)\notin R \qquad \therefore I_A\cap R=\phi$，$\forall a\in A$

(2) $I_A\cap R=\phi \Rightarrow R$ 滿足反反身性：

利用反證法，設 $I_A\cap R\neq\phi$，令 $(a,b)\in I_A\cap R$，

因 $(a,b)\in I_A \quad \therefore a=b$，又 $(a,b)\in R$ 則 $a\neq b$，二者矛盾

$\therefore I_A\cap R=\phi \Rightarrow R$ 滿足反反身性，即 $(a,a)\notin R$

6. $\because R$ 具遞移性，若 $(a,b)\in R$ 且 $(b,c)\in R$ 則有 $(a,c)\in R$，又 $(b,a)\in R^{-1}$，$(c,b)\in R^{-1}\Rightarrow(c,a)\in R^{-1}$

$\therefore R^{-1}$ 亦具遞移性

3.3

4. $sr(R)=s(R\cup I_A)=(R\cup I_A)\cup(R\cup I_A)^{-1}$

$=(R\cup I_A)\cup(R^{-1}\cup I_A^{-1})$

$=(R\cup I_A)\cup(R^{-1}\cup I_A)=R\cup I_A\cup R^{-1} \quad (1)$

$rs(R)=r(R\cup R^{-1})=R\cup R^{-1}\cup I_A \quad (2)$

比較 (1)，(2)，$sr(R)=rs(R)$

5. $s(R_1\cap R_2)=(R_1\cap R_2)\cup(R_1\cap R_2)^{-1}$

$=(R_1\cap R_2)\cup(R_1^{-1}\cap R_2^{-1})$

$=(R_1\cup(R_1^{-1}\cap R_2^{-1}))\cap(R_2\cup(R_1^{-1}\cap R_2^{-1}))$

$\subseteq(R_1\cup R_1^{-1})\cap(R_2\cup R_2^{-1})=s(R_1)\cap s(R_2)$

3.4

4. (a) 將 $\{a, b, c\}$ 分割為 $\{a, c\}, \{b\}$

$\{a, c\}\times\{a, c\}=\{(a, a), (a, c), (c, a), (c, c)\}$

$\{b\}\times\{b\}=\{b, b\}$

$\therefore [a]_R=[c]_R=\{a, c\}$，$[b]_R=\{b\}$

(b) 將 $\{a, b, c\}$ 分割為 $\{a, b\}, \{c\}$ 仿 (c) 做法即得。

5. (1) $3^{100}\equiv(3^2)^{50}\equiv 2^{50}\equiv 4\cdot(2^3)^{16}\equiv 4\cdot 1\equiv 4$

(2) $5^{101}\equiv 5^2(5^3)^{33}\equiv 7\cdot(-1)^{33}\equiv -7\equiv 2$

7. (a) $A_1=\{1, 5, 9, 13, 17, 21\cdots\}$

$A_2=\{2, 6, 10, 14, 18, 22\cdots\}$

$A_3=\{3, 7, 11, 15, 19, 23\cdots\}$

$A_0=\{0, 4, 8, 12, 16\cdots\}$

顯然，$A_i \cap A_j = \phi$，$i, j = 1, 2, 3, 0$，$i \neq j$

$A_0 \cup A_1 \cup A_2 \cup A_3 = N$

$\therefore A_0$，A_1，A_2，A_3 爲 N 之一個分割。

(b) 取 $B_0 = \{3k \mid k \in N\}$，$B_1 = \{3k+1 \mid k \in N\}$，

$B_2 = \{3k+2 \mid k \in N\}$，則

$B_0 = \{0, 3, 6, 9, 12, 15 \cdots\}$

$B_1 = \{1, 4, 7, 10, 13, 16 \cdots\}$

$B_2 = \{2, 5, 8, 11, 14, 17 \cdots\}$

顯然 $B_i \cap B_j = \phi$，$i, j = 0, 1, 2$，$i \neq j$

$B_0 \cup B_1 \cup B_2 = N$

$\therefore B_0$，B_1，B_2 爲 N 之一個分割。

9. 任一 $n \in Z^+$，則 n 除以 3 之餘數可能爲 0, 1, 2。

$\therefore$ ① 令 $n = 3k$，則 $n^2 = 9k^2$ 即 $n^2 = 9k^2 \equiv 0 \bmod (3)$

② 令 $n = 3k + 1$，則 $n^2 = 9k^2 + 6k + 1 = 3(3k^2 + 2k) + 1$

$\therefore n^2 = 3(3k^2 + 2k) + 1 \equiv 1 \bmod 3$

③ 令 $n = 3k + 2$，則 $n^2 = 9k^2 + 12k + 4 = 3(3k^2 + 4k + 1) + 1$

$\therefore n^2 = 3(3k^2 + 4k + 1) + 1 \equiv 1 \bmod (3)$

3.5

5. (a) $x_{\overline{A \cap B}} = 1 - x_{A \cap B} = 1 - x_A x_B \quad (1)$

而 $x_{\overline{A} \cup \overline{B}} = x_{\overline{A}} + x_{\overline{B}} - x_{\overline{A} \cap \overline{B}} = x_{\overline{A}} + x_{\overline{B}} - x_{\overline{A}} x_{\overline{B}}$

$= (1 - x_A) + (1 - x_B) - (1 - x_A)(1 - x_B) = 1 - x_A x_B \quad (2)$

比較 (1)，(2) 即得

(b) $x_{A \cap (B \cup C)} = x_A x_{B \cup C} = x_A (x_B + x_C - x_{B \cap C})$

$= x_A x_B + x_A x_C - x_A x_{B \cap C}$

$= x_{A \cap B} + x_{A \cap C} - x_A x_B x_C$

$= x_{A \cap B} + x_{A \cap C} - x_{(A \cap B) \cap (A \cap C)}$ $\left[\because x_A x_B x_C = x_{A \cap B \cap C} = x_{(A \cap B) \cup (A \cap C)}\right]$

$= x_{(A \cap B) \cup (A \cap C)}$

3.6

3. 將正方形畫分 n^2 個邊長 $\frac{1}{n}$ 之小正方形，故有 n^2 個鴿籠，n^2+1 個點為鴿子，依鴿籠原理知至少有 $\left\lfloor \frac{n^2+1}{n^2} \right\rfloor +1=2$ 個點落在同一小正方形，正方形內二點之連線長度小於對角線長度

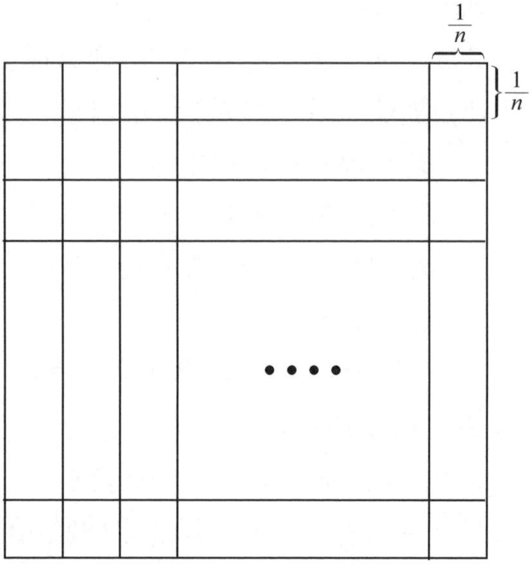

$$\sqrt{\left(\frac{1}{n}\right)^2+\left(\frac{1}{n}\right)^2}=\frac{\sqrt{2}}{n}$$

$\frac{1}{n}$ $\frac{1}{n}$

$\cdots\cdots$

4. 鴿籠設為 $\{1, 2\}, \{3, 4\}\cdots\{2n-1, 2n\}$，如此有 n 個鴿籠，由鴿籠原理知至少有 $\left\lfloor \frac{n+1}{n} \right\rfloor +1=2$ 個必落在上述鴿籠，但連續二正整數必互質，證出至少有二個數互質。

5. 設 m 為至少取之張數，由鴿籠原理

$\left\lfloor \frac{m}{4} \right\rfloor =3 \Rightarrow 2<\frac{m}{4}\le 3$

$\therefore 8<m\le 12$，故取 $m=9$ 張牌有 3 張同花色牌。

6. 設鴿籠為 $\{4, 30\}, \{6, 28\}, \{8, 26\}, \{10, 24\}, \{12, 22\}, \{14, 20\}, \{16, 18\}$，則任取 9 個數字，至少有 $\left\lfloor \frac{9}{7} \right\rfloor +1=2$ 個落在上述鴿籠，即至少有 2 個數和為 34

3.7

1. $R = \{(b, b), (b, c), (c, b), (c, c)\}$

   $\because (a, a) \notin R$

   $\therefore R$ 無反身性，從而 R 不爲偏序

2. (b)

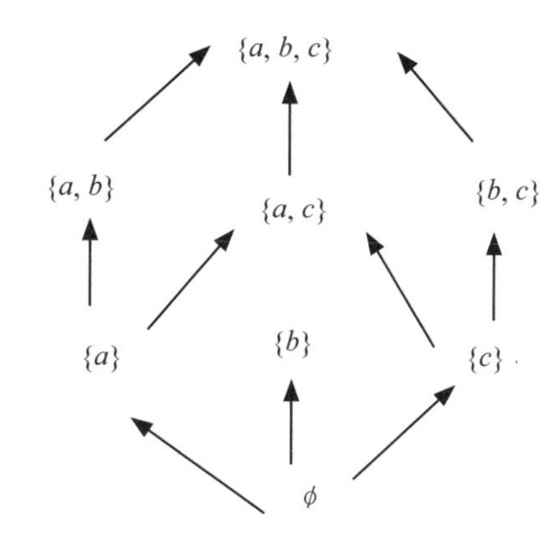

3. (a)　　　　　(b)

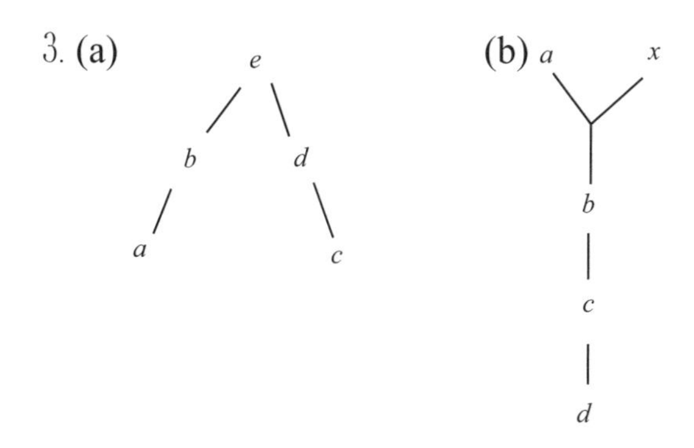

4.1

1. (b) $ab + bc + ca = ab + cb + ac = (a + c)b + ac$

$$=(a + c + ac)(b + ac)$$

$$=(a + c)(b + a)(b + c)$$

2. (d) $(a \oplus b) \oplus a = (a\bar{b} + \bar{a}b) \oplus a = (a\bar{b} + \bar{a}b)\bar{a} + \overline{(a\bar{b} + \bar{a}b)}a$

$= \underbrace{a\bar{b} \cdot \bar{a}}_{0} + (\bar{a}b)\bar{a} + (\bar{a} + b)(a + \bar{b})a = a\bar{b} + (\bar{a} + b)a$

$= \bar{a}b + ab = (\bar{a} + a)b$

$= b$

3. (b) $F = a + (\bar{b} + c)(a + b + c) = (a + \bar{b} + c)(a + (a + b + c)) = (a + \bar{b} + c)(a + b + c) = ((a + c) + \bar{b})((a + c) + b) = (a + c) + \bar{b} \cdot b = a + c + 0 = a + c$

4. (a) $\because ab \cdot \bar{a} = 0 \quad \therefore ab \leq \bar{\bar{a}} = a$

(b) $\because ab \cdot \overline{a+b} = ab \cdot \bar{a}\bar{b} = (a \cdot \bar{a})(b \cdot \bar{b}) = 0 \cdot 0 = 0$

$\therefore ab \leq \overline{\overline{a+b}} = a + b$

(c) $\because a \leq b \quad \therefore a\bar{b} = 0$

又 $a \cdot \overline{b+c} = a\bar{b}\bar{c} = 0 \quad \therefore a \leq \overline{\overline{b+c}} = b + c$

(d) $a \leq b \quad \therefore a\bar{b} = 0 \quad a\bar{b}c = ac\bar{b} = 0 \quad \therefore ac \leq b$

4.2

1.

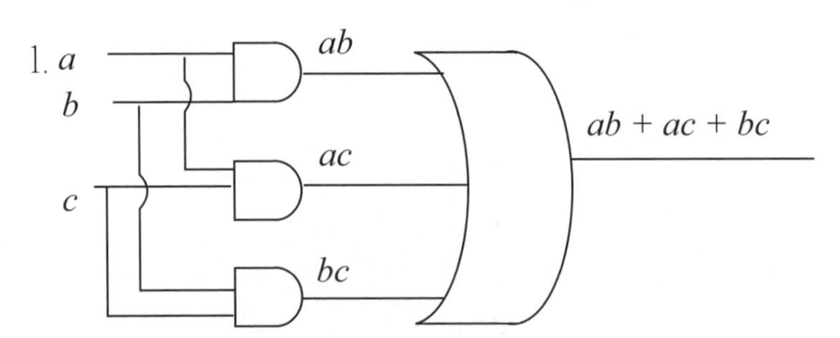

4.

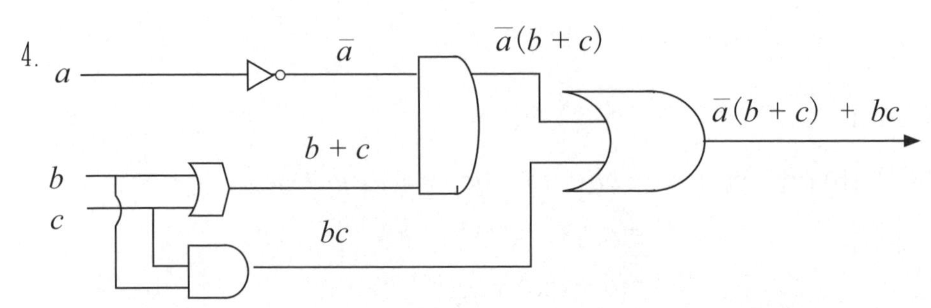

4.3

1.

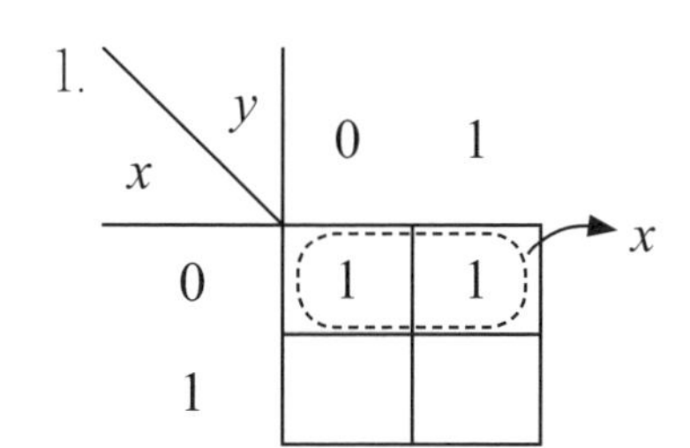

$F = \overline{x}$

2.

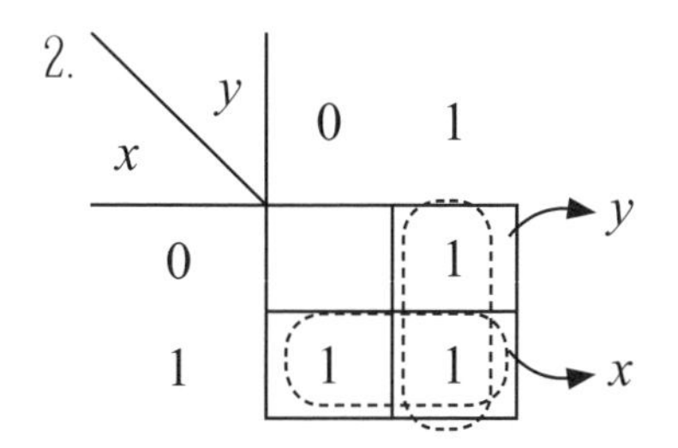

$F = x + y$

3.

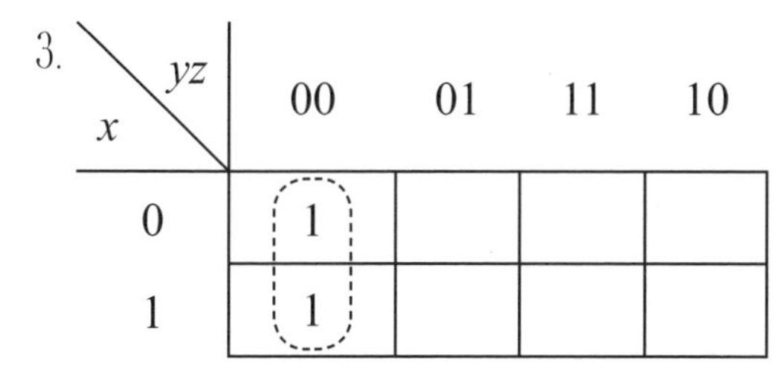

$F = \overline{y}\,\overline{z}$

4.

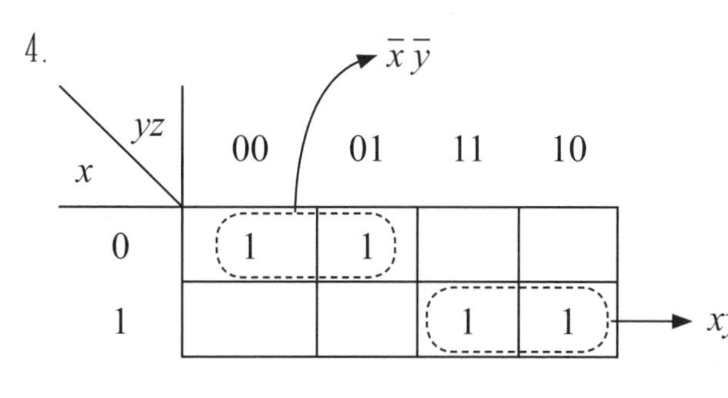

$F = xy + \overline{x}\,\overline{y}$

5.

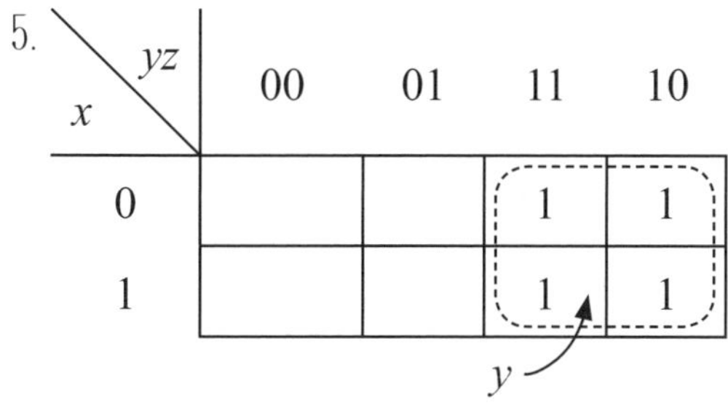

$F = y$

5.1

2.

$\cap$	ϕ	$\{a\}$	$\{b\}$	$\{a, b\}$
ϕ	ϕ	ϕ	ϕ	ϕ
$\{a\}$	ϕ	$\{a\}$	ϕ	$\{a\}$
$\{b\}$	ϕ	ϕ	$\{b\}$	$\{b\}$
$\{a, b\}$	ϕ	$\{a\}$	$\{b\}$	$\{a, b\}$

右運算表爲對稱 $\{P(A), \cap\}$ 滿足對稱性，單位元素爲 $\{a, b\}$

(a) $a \bigstar e = a + e - 2 = a \quad \therefore e = 2$

(b) $a \bigstar a^{-1} = a \bigstar a^{-1} - 2 = 2 \quad \therefore a^{-1} = 4 - a$

4. (a) 交換性

$a \bigstar b = e^{a+b}$，$b \bigstar a = e^{b+a} = e^{a+b}$

$\therefore a \bigstar b = b \bigstar a$ 即★滿足交換性

(b) 結合性

$a \bigstar (b \bigstar c) = a \bigstar (e^{b+c}) = e^{a+e^{b+c}}$

$(a \bigstar b) \bigstar c = (e^{a+b}) \bigstar c = e^{e^{a+b}+c}$

$a \bigstar (b \bigstar c) \neq (a \bigstar b) \bigstar c$

$\therefore$★不滿足結合性

6. (a) $a \bigstar e = a + e - 2 = a \quad \therefore e = 2$

(b) $a \bigstar a^{-1} = a + a^{-1} - 2 = 2 \quad \therefore a^{-1} = 4 - a$

5.2

3. $\because \langle A, \bigstar \rangle$ 與 $\langle B, \square \rangle$ 爲同構　$\therefore$ 存在一個一對一且映成之函數 f，$f: A \to B$，使得 B 中任意之 y_1，y_2，y_3 在 A 中均可找到 x_1，x_2，x_3 滿足 $f(x_1) = y_1$，$f(x_2) = y_2$，$f(x_3) = y_3$

$f(x_1 \bigstar (x_2 \bigstar x_3)) = f(x_1) \square (f(x_2) \square f(x_3)) = y_1 \square (y_2 \square y_3)$

$f((x_1 \bigstar x_2) \bigstar x_3) = [f(x_1) \square f(x_2)] \square f(x_3) = (y_1 \square y_2) \square y_3$

$\because \langle A, \bigstar \rangle$ 滿足結合性

$\therefore (x_1 \bigstar (x_2 \bigstar x_3)) = (x_1 \bigstar x_2) \bigstar x_3$

$\Rightarrow f(x_1 \bigstar (x_2 \bigstar x_3)) = f((x_1 \bigstar x_2) \bigstar x_3)$

$\Rightarrow y_1 \square (y_2 \square y_3) = (y_1 \square y_2) \square y_3$

即 $\langle B, \square \rangle$ 亦滿足結合性

4. $\langle R', \cdot \rangle$ 與 $\langle R, + \rangle$ 同構，$\therefore$存在 $\phi : R \to R'$，ϕ 爲一對一且映成

$\phi(1) = \phi(1 \cdot 1) = \phi(1) + \phi(1) \quad \therefore \phi(1) = 0$

又 $\phi(1) = \phi((-1) \cdot (-1)) = \phi(-1) + \phi(-1)$

$\Rightarrow 2\phi(-1) = \phi(1) = 0$，得 $\phi(-1) = 0$，但 $0 \notin R' \Rightarrow$ 矛盾

即 $\langle R, + \rangle$ 與 $\langle R, \cdot \rangle$ 不能爲同構。

5.3

2.

$\cdot$	-1	1
-1	1	-1
1	-1	1

(1) $\langle A, \cdot \rangle$ 顯然有封閉性。

(2) $e = 1$

(3) 1 的 $x^{-1} = 1$，-1 的 $x^{-1} = -1$

(4) 結合性亦成立（讀者自證之）

$\therefore \langle A, \cdot \rangle$ 爲一個群

4. $\{x, y\}$ 滿足封閉性及結合性，故爲一個單群，但無單位元素，故不是半群。

5. $b \bigstar a = c \bigstar a$

$\therefore (b \bigstar a) \bigstar a^{-1} = (c \bigstar a) \bigstar a^{-1}$

$\Rightarrow b \bigstar (a \bigstar a^{-1}) = c \bigstar (a \bigstar a^{-1})$

$\Rightarrow b \bigstar e = c \bigstar e \Rightarrow b = c$

6. 對 Z^+ 任意三個元素 a, b, c 而言，$a \bigstar b = \max(a, b) \in Z^+$，即封閉性成立。

$(a \bigstar b) \bigstar c = (\max(a, b)) \bigstar c = \max(\max(a, b), c)$

$= \max(a, b, c)$

$a \bigstar (b \bigstar c) = a \bigstar (\max(b, c)) = \max(a, \max(b, c))$

$= \max(a, b\ c)$

$\therefore (a \bigstar b) \bigstar c = a \bigstar (b \bigstar c)$ 對所有 $a, b, c \in Z^+$ 均成立，即 $\{Z^+；\bigstar\}$爲半群

又 $x \bigstar 1 = \max(x, 1) = x$ 及 $1 \bigstar x = \max(1, x) = x$

$\therefore$ 1 爲單位元素。

故 $\{Z^+, \bigstar\}$ 爲半群

7. (1) $x \bigstar y = x + y - 2 \in R$，$\forall x, y \in R$　$\therefore$封閉性成立

(2) 設 e 爲單位元素，$x \bigstar e = x + e - 2 = x$　$\therefore e = 2$

(3) 設 x 之反元素 x^{-1}：

$x \bigstar x^{-1} = x + x^{-1} - 2 = 2$　$\therefore x^{-1} = 4 - x$，$\forall x \in R$

(4) 結合性 $(x \bigstar y) \bigstar z = (x + y - 2) \bigstar z = (x + y - 2) + z - 2$

$= x + y + z - 4$

又 $x \bigstar (y \bigstar z) = x \bigstar (y + z - 2) = x + (y + z - 2)$

$= x + y + z - 4$

$\therefore (x \bigstar y) \bigstar z = x \bigstar (y \bigstar z)$，即結合性成立。

綜上 $\{R；\bigstar\}$ 爲一個群。

8. $\{G, \bigstar\}$ 爲一個群，$a \bigstar a = e$　$\therefore a = a^{-1}$（左消去律），對 G 中任意二元素 a, b 而言

$a \bigstar b = a^{-1} \bigstar b^{-1} = (b \bigstar a)^{-1} = b \bigstar a$

$\therefore \{G, \bigstar\}$ 爲一交換群

5.4

3. (a) $a+(-a)=0 \quad \therefore (a+(-a))b=0\cdot b=0$

$ab+(-a)b=0 \Rightarrow (-a)b=-ab$

(b) $\because b^{-1}(ab)=b^{-1}(ba)=(b^{-1}b)a=a$

$b^{-1}ab\cdot b^{-1}=a\cdot b^{-1}$

$b^{-1}a=ab^{-1}$

(c) $a\cdot(nb)=a\cdot(b+b+\cdots+b)=(b+b+\cdots+b)\cdot a$

$=(nb)\cdot a$

6.1

3. $A(1,5)=A(0,A(1,4))=A(1,4)+1$

$=A(0,A(1,3))+1=(A(1,3)+1)+1=A(1,3)+2$

$=A(0,A(1,2))+2=(A(1,2)+1)+2=A(1,2)+3$

$=4+3=7$

4. (1) $a_1=1<\frac{7}{2}$，$a_2=\sqrt{3a_1+1}=2<\frac{7}{2} \quad \therefore n=1,2$ 時成立

(2) 設 $1\le i\le k$，$k\ge 2$ 均有 $a_i<\frac{7}{2}$

(3) $n=k+1$ 時

$$a_{k+1}=\sqrt{3a_k+1}<\sqrt{3\cdot\frac{7}{2}+1}=\sqrt{\frac{23}{2}}=\frac{\sqrt{46}}{2}<\frac{7}{2}$$

5. (1) $a_4=a_3+a_2+a_1=9<2^4$

$a_5=a_4+a_3+a_2=17<2^5 \quad \therefore a_4$，$a_5$ 成立

(2) 設 $1\le i\le k$，$k\ge 2$ 均有 $a_k<2^k$

(3) $n=k+1$ 時 $a_k+a_{k-1}+a_{k-2}<2^k+2^{k-1}+2^{k-2}$

$=2^{k-2}(2^2+2+1)=7\cdot 2^{k-2}<8\cdot 2^{k-2}=2^{k+1}$

6. $F_{n+4}=F_{n+3}+F_{n+2}=(F_{n+2}+F_{n+1})+(F_{n+1}+F_n)$

$=F_{n+2}+2F_{n+1}+F_n$

$= (F_{n+1} + F_n) + 2F_{n+1} + F_n = 3F_{n+1} + 2F_n$

7. $5f_{87} + 3f_{86} = 2f_{87} + 3(f_{87} + f_{86}) = 2f_{87} + 3f_{88}$

$= 2(f_{87} + f_{88}) + f_{88} = 2f_{89} + f_{88} = f_{89} + (f_{89} + f_{88})$

$= f_{89} + f_{90} = f_{91}$

6.2

2. (a) $a_0 = 3$，$a_1 = a_0 = 3$，$a_2 = a_1 = 3\cdots$　$\therefore a_n = 3$

(d) $a_n + 4a_{n-1} + 4a_{n-2} = 0$ 之特徵方程式爲

$r^2 + 4r + 4 = (r+2)^2 = 0$

得 $r = -2$（重根）

$\therefore a_n = (\alpha_1 + \alpha_2 n)(-2)^n$

又 $a_0 = 1$ 得　$\alpha_1 \cdot (-2)^0 = 1$　$\therefore \alpha_1 = 1$

$\alpha_1 = -2$ 得 $-2 = (\alpha_1 + \alpha_2)(-2)$　又 $\alpha = 1$　$\therefore \alpha_2 = 0$

即 $a_n = (-2)^n$

4. $a_n - 5a_{n-1} + 6a_{n-2} = 0$ 之特徵方程式

$r^2 - 5r + 6 = (r-2)(r-3) = 0$　$\therefore r = 2, 3$

得齊性解　$a_n^h = c_1(2)^n + c_2(3)^n$

次解 a_n^p：$F(n) = 4n$：　$\therefore$ 設 $a_n^p = \alpha + \beta n$

代入 $a_n - 5a_{n-1} + 6a_{n-2} = 4n$：

$(\alpha + \beta n) - 5(\alpha + \beta(n-1)) + 6(\alpha + \beta(n-2)) = 4n$

$\therefore 2\alpha + 2\beta n - 7\beta = 4n$，解之

$\alpha = 7$，$\beta = 2$

$a_n = a_n^h + a_n^p = c_1 2^n + c_2 3^n + 7 + 2n$

$a_0 = c_1 + c_2 + 7 = 9$　$\therefore c_1 + c_2 = 2$

$a_1 = 2c_1 + 3c_2 + 7 + 2 = 14$ 即 $2c_1 + 3c_2 = 5$　$\therefore c_1 = c_2 = 1$

得 $a_n = 2^n + 3^n + 2n + 7$

6.3

1. 令 $G(x)=a_0+a_1x+a_2x^2+\cdots$

$$a_nx^n-a_{n-2}x^n=0$$

$$\therefore \sum_{n=1}^{\infty}a_nx^n-\sum_{n=1}^{\infty}a_{n-1}x^n=0$$

$$\Rightarrow(G(x)-3)-xG(x)=0$$

$$\therefore G(x)=\frac{3}{1-x}=3(1+x+x^2+\cdots+x^n+\cdots)$$

x^n 之係數爲 3　$\therefore a_n=3$

2. 令 $G(x)=a_0+a_1x+a_2x^2+\cdots$

$$a_n-2a_{n-1}-3a_{n-2}=0$$

$$\therefore a_nx^n-2a_{n-1}x^n-3a_{n-2}x^n=0$$

$$\sum_{n=2}^{\infty}a_nx^n-2\sum_{n=2}^{\infty}a_{n-1}x^n-3\sum_{n=2}^{\infty}a_{n-2}x^n=0$$

$$(G(x)-x)-2x(G(x)-0)-3x^2G(x)=0$$

$$(1-2x-3x^2)G(x)=x$$

$$\therefore G(x)=\frac{-x}{3x^2+2x-1}=\frac{-x}{(3x-1)(x+1)}=\frac{-1}{4(3x-1)}-\frac{1}{4}\frac{1}{1+x}$$

$$=\frac{1}{4}\frac{1}{1-3x}-\frac{1}{4}\frac{1}{1+x}=\frac{1}{4}(1+(3x)+(3x)^2+\cdots+(3x)^n+\cdots)$$

$$-\frac{1}{4}[1-x+x^2+\cdots+(-1)^nx^n+\cdots]$$

$a_n=x^n$ 之係數 $=\frac{1}{4}(3)^n-\frac{1}{4}(-1)^n$

7.1

4. 可分二種情況

(1) 一組 1 人，另一組 3 人，有（A, BCD）（B, ACD）（C, ABD），（D, ABC）共 4 種分法

(2) 二組均 2 人，有（AB, CD）（AC, BD）（AD, BC）共

3 種分法。

∴ ABCD 4 人分二組之分法有 $4+3=7$ 種。

6. 令 x, y, z 分表 10 元，5 元和 1 元之幣數

x	2	2	1	1	1	1
y	2	1	4	3	2	1
z	2	7	2	7	12	17

∴分法有 6 種

7.

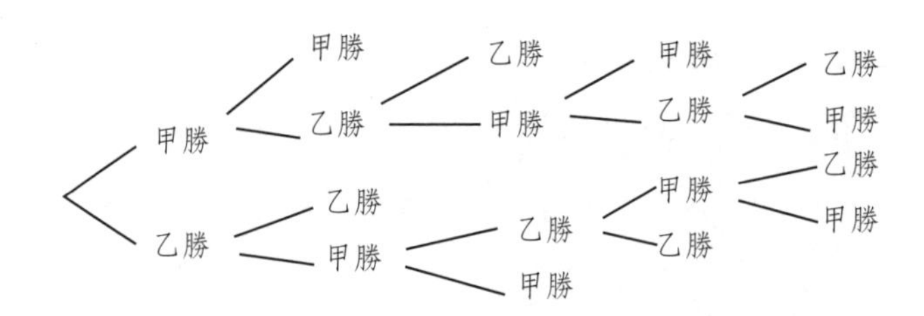

∴共 10 種。

9. $560=2^4\cdot5\cdot7$

∴ 560 之正因數有 $5\times2\times2=20$

7.2

3. $\underbrace{3\times3\times\cdots3}_{n}=3^n$

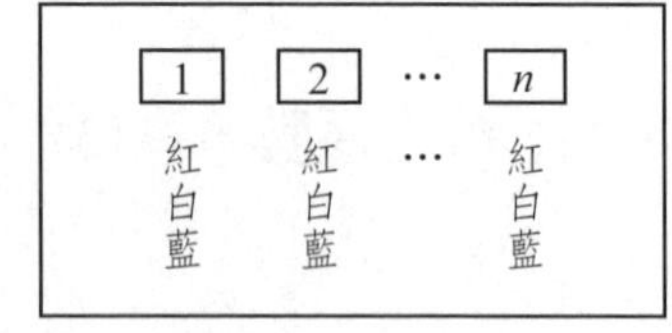

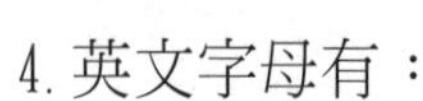

4. 英文字母有：

(1) 只有一個字母，26 種　(2) 二個字母 $26\times26=26^2$

數字排法有 10^6 種

∴最多可發牌照 $(26+26^2)10^6$ 張

6. (a) 5 張牌有 4 張 A，意思是 5 張牌中有 4 張 A，1 張爲從其它之 $52-4=48$ 張抽出一張，

$\therefore$組合數$=\binom{4}{4}\binom{48}{1}$

(c) 4 張同一花色，其它花色 1 張之情形有

(1)4 黑桃，方塊，紅心，梅花合抽 1 張，組合數爲$\binom{13}{4}\binom{39}{1}$

(2)4 方塊，黑桃，梅花，紅心合抽 1 張，組合數爲$\binom{13}{4}\binom{39}{1}$

(3)4 紅心，方塊，黑桃，梅花合抽 1 張，組合數爲$\binom{13}{4}\binom{39}{1}$

(4)4 方塊，黑桃，紅心，梅花合抽 1 張，組合數爲$\binom{13}{4}\binom{39}{1}$

綜上，4 張同色 1 張其它色之組合數爲 $4\binom{13}{4}\binom{39}{1}$

(d) 仿 (c)，5 張同花，相當於 5 張同花，0 張不同花，

$\therefore$組合數$=4\binom{13}{5}\binom{39}{0}=4\binom{13}{5}$

7.3

1. (a) $(1+x)^n\left(1+\frac{1}{x}\right)^n=\frac{(1+x)^{2n}}{x^n}$ $\qquad *$

(b) 由 (a) $*=\dfrac{1+\binom{2n}{1}x+\binom{2n}{2}x^2+\cdots+\binom{2n}{n}x^n+\cdots\binom{2n}{2n}x^{2n}}{x^n}$

$\therefore$ $(1+x)^n\left(1+\frac{1}{x}\right)^n$ 之常數項爲 $\binom{2n}{n}$ $\qquad$ ①

又 $(1+x)^n\left(1+\frac{1}{x}\right)^n$

$=\left(1+\binom{n}{1}x+\binom{n}{2}x^2+\cdots\binom{n}{n}x^n\right)\left(1+\binom{n}{1}\frac{1}{x}+\binom{n}{2}\left(\frac{1}{x}\right)^2+\cdots+\binom{n}{n}\left(\frac{1}{x}\right)^n\right)$,

其常數項爲

$$1+\binom{n}{1}\binom{n}{1}+\binom{n}{2}\binom{n}{2}+\cdots\binom{n}{n}\binom{n}{n}=\binom{n}{0}\binom{n}{0}+\binom{n}{1}\binom{n}{1}+\cdots\binom{n}{n}\binom{n}{n} \quad ②$$

由①② $\sum_{k=0}^{n}\binom{n}{k}^2=\binom{2n}{n}$

4. $(1+x)+(1+x)^2+\cdots+(1+x)^n$

$=\dfrac{(1+x)[(1+x)^n-1]}{(1+x)-1}=\dfrac{(1+x)^{n+1}-(1+x)}{x}$

$\therefore(1+x)+(1+x)^2+\cdots+(1+x)^n$ 之 x^k 項係數，相當於求 $(1+x)^{n+1}$ 之 x^{k+1} 項係數，即

$\binom{n+1}{k+1}$，$n\geq k\geq 1$

5. $(1+x)^{n+1}=(1+x)(1+x)^n=(1+x)\left[\binom{n}{0}+\binom{n}{1}x+\cdots+\binom{n}{n}x^n\right]$

現在我們要求上式二邊之 x^k 項係數：

左式：$\binom{n+1}{k}$ (1)

右式：$=\left[\binom{n}{0}+\binom{n}{1}x+\binom{n}{k}x^k+\binom{n}{n}x^n\right]$

$+\left[\binom{n}{0}x+\binom{n}{1}x^2+\binom{n}{k-1}x^k+\cdots+\binom{n}{n}x^{n+1}\right]$

$\therefore$右式之 x^k 項爲 $\left[\binom{n}{k}+\binom{n}{k-1}\right]x^k$，即

x^k 之係數爲 $\binom{n}{k}+\binom{n}{k-1}$ (2)

由 (1)(2)

$\binom{n+1}{k}=\binom{n}{k}+\binom{n}{k-1}$

7.4

1. $g(x)=\left(1+x+\dfrac{x^2}{2!}+\dfrac{x^3}{3!}\right)\left(1+x+\dfrac{1}{2!}x^2\right)$ 之 x^4 項爲

$\dfrac{x^2}{2!}\cdot\dfrac{x^2}{2!}+\dfrac{x^3}{3!}\cdot x=\dfrac{5}{12}x^4$

$\therefore$排列數 $=4!\times\dfrac{5}{12}=10$

2. $g(x)=(x+x^2+x^3+x^4+x^5+x^6)^4$

$=x^4(1+x+x^2+\cdots+x^5)^4$

$\therefore$點數爲 20，只需求 $(1+x+\cdots+x^5)^4$ 之 x^{16} 係數：

$(1+x+x^2+\cdots+x^5)^4=\left(\dfrac{1-x^6}{1-x}\right)^4$

$=\left[1-\binom{4}{1}x^6+\binom{4}{2}x^{12}-\binom{4}{3}x^{18}+\binom{4}{4}x^{24}\right](1+x+x^2+\cdots+x^n+\cdots)^4$

$\Rightarrow x^{16}$ 項之係數爲

$\therefore(1+x+\cdots)^4$之 x^{16} 項係數$-\binom{4}{1}(1+x+\cdots)^4$之 x^{10} 項係數

$+\binom{4}{2}(1+x+\cdots)^4$之 x^4 係數

$=1\cdot\binom{19}{16}-\binom{4}{1}\binom{13}{10}+\binom{4}{2}\binom{7}{4}=35$

3. (a) $g(x)=(1+x+x^2)^3(1+x)=\left(\dfrac{1-x^3}{1-x}\right)^3(1+x)$

$=(1-x^3)^3(1+x)(1+x+x^2+\cdots)^3$

$=(1+x-3x^3-3x^4)(1+x+x^2+\cdots)^3$

$\therefore x^4$ 之係數爲

$1(1+x+x^2+\cdots)^3$之 x^4 係數$+(1+x+x^2+\cdots)^3$之 x^3 係數

$-3(1+x+x^2+\cdots)^3$之 x 係數$-3(1+x+x^2+\cdots)^3$之常數項係數

$=\binom{6}{4}+\binom{5}{3}-3\binom{3}{1}-3=13$

(b) $g(x)=\left(1+x+\frac{x^2}{2!}\right)^3(1+x)$ 之 x^4 係數

$=\left(1+3x+\frac{9}{2}x^2+4x^3+\frac{9}{4}x^4\right)(1+x)$之 x^4 係數爲 $4+\frac{9}{4}=\frac{25}{4}$

$\therefore$排列數爲 4！$\left(\frac{25}{4}\right)=150$

5. 此相當於 $x_1+x_2+\cdots+x_n=r$，$x_i\geq g$，取 $y_i=x_i-g$

代入上述方程式，得：

$(y_1+g)+(y_2+g)+\cdots+(y_n+g)=y_1+y_2+\cdots+y_n+ng$

$=r\Rightarrow y_1+y_2+\cdots+y_n=r-ng$；$y_1, y_2\cdots y_n\geq 0$

$\therefore\binom{n+r-ng-1}{r-ng}$

8.1

2. (a)

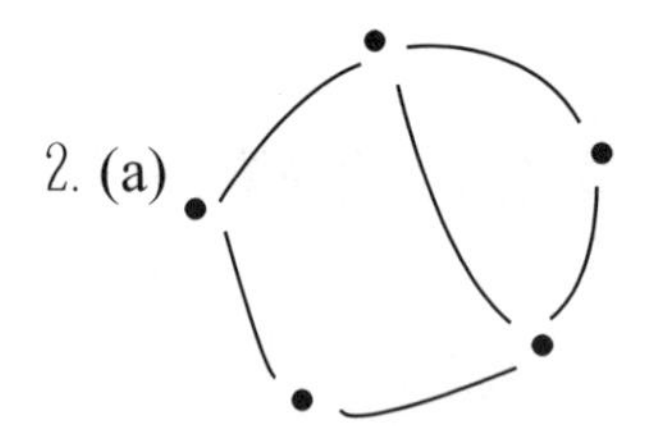

(b) 因有奇數個奇頂點，根據定理 B，這是不可能。

(c)

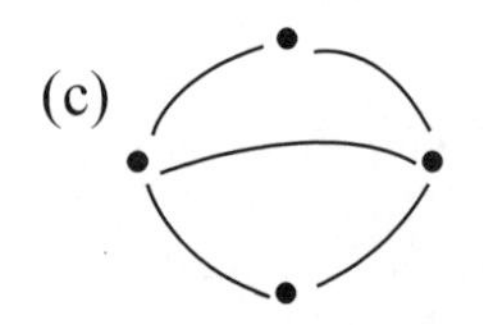

3. (a) (b)

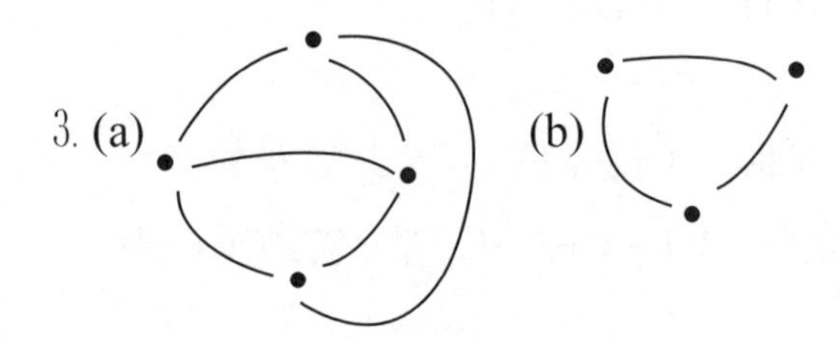

4\. 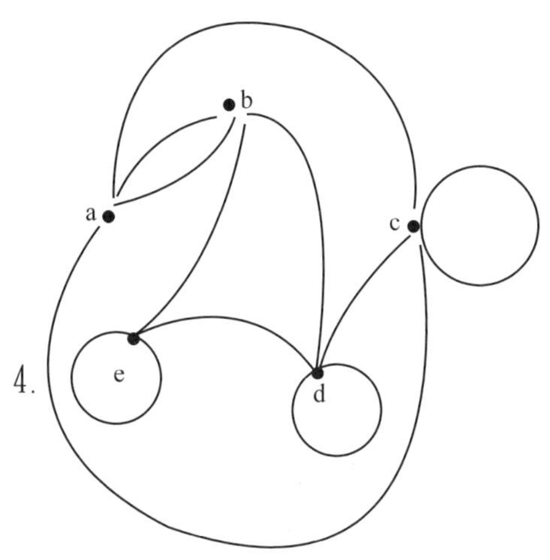

5\. 設 G 有 n 個頂點

$$\sum_{i=1}^{n} \deg(v_i) = 2|E(G)| = 2\times16 = 32$$

$$\therefore\ 3\times4+3(n-3)>32$$

$3n>29 \Rightarrow n$ 至少有 10 個頂點

6\. G 中任一結點 v 而言

$$\delta(G) \le \deg(v) \le \Delta(G)$$

$$\therefore\ \sum_{i=1}^{n} \delta(G) \le \sum_{i=1}^{n} \deg(v_i) \le \sum_{i=1}^{n} \Delta(G)$$

$$n\delta(G) \le 2m \le n\,\Delta(G)$$

$$\Rightarrow \delta(G) \le \frac{2m}{n} \le \Delta(G)$$

8.2

1\. (a) (b)

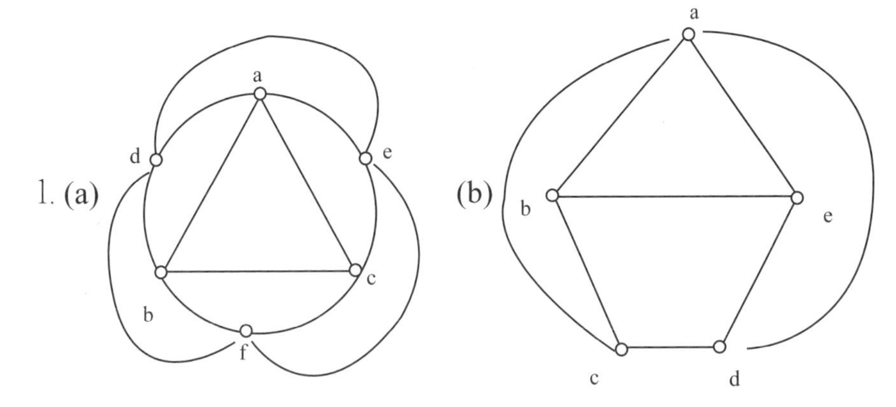

3. n 個頂點之簡單圖，n 個頂點有 $2n$ 個邊，由鴿籠原理知

$\left\lfloor \dfrac{2n}{n} \right\rfloor + 1 = 3$，即至少有一頂頂之次數$\geq 3$

8.3

1. ∵有 4 個奇頂點之故。

3. 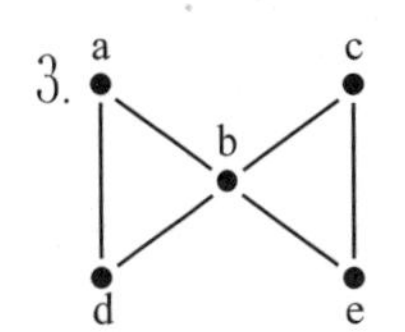

5. 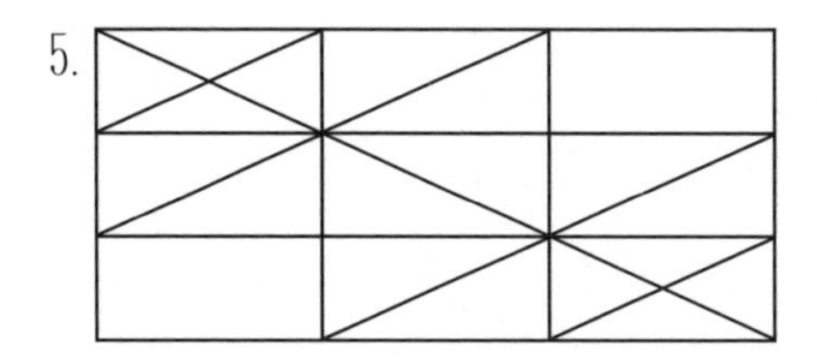

8.5

1. (a) Prim 演算法

步驟	圖示	A	B
1	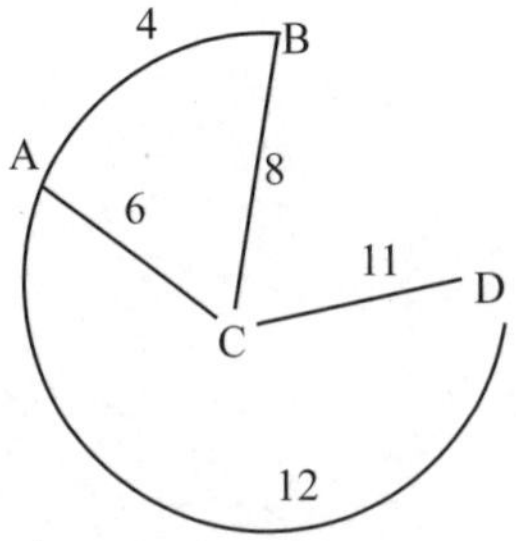	A	B C D

步驟	圖示	A	B
2	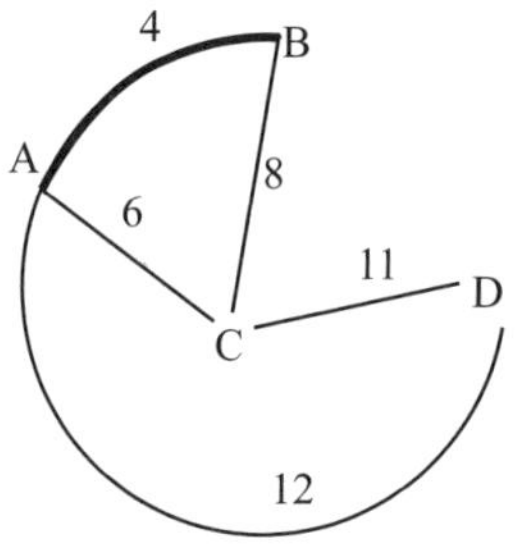	A B	C D
3	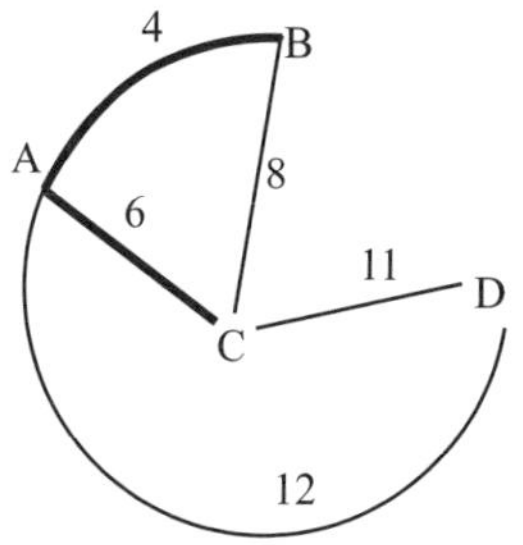	A B C	D
4	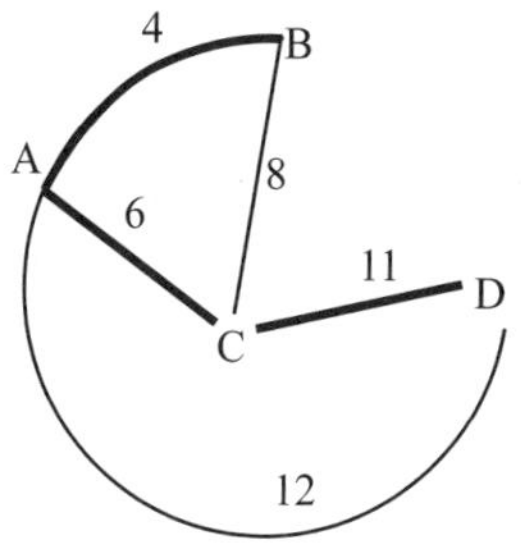	A B C D	—

∴最小生成樹如上圖，最小成本 $= w(A, B) + w(A, C) + w(C, D) = 4 + 6 + 11 = 21$。

(b) Kruskal 演算法

步驟	圖示	步驟	圖示
1	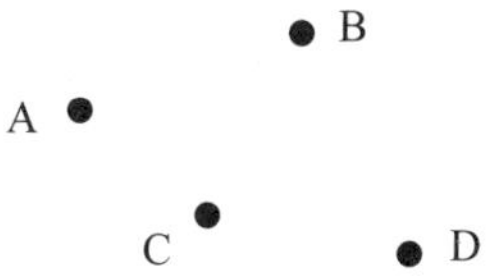	2	

步驟	圖示	步驟	圖示
3	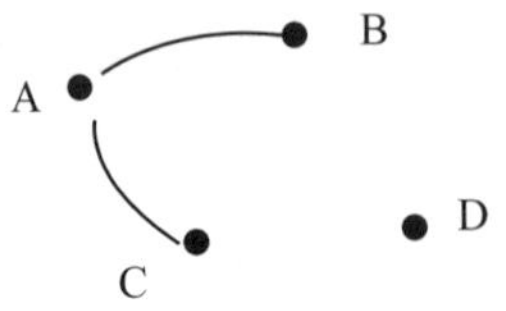	4	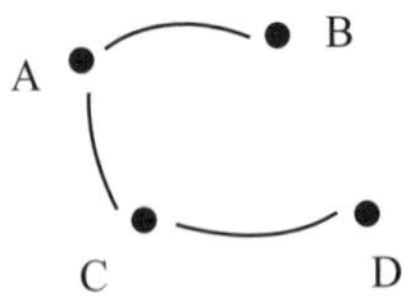

$\therefore$ 最小生成樹如上圖，最小成本 $= w(A, B) + w(A, C) + w(C, D) = 4 + 6 + 11 = 21$。

2. (a) Prim 演算法

步驟	圖示	A	B
1	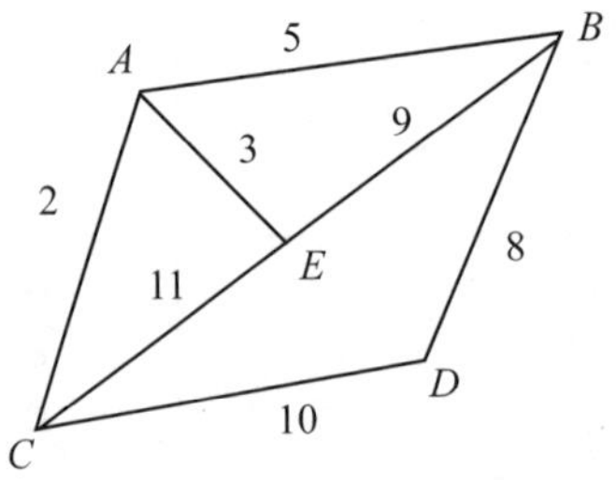	A	B C D E
2	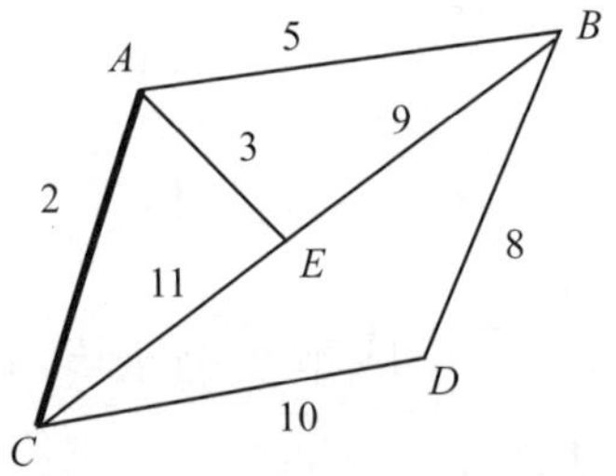	A C	B D E
3	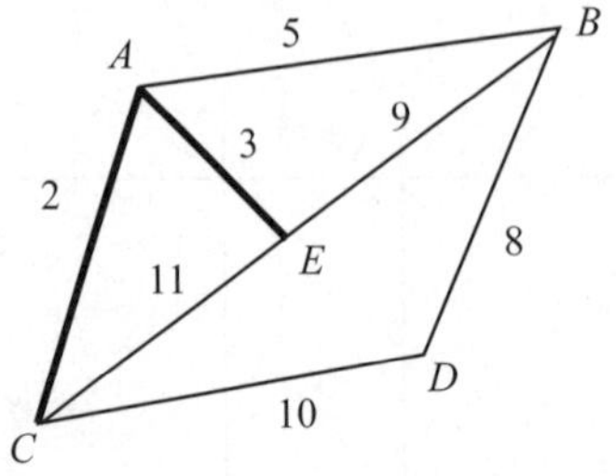	A C E	B D

步驟	圖示	A	B
4	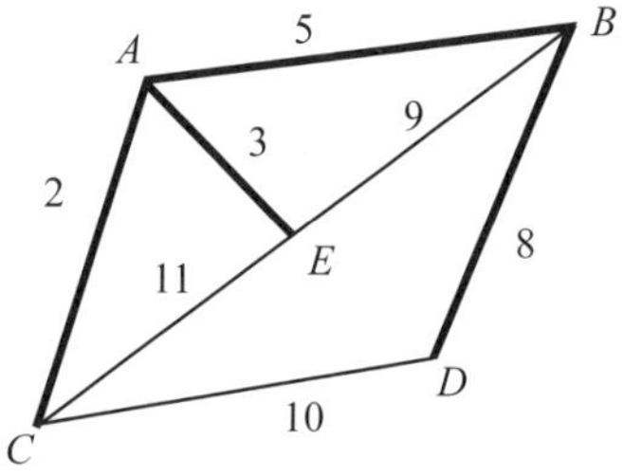 A 5 B, 3, 9, 2, 11 E, 8, C 10 D	A C E B	D
5	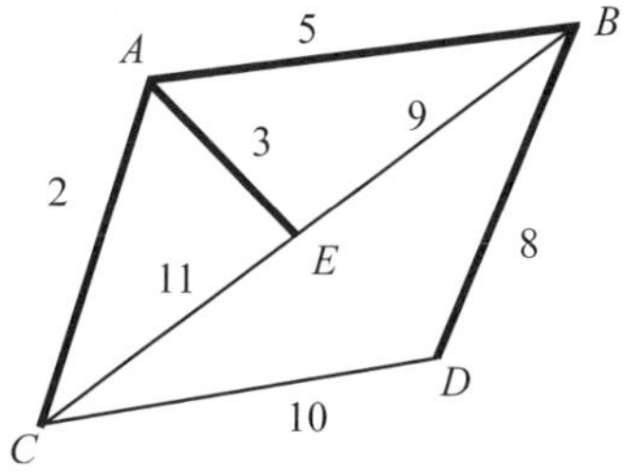 A 5 B, 3, 9, 2, 11 E, 8, C 10 D	A C E B D	—

最小生成樹如上圖，最小成本 = $w(A, C) + w(A, E) + w(A, B) + w(B, D) = 2 + 3 + 5 + 8 = 18$。

(b) Kruskal演算法

步驟	圖示	步驟	圖示
1	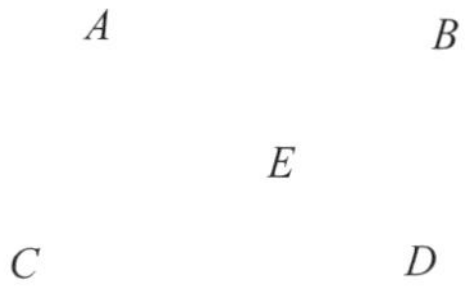 A B E C D	2	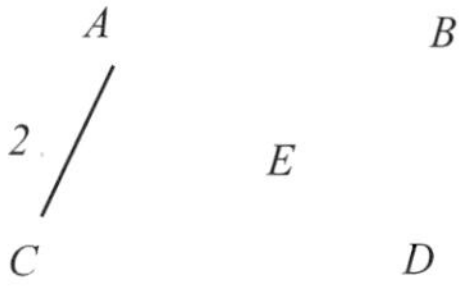 A B 2 E C D
3	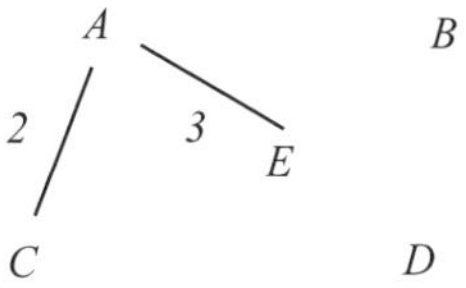 A B 2 3 E C D	4	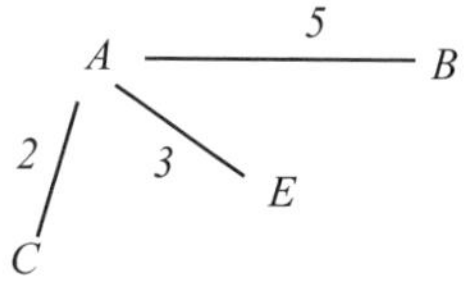 5 A B 2 3 E C
5	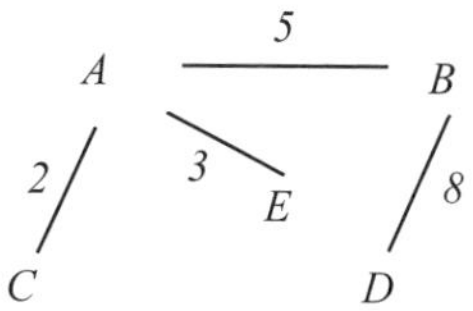 5 A B 3 2 E 8 C D		

最小生成樹如上圖，最小成本 = $w(A, C) + w(A, E) + w(A, B) + w(B, D) = 2 + 3 + 5 + 8 = 18$。

國家圖書館出版品預行編目資料

簡易離散數學 = Discrete mathematics／黃西川著. ——初版. ——臺北市：五南圖書出版股份有限公司, 2023.09
面； 公分
ISBN 978-626-366-524-8（平裝）

1.CST: 離散數學

314.8 112013783

5Q27

簡易離散數學

作　　者 — 黃西川（305.2）
發 行 人 — 楊榮川
總 經 理 — 楊士清
總 編 輯 — 楊秀麗
副總編輯 — 王正華
責任編輯 — 張維文
封面設計 — 陳亭瑋
出 版 者 — 五南圖書出版股份有限公司
地　　址：106台北市大安區和平東路二段339號4樓
電　　話：(02)2705-5066　傳　　真：(02)2706-6100
網　　址：https://www.wunan.com.tw
電子郵件：wunan@wunan.com.tw
劃撥帳號：01068953
戶　　名：五南圖書出版股份有限公司

法律顧問　林勝安律師

出版日期　2013年1月初版一刷
　　　　　2023年9月二版一刷

定　　價　新臺幣450元